PBD를 위한

# 화재성상 예측계산

## Handbook


일본건축학회
Architectural Institute of Japan 저

한국화재소방학회
Korean Institute of Fire Science and Engineering 역


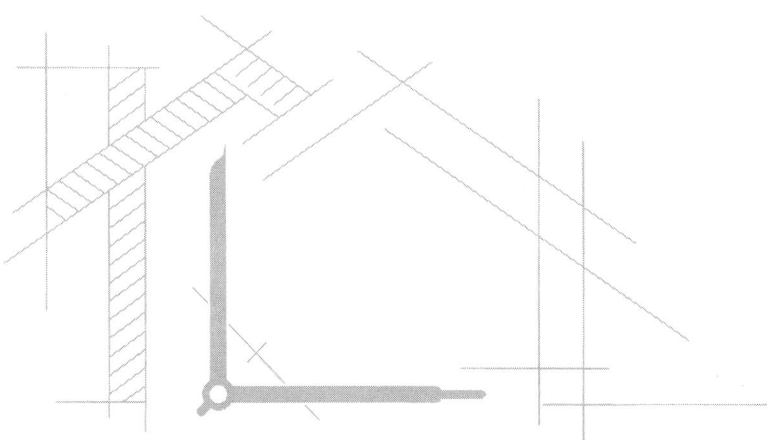


자유아카데미

**本書のご利用にあたって**

本書は、作成時点での最新の学術的知見をもとに、技術者の判断に資する技術の考え方や可能性を示したものであり、法令等の補完や根拠を示すものではありません。また、本書の数値は推奨値であり、それを満足しないことが直ちに建築物の安全性を脅かすものでもありません。ご利用に際しては、本書が最新版であることをご確認ください。本会は、本書に起因する損害に対しては一切の責任を有しません。

一般社団法人 日本建築学会

# 火災性状予測計算ハンドブック

Handbook of Design Calculation Methods of Fire Behavior

# 본서의 이용에 있어서

본서는 작성 시점에서의 최신 학술적 지식을 바탕으로 기술자의 판단에 기여하는 기술의 개념이나 가능성을 제시한 것으로, 법령 등의 보완이나 근거를 제시하는 것은 아닙니다. 또한 이 책의 수치는 권장치이며 이를 만족하지 않는다고 해서 바로 건축물의 안전성을 위협하는 것은 아닙니다. 이용 시에는 본서가 최신 버전인지에 대한 여부를 확인하시기 바랍니다. 본회는 본서로 인한 손해에 대해 책임을 지지 않습니다.

## 안내



## 총괄번역 및 검토자

권영진 / 호서대학교 안전소방학부 교수

### 번역

구인혁 / 호서대학교
홍해리 / 와세다대학
김봉찬 / 한국건설기술연구원
김혜원 / 동경이과대학
윤웅기 / 한국건설기술연구원
진승현 / 호서대학교
이병흔 / 호서대학교

### 검토자

이재영 / 동의대학교
신이철 / 방재시험연구원
서동구 / 한국건설기술연구원
강승구 / 강원도립대학교
장근호 / (주)우원엠앤이
김동은 / 대전보건대학교
신현승 / (주)건일방재

# 발간사

일본건축학회의『화재성상 예측계산 핸드북』의 한국어 번역판을 출판하며

안녕하세요. 무더위와 코로나의 끈질긴 위험 속에서도 우리 학회 회원분들께서는 건강하게 계시리라 믿습니다.

(사) 한국화재소방학회는 그동안 화재소방분야의 폭넓은 연구 활동과 학문적 역량을 강화시키기 위하여 부단히 노력하여 온 덕분에 대내외적으로 학회의 위상이 높아지고 연구자의 증가는 물론 연구내용 또한 상당히 향상되고 있습니다. 이 모든 것은 화재소방분야 발전을 위하여 토대를 만들어 주시고 봉사하여 주신 한국화재소방학회 회원 여러분들 덕분으로 이에 깊은 감사를 드립니다.

이번에 우리 학회의 건축도시방재 분과위원회에서는 성능기반 화재안전설계를 위한 핵심부분 중의 하나인 화재성상 예측기술에 대한 학술적 기반조성을 목표로『PBD를 위한 화재성상 예측계산 Handbook』을 출판하게 되었습니다. 본 서적은 일본건축학회에서 장기간에 걸친 연구결과를 집약한 것으로 국내에서도 실무자 및 연구자에게 매우 유용한 참고자료가 될 것으로 생각합니다. 향후 본 내용을 토대로 국내의 상황을 고려한 화재성상예측기술이 더욱더 발전하기를 기대합니다.

앞으로도 한국화재소방학회는 화재소방분야에서 재난대처에 대한 그동안의 연구내용들을 정리하고 부족한 부분에 대하여 보완될 수 있도록 더욱 노력하겠습니다. 대한민국의 안전문화 확산을 위하여 안전분야에서 묵묵히 자신의 소임을 다하시는 모든 회원분들께 다시 한 번 감사함을 전하면서 본 번역서을 위하여 노력하여 주신 건축도시방재 분과위원회 위원님들과 권영진 위원장님께도 감사함을 전합니다.

(사) 한국화재소방학회

회장 정 기 신

# 역자 서문

본 책자는 일본건축학회 방화위원회에서 2018년 3월에 출판한 『火災性状予測計算ハンドブック』 내용을 (사) 한국화재소방학회의 건축도시방재 분과위원회(위원장 권영진 호서대 교수)에서 『PBD를 위한 화재성상 예측계산 Handbook』으로 번역한 것으로 국내의 성능기반 화재안전설계에서 핵심부분 중의 하나인 화재성상예측에 대한 학술적 기반을 조성하는 것을 목표로 출판되었습니다. 책임 번역자인 저는 그동안 우리나라의 성능기반 화재안전설계가 주로 시뮬레이션으로만 이루어지고 있는 상황을 학술적 기반이 갖추어지지 못한 것으로 판단하여 2007년에 『PBD를 위한 화재하중·설계화재모델』부터 시작하여 6권을 출판하여 일본건축학회의 중요한 학술정보를 국내에 전파하고 보급하고자 노력하였습니다. 동일한 목적으로 22년도에는 본 책자를 출판하여 화재성상을 예측하는 일본건축학회의 학술적인 방법을 소개하고자 합니다.

또한 소방청의 소방안전기술 사업단(화재·인명안전중심 특정소방대상물 소방시설 평가 플랫홈 개발(총괄 심규철 박사))에서 3세부 주관 책임자로서의 연구활동과 국토부 물류시설 화재안전성 및 위험도관리기술연구단(단장 김정엽 박사)에서 배연설비 기술개발 세부 연구책임자로서 연구활동을 하면서 본 책자가 한국의 인명안전코드 개발과 연기제어 기술개발에도 도움을 줄 수 있다는 판단하에 본 번역서를 출간하게 되었습니다.

현재 국내의 소방법의 경우, 2011년 7월 1일부터 성능위주설계가 실시되고 있고 건축법의 경우에도 조만간 성능기반 설계가 실시될 상황으로서 화재성상에 대한 계산방법의 학술적인 정리는 매우 중요한 이슈가 될 것입니다. 본 결실을 볼 수 있도록 그동안 다방면으로 지원하여주신 정기신 회장님께 감사를 드리고 그동안 고생해 준 건축도시방재 분과위원회 위원님들께 진심으로 감사드립니다. 또한 출판을 해주신 자유아카데미에 감사드리며 소방청의 소방안전기술사업단과 국토부의 물류시설 연구단에도 깊이 감사드립니다.

역자대표 (사) 한국화재소방학회

부회장 권 영 진

# 서문

과거에는 시방서적 기준에 따라 각부의 구조, 재료, 설비의 사양을 정하는 것이 방화설계의 주요 작업이었다. 그러나 금세기 초부터 성능 위주의 화재안전 설계법이 도입되어, 예상되는 화재의 성상에 따라 과하거나 부족함 없이 대책을 강구하여 합리적으로 안전을 확보하는 방화설계의 방식이 제시되었다. 그 이후로 피난안전, 소방활동, 방화구획, 구조내화 등의 분야마다 성능 위주의 사고에 근거한 지침서가 점차 정비되어왔다. 본회의 간행물만 해도 「화재안전설계의 원칙」, 「건축물의 화재하중 및 설계화재성상지침(안)」, 「화재안전상의 구획설계·시공방법」, 「건축물의 연기제어 계획지침」, 「화재시 엘리베이터를 사용한 피난계획지침(안)」, 「건물의 화재진단 및 보수·보강방법 지침·동해설」, 「구조재료의 내화성 가이드북」, 「화재안전성능 유지관리지침」 등이 있다. 화재안전설계의 개별분야에서 이러한 지침이 실무 설계자의 기술자료로 사용되어 왔다.

그러나 방화설계의 각 분야를 망라하여 화재성상을 계산하기 위한 지침은 존재하지 않았고, 전문 기술자가 각 분야의 지침을 습득하여 검토를 진행하는 수밖에 없었다. 본서는 이에 부응하기 위해 건축물의 화재안전설계에서 일반적으로 필요한 기본적인 화재성상 계산을 망라하여 설계 실무자에게 도움을 줄 수 있도록 작성되었다. 그 구성과 취지는 본회의 킨키(近畿) 지부 방재계획부에 의해 작성된 「함수 계산기에 의한 화재성상 예측계산(2001년 3월)」을 기반으로 하고 있다. 이 책은 화재안전설계 실무에서의 편리성을 고려하여 함수 계산기 정도로 계산 가능한 화재성상 예측 기법을 검토하고 정리한 것이며, 본서도 이를 계승하여 대상 범위를 현재로 맞추어 확장한 것이다. 따라서 화재성상을 정확히 예측하는 것보다는 안전측의 예측(안전한 범위의 예측)을 신속하게 하는 것에 중점을 두고 있다. 실무 설계자들이 여러 개의 가 설계안을 비교 검토하는 등의 경우에 평가기술자료를 제공함으로써 효율적인 설계가 진행되도록 일조하는 것을 목표로 하고 있다.

2018년 3월

일본건축학회

# 차례

## 1장 연소, 화재하중


**1.1** 가연물의 연소열 2

**1.2** 살수설비의 작동과 연소 억제 5

1.2.1 열을 감지하는 살수설비의 작동시간 6

1.2.2 살수로 발열속도가 감소하여 소화에 이르는 경우의 가연물 발열속도 10

1.2.3 살수 개시 이후에도 연소가 계속될 경우의 가연물의 발열속도 12

**1.3** 고체 가연물의 착화 16

1.3.1 표면에서 일정한 가열을 흡수하는 경우의 착화 시간 16

1.3.2 외부로부터 일정한 가열을 받으나 일부를 주변으로 방열하는 조건에서의 착화 시간 18

**1.4** 화재 하중 22

1.4.1 가연물 밀도 22

1.4.2 가연물 표면적 29

1.4.3 화재성장률 31

1.4.4 화재 통계에서 구한 화재 성장률 33


## 2장 난류 확산 화염의 높이


**2.1** 난류 확산 화염의 연속 화염높이 및 평균 화염높이 38

**2.2** 천장에 충돌하는 화염의 확산 44

**2.3** 선화원의 평균 화염높이 48

## 3장 화재 플륨

**3.1** 화염으로부터 이격된 영역에서의 화재 기류 성상 52
**3.2** 정방형 또는 원형 화원의 화염 축상온도 57
**3.3** 선화원의 화염 축상온도와 플륨 유량 62
**3.4** 수평 천장에 대한 천장류 65
**3.5** 경사진 천장에 대한 천장류 68
**3.6** 연기층이 형성되는 공간에서의 천장류 온도 71
**3.7** 연기층이 형성되는 공간에서의 천장류 연기 농도 75
**3.8** 천장 하부에 형성된 고온층으로 화재 플륨의 관입 79
**3.9** 보이드 공간 내부의 화재 기류 성상 82
**3.10** 화재 플륨 선단부의 도달 시간 85

## 4장 개구 유량

**4.1** 온도차가 없는 경우의 개구 유량 90
4.1.1 단일 개구의 유속 90
4.1.2 단일 개구의 유량 92
4.1.3 병렬 개구의 유량 94
4.1.4 직렬 개구에서의 유량 96
4.1.5 문의 개방 각도와 유효개구면적 98
**4.2** 온도 차이가 있을 경우의 개구 유량 101
4.2.1 단일 개구 유량 101
4.2.2 평균 압력차에 의한 개구 유량 104

4.2.3 직렬 개구부를 통과하는 흐름(평균 압력차를 이용하는 경우) 108

## 5장 열이동

**5.1** 복사 열전달 114

5.1.1 고체 표면으로부터의 복사열 114

5.1.2 기체 체적으로부터의 복사열 115

5.1.3 형태계수 119

5.1.4 복사 실드에 의한 복사열 차폐 129

5.1.5 복사를 받는 박판의 온도 131

5.1.6 화염에서의 복사 열유속 134

**5.2** 벽체로의 대류 열전달 139

5.2.1 벽체 표면 온도가 알려진 경우의 대류 열전달 139

5.2.2 풍속이 알려진 경우의 대류 열전달 141

5.2.3 복사와 대류를 합한 열전달 142

5.2.4 실효 열전달률에 따른 열전달 144

5.2.5 화원 근처 천장류로부터 천장면으로 열전달 146

**5.3** 벽체의 온도 상승 149

5.3.1 단층 벽에 대한 정상 상태에서의 온도 상승 149

5.3.2 다층벽에 대한 정상 상태에서의 온도분포 151

5.3.3 표면 온도가 순간적으로 상승했을 때 열적으로 두꺼운 벽에서의 온도 분포 154

5.3.4 표면에서 일정한 열유속을 받는 열적으로 두꺼운 벽에서의 온도 분포 156

5.3.5 일정한 온도의 기체로부터 대류열을 받는 열적으로 두꺼운 벽에서의 온도 분포 157

5.3.6 복사 열유속을 받고 대류열 손실이 있는 열적으로 두꺼운 벽의 표면 온도 159

## 6장 최성기 화재

**6.1** 플래시오버 163
**6.2** 최성기 화재의 구획화재 성상 168
6.2.1 연소속도와 화재 지속시간 168
6.2.2 개구부를 지나는 공기의 질량유량 172
6.2.3 화재실 내부의 발열속도 174
**6.3** 최성기 화재의 화재실 온도 177
6.3.1 연료 지배형 화재의 온도 177
6.3.2 환기 지배형 화재의 온도 180
6.3.3 환기 지배 시의 인접실 구획에 대한 화재 온도 182

## 7장 개구 분출 열기류

**7.1** 개구 분출 열기류의 중심축 궤적 186
7.1.1 개구 위쪽이 자유공간일 때 열기류의 중심축 186
7.1.2 개구 위쪽에 벽이 있을 때 열기류의 중심축 190
7.1.3 개구 분출 열기류의 온도가 충분히 낮아질 때까지의 수평 거리 192
**7.2** 분출 열기류 중심축의 온도 195
7.2.1 임의의 온도가 되는 높이 195
7.2.2 임의의 높이에 대한 온도 200
7.2.3 가로 길이가 긴 개구에서의 벽면 근처 온도 206
**7.3** 개구 분출 열기류에 대한 무차원 온도의 상사성 211

**7.4** 개구 분출 화염의 높이 215

**7.5** 개구 분출 열기류의 질량 유량 218

7.5.1 단순 개구인 경우 218

7.5.2 개구 상단에 차양이 설치된 경우 221

## 8장 연기의 유동과 제어

**8.1** 연기층의 하강 시간과 온도 226

8.1.1 수평 단면이 일정한 실에서 연기층의 하강 226

8.1.2 높이에 따라 수평 단면이 다른 실에서 연기층의 하강 229

8.1.3 인접실의 연기 하강 시간 232

**8.2** 연기층 하강의 제어 236

8.2.1 기계 배연에 의한 연기층 하강 제어 236

8.2.2 자연 배연에 의한 연기층 하강의 제어 239

8.2.3 측면 개구에 의한 연기층 하강의 제어 243

8.2.4 자연 배연과 하부 가압 급기에 의한 연기층 하강 제어 246

**8.3** 연돌 효과 251

8.3.1 샤프트 내의 온도를 파악하고 있는 경우 251

8.3.2 내부 발열을 알 수 있는 경우 256

**8.4** 외부 바람 261

**8.5** 차연 조건 264

8.5.1 차연에 필요한 압력차 264

8.5.2 차연에 필요한 개구 유량 266

8.5.3 개구에서의 평균 압력차에 의한 차연 조건 267

**8.6** 폐쇄된 공간에서의 장시간 배연 270

## 9장 피난


**9.1** 실에서의 피난 276

9.1.1 길쭉한 실 끝부분의 출구로부터 피난 행동 시간과 체류 인원 276

9.1.2 실의 중심부 쪽에 있는 출구의 피난시간과 체류 인원 278

**9.2** 연속된 출구에서의 통과 시간과 체류 인원수 281

9.2.1 연속된 복수의 출구를 통과할 때의 피난 시간과 체류 인원 281

9.2.2 복도 등의 체류 면적이 부족한 거실에서 출구 통과 시간 283

9.2.3 화재층 부속실에서의 필요 체류 면적 286

9.2.4 실외로 통하는 출구의 통과 시간 288


출간 후 나올 수 있는 정오표는
자유아카데미 홈페이지(www.freeaca.com) 자료실에서 내려받을 수 있습니다.

# 주요 기호

| 기호 | 명칭 | 단위 |
|---|---|---|
| $A$ | 개구 면적 | [m$^2$] |
| $A_r$ | 실의 바닥면적 | [m$^2$] |
| $A_T$ | 실의 내표면적 | [m$^2$] |
| $A_{co}$ | 유효체류면적 | [m$^2$] |
| $B$ | 개구의 폭, 피난출구폭 | [m] |
| $c$ | (고체 재료의) 비열 | [kJ/(kg · K)] |
| $c_p$ | 공기(또는 연기)의 정압 비열 | [kJ/(kg · K)] |
| $C_{max}$ | 최대체류인원 | [인] |
| $C_{down}$ | 풍하측의 풍압계수 | [-] |
| $C_{up}$ | 풍상측의 풍압계수 | [-] |
| $D$ | 원형 화원의 직경, 선화원의 폭 | [m] |
| $E$ | 복사열류 | [kW/m$^2$] |
| $F$ | 형태 계수 | [-] |
| $g$ | 중력 가속도 | [m/s$^2$] |
| $h_T$ | 종합 열전달률 | [kW/(m$^2$ · K)] |
| $h_c$ | 대류 열전달률 | [kW/(m$^2$ · K)] |
| $h_e$ | 실효 열전달률 | [kW/(m$^2$ · K)] |
| $h_k$ | MQH식에 의한 실효 열전달률 | [kW/(m$^2$ · K)] |
| $h_r$ | 복사 열전달률 | [kW/(m$^2$ · K)] |
| $H$ | 개구 높이 | [m] |
| $H_c$ | 천장 높이 | [m] |
| $H_e$ | 개구 높이 차 | [m] |
| $\Delta H$ | 단위 질량당 발열량 | [MJ/kg] |
| $\Delta H_m$ | 단위 면적당 단위 두께당 발열량 | [MJ/m$^2$ · mm] |
| $k$ | 열전도율 | [kW/(m · K)] |
| $l$ | 보행 거리 | [m] |
| $L_c$ | 연속 화염높이 | [m] |
| $L_t$ | 간헐 화염높이 | [m] |
| $L_m$ | 평균 화염높이 | [m] |
| $m$ | 질량 유량 | [kg/s] |
| $m_a$ | 공기 유입량 | [kg/s] |
| $m_e$ | 배연 풍량(질량 유량) | [kg/s] |
| $m_s$ | 연기의 유출량 | [kg/s] |
| $m_p$ | 화재 플룸 유량 | [kg/s] |
| $N$ | 유동 계수 | [인/(m · s)] |
| $p$ | 체류밀도 | [인/m$^2$] |
| $p_{max}$ | 최대체류밀도 | [인/m$^2$] |
| $P$ | 피난자 수 | [인] |
| $P$ | 압력(절대압) | [Pa] |

| 기호 | 명칭 | 단위 |
|---|---|---|
| $\Delta P$ | 압력차 | [Pa] |
| $\Delta \bar{P}$ | 평균 압력차 | [Pa] |
| $P_w$ | 풍압력 | [Pa] |
| $q$ | 열유속 | [$kW/m^2$] |
| $q_c$ | 대류 열유속 | [$kW/m^2$] |
| $q_r$ | 복사 열유속 | [$kW/m^2$] |
| $q_{cr}$ | 착화 한계 열유속 | [$kW/m^2$] |
| $Q$ | 발열속도 | [kW] |
| $Q_{FO}$ | 플래시오버 한계 발열속도 | [kW] |
| $Q''$ | 단위 면적당 발열속도 | [$kW/m^2$] |
| $Q^*$ | 무차원 발열속도 | [-] |
| $R$ | 유출 속도 | [인/s] |
| $RTI$ | 응답 시간 지수 | [$m^{1/2}s^{1/2}$] |
| $r$ | 반경방향 거리 | [m] |
| $T$ | 시간 | [s] |
| $t_{act}$ | 작동시간 | [s] |
| $t_e$ | 피난행동시간 | [s] |
| $t_{ig}$ | 착화시간 | [s] |
| $t_{queue}$ | 체류시간 | [s] |
| $T$ | 온도 | [K] 또는 [℃] |
| $T_{ax}$ | 기류 축상온도 | [K] 또는 [℃] |
| $T_f$ | 최성기 화재온도 | [K] 또는 [℃] |
| $T_{h,act}$ | 살수헤드의 작동온도(표시온도) | [K] 또는 [℃] |
| $T_{ig}$ | 착화 온도 | [K] 또는 [℃] |
| $T_p$ | 열기류 온도 | [K] 또는 [℃] |
| $TRP$ | 열응답 파라미터 | [$kW \cdot s^{1/2}/m^2$] |
| $T_s$ | 연기층 온도 | [K] 또는 [℃] |
| $T_w$ | 벽체 표면 온도 | [K] 또는 [℃] |
| $T_0$ | 기준온도(주변공기온도, 외기온도, 초기온도 등) | [K] 또는 [℃] |
| $v$ | 보행속도 | [m/s] |
| $v_0$ | 외기풍속 | [m/s] |
| V | 체적유량 | [$m^3/s$] |
| $V_e$ | 배연풍량(부피 유량) | [$m^3/s$] 또는 [CMH] |
| $W_x$ | 성분 x의 질량분율 | [kg/kg] |
| $w$ | 단위 바닥면적당 가연물의 발열량 | [$MJ/m^2$] |
| $z$ | 화원면으로부터의 높이 | [m] |
| $z_s$ | 연기층 하단 높이 | [m] |
| $z_n$ | 중성대 높이 | [m] |
| $\Delta z$ | 가상 점열원 깊이 | [m] |
| $\alpha$ | 화재성장률 | [$kW/s^2$] |
| $\alpha$ | 유량 계수 | [$m^2/s$] |
| $\alpha_h$ | 열확산률 | [-] |
| $\alpha A$ | 유효 개구 면적 | [$m^2$] |
| $\delta$ | 벽체 두께 | [m] |
| $\varepsilon$ | 복사율 | [-] |
| $k$ | 복사 흡수계수 | [$m^{-1}$] |
| $\theta$ | 문의 열린 각도 | [°] |
| $\rho$ | 밀도 | [$kg/m^3$] |
| $\rho_a$ | 공기의 기체 밀도 | [$kg/m^3$] |
| $\rho_s$ | 연기의 기체 밀도 | [$kg/m^3$] |
| $\rho_0$ | 기준 온도 $T_0$에서 공기의 기체 밀도 | [$kg/m^3$] |
| $\sigma$ | 스테판 볼츠만 상수 | [$kW/(m^2 \cdot K^4)$] |

# 본 핸드북의 사용법

본 안내서는 화재성상 예측에 사용되는 계산식을 망라하여 필요한 계산식을 신속하게 찾을 수 있도록 구성하였다. 절별로 정리되어 있으며, 각 절은 (1)~(6)의 6가지 내용으로 구성된다.

### (1) 계산식 대상

계산식의 대상을 구체적으로 기술하고 있다.

### (2) 계산식

구하려고 하는 값을 계산하는 식을 나타내고 있다.

### (3) 입력값

계산식에 입력하는 값을 기호, 단위와 함께 나타낸다.

### (4) 예제

실제 이용을 가정하여, 구체적인 예를 들어서 계산식 사용법을 예제로 해설한다.

### (5) 해설

계산식의 배경과 식의 도출과정 등을 기술하고 있다. 다만, 최소한의 내용에 한정되어 있기 때문에 자세한 내용을 알고 싶은 독자들은 참고문헌을 참조하기 바란다.

### (6) 참고문헌

원칙적으로 식의 출처 및 해설의 근거가 된 문헌을 기재하고 있다.

# 1장

# 연소, 화재하중

# 1.1 가연물의 연소열

## 1. 계산식 대상

C(탄소), H(수소), O(산소)로 구성된 가연물에서 각 원소의 질량 분율을 알 수 있을 때, 가연물의 연소열(단위량의 가연물이 완전 연소되었을 때 발생하는 열량)을 계산한다.

## 2. 계산식

- 가연물의 연소열: $\Delta H$ [MJ/kg]

$$\Delta H = \Delta H_{O_2} \times \left( \frac{W_C}{12} + \frac{W_H}{4} - \frac{W_O}{32} \right) \times 32 \tag{1.1}$$

## 3. 입력값

| | |
|---|---|
| $W_C$ | C의 질량 분율 [kg/kg] |
| $W_H$ | H의 질량 분율 [kg/kg] |
| $W_O$ | O의 질량 분율 [kg/kg] |
| $\Delta H_{O_2}$ | 단위 산소 소비량당 발열량(=13.1 MJ/kg-$O_2$) |

## 4. 예제

가연물(목재)의 질량 분율 $W_C$, $W_H$, $W_O$이 각각 0.495, 0.064, 0.442라고 한다. 본 가연물의 연소열을 구하시오.

- 가연물의 연소열 :

$$\begin{aligned} \Delta H &= \Delta H_{O_2} \times \left( \frac{W_C}{12} + \frac{W_H}{4} - \frac{W_O}{32} \right) \times 32 \\ &= 13.1 \times \left( \frac{0.495}{12} + \frac{0.064}{4} - \frac{0.442}{32} \right) \times 32 \\ &= 18.2 \text{ MJ/kg} \end{aligned} \tag{1.2}$$

따라서, 목재의 단위 질량당 열량은 약 18.2 MJ/kg이다. 관련하여 일반적인 대기 산소 농도에서 연소열은 약 16 MJ/kg이다.

## 5. 해설

연소에 의해 발생하는 열량을 소비된 산소 1 kg당으로 환산하면 가연물의 종류에 관계없이 거의 일정(13.1 MJ/kg)하다. 이 성질을 이용하면 가연물의 구성 원소로부터 완전 연소 시의 산소 소비량을 구하여, 가연물의 단위 질량당 발열량을 구할 수 있다. 만약, 가연물의 구성 원소에 N(질소)이 함유되더라도 연소에 의한 NO, $NO_2$의 발생량은 미량이며 산화에 의한 발열량도 작다. 때문에 식 (1.1)이 성립한다고 볼 수 있다.

각종 참고문헌에서 대표적인 가연물의 화학 원소 조성(질량 분율)으로부터 식 (1.1)을 이용하여 연소열을 계산하고, 실험값과 비교한 결과를 표 1.1에 나타내었다. 표에서 가연물의 상태(고체·액체·기체)와 관계 없이 계산값과 실험값은 대체적으로 일치한다.

표 1.1 대표적인 가연물의 화학 원소 조성(질량 분율) 및 연소열[1)~6)]

| 재료명 | $W_C$ | $W_H$ | $W_O$ | $W_N$ | 연소열 $\Delta H$(MJ/kg) | |
|---|---|---|---|---|---|---|
| | | | | | 계산값 | 실험값 |
| 목 재 | 0.495 | 0.064 | 0.442 | – | 18.2 | 10.3~20.7 |
| 연질 폴리우레탄 폼 | 0.613 | 0.092 | 0.241 | 0.038 | 27.9 | 17~25.4 |
| 압출 발포 폴리스티렌 | 0.898 | 0.076 | 0.027 | – | 39.0 | 46.6 |
| 폴리프로필렌 | 0.857 | 0.143 | – | – | 44.9 | 43.2 |
| PMMA(아크릴) | 0.600 | 0.080 | 0.320 | – | 25.2 | 24.0~27.7 |
| 메 탄 | 0.750 | 0.250 | – | – | 52.4 | 50.0 |
| 프 로 판 | 0.818 | 0.182 | – | – | 47.6 | 46.0 |
| $n$- 헵 탄 | 0.840 | 0.160 | – | – | 46.1 | 44.4 |
| 메 탄 올 | 0.375 | 0.125 | 0.500 | – | 19.7 | 19.8 |
| 에 탄 올 | 0.522 | 0.130 | 0.348 | – | 27.3 | 26.8 |

## 6. 참고문헌

1) 田中哮義: 改訂版 建築火災安全工学入門, (財)日本建築センター, pp.100-109, 2002年 1月
2) 日本建築学会編: 建築物の火災荷重および設計火災性状指針 (案), 丸善, 2013年 3月
3) 国土開発技術センター: 建築物の総合防火設計法 第2巻 出火拡大防止設計法, 日本建

築センター, 1989年

4) Tewarson, A. and Pion, R.F.: Flammability of Plastics-1 Burning Intensity, Combustion and Flame, vol.26, 1975

5) 原田寿朗: 木材の燃焼性および耐火性能に関する研究, 森林総研研究報告, No.378, 2000年

6) 野秋政希, 山口純一, 大宮喜文: 可燃物表面への注水による発熱速度の低減効果ー水膜が無い場合における注水時の発熱速度簡易推定モデルの構築とコーンカロリーメータ試験結果との比較ー, 日本建築学会環境系論文集, 第79巻 第696号, pp.123-131, 2014年2月

# 1.2 살수설비의 작동과 연소 억제

살수설비가 있을 때, 가연물의 발열속도(단위 시간당 연소로 발생하는 열량)는 살수량이나 가연물의 종류 등에 따라 그림 1.1에 나타내는 a) ~ d)의 4가지 패턴으로 분류된다.

a) 살수설비의 작동 개시 후 발열속도가 계속 감소하는 상태

b) 살수설비의 작동 개시 후 발열속도의 증가는 억제되지만 연소는 계속되는 상태

c) 살수설비 작동 이후에도 발열속도가 계속 증가하는 상태

d) 살수설비가 작동하지 않는 경우

살수설비가 작동하기 시작하는 시간의 계산식을 1.2.1절, 살수설비 작동 이후의 발열속도에서 패턴 a)의 계산식을 1.2.2절, 패턴 b), c)의 발열속도 최대값의 계산식을 1.2.3절에 나타낸다. 또, 1.2.3절에 나타낸 방법으로 살수 개시 이후의 최대 발열속도를 계산하면 살수설비 작동 이후 발열속도가 어떤 패턴이 될지를 판별할 수 있다. 이것이 0 이하이면 a), 양수가 되면 패턴 b), c) 중 하나가 된다.

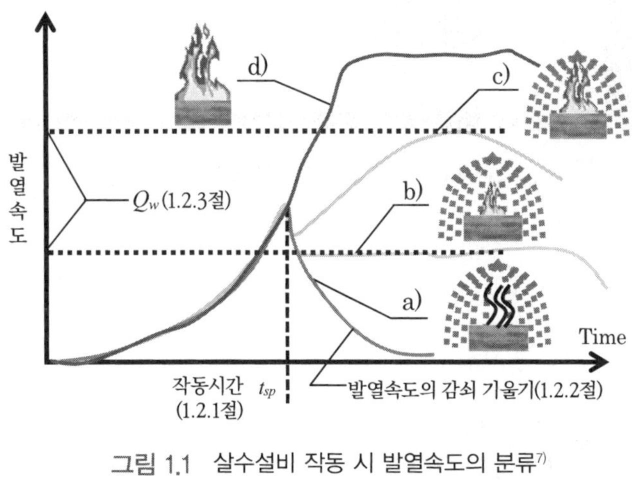


그림 1.1 살수설비 작동 시 발열속도의 분류[7]

## 1.2.1 열을 감지하는 살수설비의 작동시간

### 1. 계산식 대상

살수설비에는 여러 종류가 있는데, 이 절에서는 열을 감지하여 작동하는 살수설비(예를 들어 그림 1.2같이 천장에 설치된 폐쇄형 스프링클러 헤드)의 작동시간을 계산한다. 이 계산식은 살수 헤드 근처의 열기류 온도 및 풍속, 살수 헤드의 응답특성(RTI나 작동온도 등)이 알려져 있을 때 살수 헤드의 작동시간을 검토하기 위해 사용할 수 있다. 또한 정온식 열감지기처럼 스프링클러 헤드와 작동원리가 같은 설비의 작동시간에도 적용할 수 있다. 이 절의 계산식은 다음 조건에서 적용할 수 있다.

- 열기류의 유속 및 온도는 정상 상태이다.
- 살수 헤드로 들어오는 입사열은 대류열전달이 지배적이다.
- 열에 의한 작동이다(연기 감지가 아님).

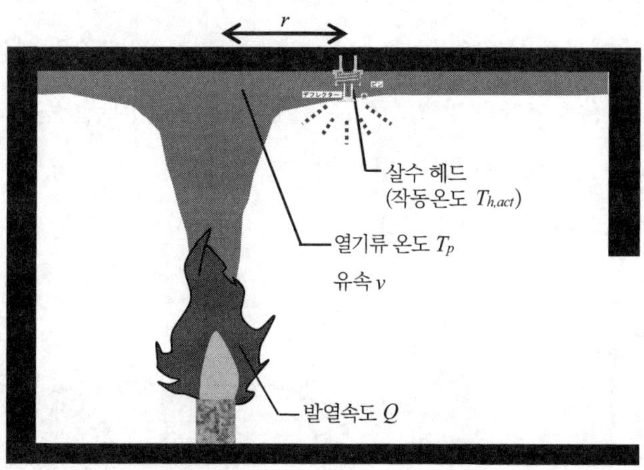


그림 1.2 열에 의해 작동하는 살수 헤드

### 2. 계산식

- 살수설비 작동시간: $t_{act}$ [s]

$$t_{act} = \frac{RTI}{\sqrt{v}} \cdot \ln\left(\frac{T_p - T_0}{T_p - T_{h,act}}\right) \tag{1.3}$$

## 3. 입력값

| | |
|---|---|
| $RTI$ | 응답 시간 지수 [$m^{1/2}s^{1/2}$] |
| $T_p$ | 살수 헤드 주변의 열기류 온도 [K] |
| $T_{h,act}$ | 살수 헤드 작동온도(표시온도)[K] |
| $T_0$ | 기온 [K] |
| $v$ | 열기류 속도 [m/s] |

## 4. 예제

$RTI$=67 $m^{1/2}s^{1/2}$, $v$=1.8 m/s, $T_p$=408K(135℃), $T_{h,act}$=345K(72℃), $T_0$=293K(20℃) 일 때 살수설비의 작동시간을 구하시오.

- 살수설비 작동시간:

$$t_{act} = \frac{RTI}{\sqrt{v}} \cdot \ln\left(\frac{T_p - T_0}{T_p - T_{h,act}}\right) = \frac{67}{\sqrt{1.8}} \times \ln\left(\frac{408-293}{408-345}\right) \approx 30 \text{ s}$$

## 5. 해설

감열부(이하 살수 헤드)가 열에 의해 작동하는 살수설비의 경우, 살수 헤드의 작동시간은 살수 헤드의 열수지(heat balance)를 기반으로 다음과 같은 방법으로 계산하는 것이 일반적이다. 대표적인 예인 스프링클러 설비의 폐쇄형 살수 헤드는 일반적으로 천장에 설치되는 일이 많으므로 화재의 초기 단계에서 살수 헤드는 화원으로부터 발생한 고온의 열기류에 노출된다. 이 열기류로부터 열을 받은 살수 헤드는 배관 내의 물 등으로 열을 손실하면서 감열부의 온도가 상승하는데, 작동온도를 초과할 경우 살수설비가 작동한다. 살수 헤드의 열수지를 그림 1.3에 나타내었다.

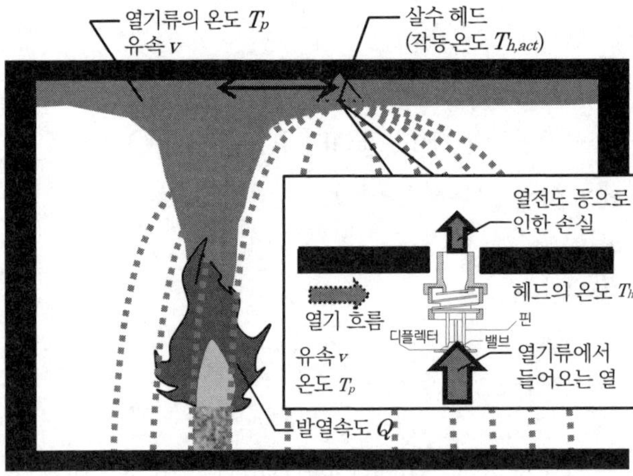


그림 1.3 살수 헤드의 열수지

이 열수지에 근거하면, 살수 헤드의 온도 $T_h$에 대한 단위 시간당 온도 상승은 다음과 같이 나타낼 수 있다.[8)]

$$\frac{dT_h}{dt} = \frac{\sqrt{v}}{RTI} \cdot \left(T_p - T_h\right) - C' \cdot \left(T_h - T_b\right) \tag{1.4}$$

여기에서 $C'$은 배관 내 물 등으로의 열전달계수[1/s], $T_b$는 배관 내의 수온[K]이다. 이 식을 이용하여 살수 헤드의 초기온도에서 단위 시간마다의 상승온도를 순서대로 계산하고, 누적하여 살수 헤드의 온도–시간이력(temperature time history)을 계산하면, 작동온도(표시온도)에 도달한 시점을 살수설비의 작동시간으로 할 수 있다. 또한 열기류의 온도와 유속이 시간에 따라 변화하지 않고, 열기류에서 들어오는 열에 비해 배관으로의 손실을 상대적으로 무시할 수 있는 경우에는 식 (1.4)의 우변 제2항을 생략하고 적분한 식으로서 식 (1.3)을 이용한다.[9)] 주변 기류 온도가 시간에 따라 변화하거나 $C'$을 고려할 경우의 예측식에 대해서는 문헌 10)에 그 예가 있으니 참고하라. 열전달계수 $C'$은 $C/RTI$($C$는 배관의 사양이나 채워진 물의 유무 등으로 결정되는 정수)가 될 수도 있다.

작동시간 $t_{act}$를 식 (1.4)를 이용하여 구한 결과를 그림 1.4에 나타내었다. 계산 조건은 $RTI = 56\ \mathrm{m}^{1/2}\mathrm{S}^{1/2}$, $C' = 0.045$, 화재 성장률 $\alpha = 0.028\ \mathrm{kW/s^2}$, 천장 높이 $H = 2.8$ m, 살수 헤드에서 화원까지의 수평거리 $r = 2.6$ m, $T_{h,act} = 345\mathrm{K}$(72℃), $T_0 = T_b = 293\mathrm{K}$(20℃)이다. 열기류의 속도 $v$, 온도 $T_p$는 화원의 발열속도, 천장 높이, 살수 헤드와 화원까지의 수평거리 등에 따라 변하지만(3.4절 및 3.5절을 참조), 여기에서는 Delichatsios와 Heskestad에 의해 제안

된 식[11])을 이용하고, 열기류가 화원에서 살수 헤드에 도달할 때까지의 시간은 무시했다. 살수 헤드의 온도가 작동온도인 72℃를 넘었을 때는 211초이다. 문헌 12)에서는 화원의 발열속도(화재 성장률)를 변화시켜가면서 일반적인 폐쇄형 스프링클러 헤드의 작동시간을 측정했다. 해당 실험에서의 작동시간 실험값과 위의 방법으로 살수 헤드의 온도가 작동온도 72℃를 넘은 시간을 비교한 결과가 그림 1.5이며, 이 둘은 오차 10% 정도의 범위 내에서 일치한다. 단, 실험에서 작동시간이 길어질수록 계산값이 작아지고 있으므로 수치를 사용할 때 주의가 필요하다.

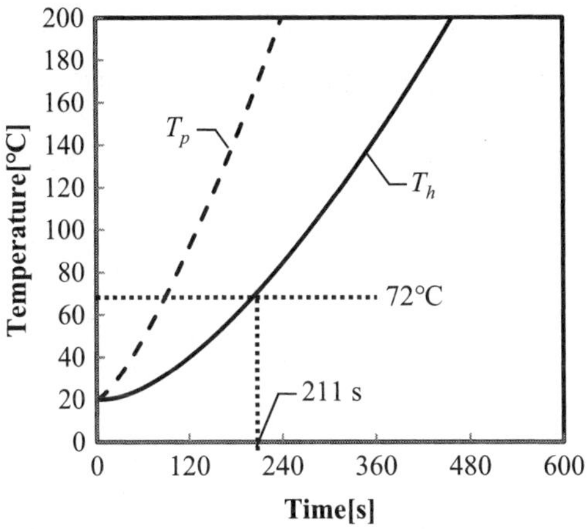


그림 1.4 열기류 온도와 살수 헤드의 온도

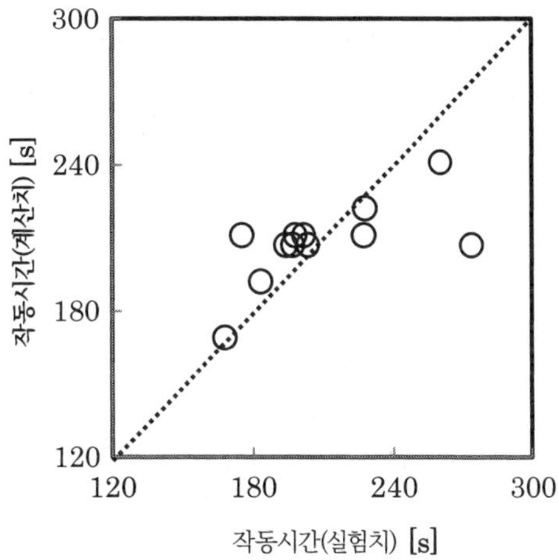


그림 1.5 작동시간의 실측값과 계산값[12)]

## 6. 참고문헌

7) 大宮喜文: スプリンクラー設備を考慮した建築火災安全設計, 火災, 第52巻, 第3号, pp.9-13, 2002年 6月

8) 山内幸雄, 万本敦, 土肥学: RTI-C モデルによる熱感知器の作動時間の予測, 消防研究所報, 第53号, pp.124-129, 2000年 3月

9) R. L. Alpert: Calculation of Response Time of Ceiling-Mounted Fire Detectors, Fire Technology, Vol.8, pp.181-195, 1972.8

10) Society of Fire Protection Engineers: SFPE Handbook of Fire Protection Engineering, 5th edition, chapter 40, 2016.8

11) Heskestad, G. and Delichatsios, M.A. : The Initial Convective Flow in Fire, 17th Symposium

on Combustion, The Combustion Institute, pp. 1113, 1123, 1978
12) 総務省消防庁: 防火対象物の総合防火安全評価基準のあり方検討会報告書, 2003年3月

## 1.2.2 살수로 발열속도가 감소하여 소화에 이르는 경우의 가연물 발열속도

### 1. 계산식 대상

이 절에서 나타내는 계산식은 그림 1.1에서 나타내는 「a) 살수설비 작동 개시 후 가연물의 발열속도가 계속 감소하는 상태」에서 발열속도가 감소하는 경향의 추정을 대상으로 한다. 단, 본 계산식은 살수장애 등에 의해 물이 가연물에 살수되지 않는 경우에는 적용할 수 없다.

### 2. 계산식

- 살수설비 작동 개시 이후의 발열속도: $Q$ [kW]

$$Q = Q_{act}\exp\left(-k_{decay}\left(t - t_{act}\right)\right) \tag{1.5}$$

$$k_{decay} = \begin{cases} \left(w \times 10^{-3}\right)^{1.85}/3.0 & \text{목재크립} \\ 0.536 \cdot w \times 10^{-3} - 0.0042 & \text{골판지(표준 등급 II), } 6<w<24 \\ 0.716 \cdot w \times 10^{-3} - 0.0132 & \text{골판지(플라스틱 제품), } 12<w<41 \end{cases} \tag{1.6}$$

### 3. 입력값

| | |
|---|---|
| $k_{decay}$ | 감쇠 계수 [$s^{-1}$] |
| $Q_{act}$ | 살수설비 작동 시작 시 발열속도 [kW] |
| $t$ | 시간 [s] |
| $t_{act}$ | 살수설비의 작동시간 [s] |
| $w$ | 살수 밀도 [$g/(m^2 \cdot s)$] |

## 4. 예제

$w$=63.0 g/(m$^2$·s), $t_{act}$=309 s, $Q_{act}$=1193 kW 조건에서 $t$=660 s의 목재크립의 발열속도 $Q$를 구하시오.

- 감쇠 계수 $k_{decay}$

$$
\begin{aligned}
k_{decay} &= \left(w \times 10^{-3}\right)^{1.85} / 3.0 \\
&= \left(63 \times 10^{-3}\right)^{1.85} / 3.0 \\
&= 0.0020 \text{ s}^{-1}
\end{aligned}
$$

- 살수설비 작동 개시 이후의 발열속도:

$$
\begin{aligned}
Q &= Q_{act} \exp\left(-k_{decay}\left(t - t_{act}\right)\right) \\
&= 1193 \times \exp\left(-0.0020 \times (660 - 309)\right) \\
&= 590 \text{ kW}
\end{aligned}
$$

## 5. 해설

식 (1.5)는 주로 살수 개시 이후, 발열속도가 시간에 따라 계속 감소하는 상황에서(살수 밀도가 비교적 큰 경우) 가연물의 발열속도에 대한 감쇠 기울기 자료로부터 도출된 실험식이다. 이 식에서 감쇠 계수 $k_{decay}$는 대상으로 하는 가연물의 재질이나 형상에 따라 다르지만, 지금까지의 연구 사례에 따라 식 (1.5)의 위에서부터 목재크립, 골판지(표준 등급 II), 골판지(플라스틱 제품)에 대해서 살수 밀도의 적용 범위와 함께 그 값을 나타내었다.

## 6. 참고문헌


13) David D. Evans: Sprinkler Fire Suppression Algorithm for HAZARD, NISTIR 5254, National Institute of Standards and Technology, 1993

14) Hong-Zeng Yu, James L. Lee, Hsiang-Cheng Kung: Suppression of Rack-Storage Fires by Water, Proceedings of the Fourth International Symposium, International Association for Fire Safety Science, pp.901, 912, 1994

### 1.2.3 살수 개시 이후에도 연소가 계속될 경우의 가연물의 발열속도

#### 1. 계산식 대상

그림 1.1의 b), c) 상태(살수 개시 이후에도 연소가 계속되는 상태, 그림 1.6)를 대상으로 하며, 가연물에 공급되는 살수량, 가연물의 형상, 재질 등이 알려진 조건에서 살수 개시 이후의 발열속도에 도달할 수 있는 최대값을 계산한다. 이 계산식은 다음 조건에서 적용될 수 있다.

- 가연물은 고체이다.
- 살수장해가 없고 단위 수량이 가연물 표면에 도달한다.

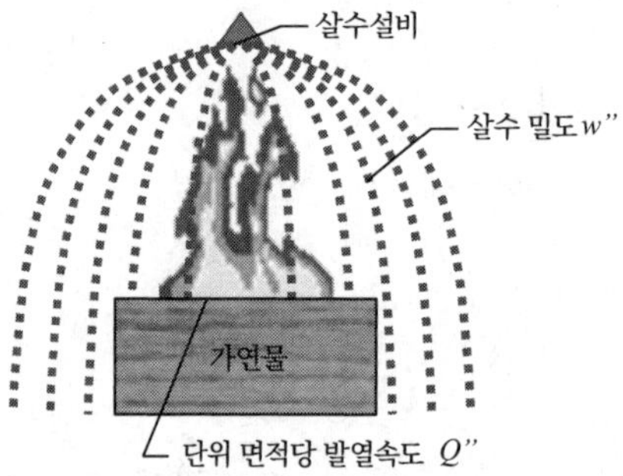


그림 1.6 살수 개시 이후에도 연소가 계속되는 상태

#### 2. 계산식

- 살수 중 수평투영 면적당 가연물의 발열속도: $Q''$ [kW/m$^2$]

$$Q'' = Q''_{max} - w \cdot L_w \cdot \frac{\Delta H}{L} \tag{1.7}$$

#### 3. 입력값

| | |
|---|---|
| $w$ | 살수 밀도 [g/(m$^2 \cdot$s)] |
| $L_w$ | 물의 단위 질량당 증발 잠열 [kJ/g] |
| $\Delta H$ | 가연물의 연소열 [kJ/g] |
| $L$ | 가연물의 열분해 잠열 [kJ/g] |
| $Q''_{max}$ | 살수가 없는 경우의 수평투영 면적당 가연물의 발열속도 [kW/m$^2$] |

## 4. 예제

$w$=63.0 g/(m$^2$·s), $L_w$=2.26 kJ/g, $\Delta H$=13.1 kJ/g, $L$=2.26 kJ/g, $Q''_{max}$=1550 kW/m$^2$ 일 때, 살수 시의 수평투영 면적당 발열속도 $Q''$을 구하시오.

$$Q'' = Q''_{\max} - w \cdot L_w \cdot \frac{\Delta H}{L} = 1550 - 63.0 \times 2.26 \times \frac{13.1}{2.26} \approx 725 \text{ kW/m}^2$$

이 설정 조건에서 $Q''$은 목재크립 12단으로, 화재 하중 밀도 약 50 kg/m$^2$인 판매시설의 가연물 상당이다. 이 예제에서 나타낸 $w$의 설정값 63.0 g/(m$^2$·s)는 고감도형 스프링클러 설비의 방수량 80 L/min을 유효 살수 반경 2.6 m의 원으로 나눈 평균적인 살수 밀도이다. 이 계산값은 살수 중 목재클립의 발열속도의 실측값과 거의 일치한다.[15)]

## 5. 해설

문헌[16)]에서는 살수설비에 의한 연소 억제의 주된 요인으로 물에 의한 가연물 표면의 냉각 효과를 들고 있고, 본 절에서도 이에 따른 발열속도 저감량의 계산방법을 설명하고 있다.

그림 1.7의 왼쪽에 나타난 바와 같이, 일반적으로 살수가 없을 때 가연물의 단위 면적당 발열속도 $Q''_{max}$는 가연물 표면에 입사되는 열유속(heat flux) $q$에 가연물의 연소열 $\Delta H$와 열분해 잠열 $L$의 비를 곱하여 계산된다. 그러나 살수가 있는 상황에서 가연물의 연소가 계속되고 있는 경우, 그림 1.7의 오른쪽과 같이 살수된 증발 잠열 $q_w$만큼 가연물 표면에 도달하는 열유속이 감소하므로 단위 면적당 발열속도가 살수가 없을 때보다 낮아진다.

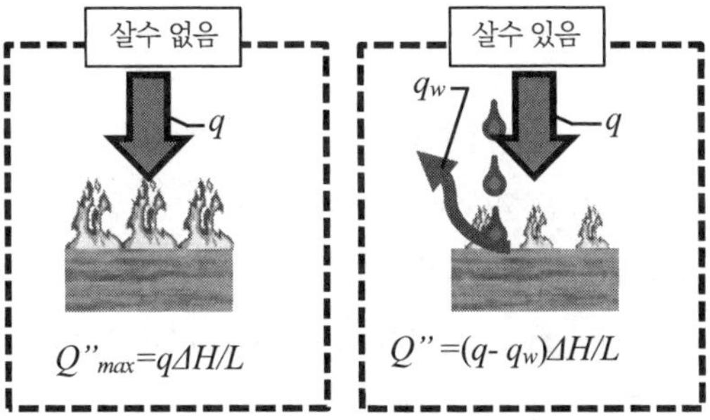


그림 1.7 가연물의 표면의 열수지 개념도

이 개념에 따라 살수 시의 수평투영 면적당 발열속도를 계산하는 식을 도출한 결과가

식 (1.7)이다. 이 식은 서두에 나타낸 조건 외에도, 살수 개시 이후 발열속도가 계속 감소하는 경우에는 적용할 수 없다. 또, 워터 미스트와 같이 물방울 지름이 작은 경우에는 질식 효과가 뚜렷해지므로 이 절에서 계산한 발열속도는 실제보다 높을 것으로 추정된다.

각종 참고문헌에서 살수 개시 이후 발열속도가 그림 1.1의 b)나 c)와 같은 패턴의 실험값을 대상으로서 발열속도의 계산값과 실험값을 비교한 결과가 그림 1.8의 (a), (b)이다. (a) 재료가 다른 소규모 시편, (b) 실제 규모의 목재크립을 대상으로 한 실험이며, 전반적으로 실험값과 계산값은 대체로 일치하고 있다.

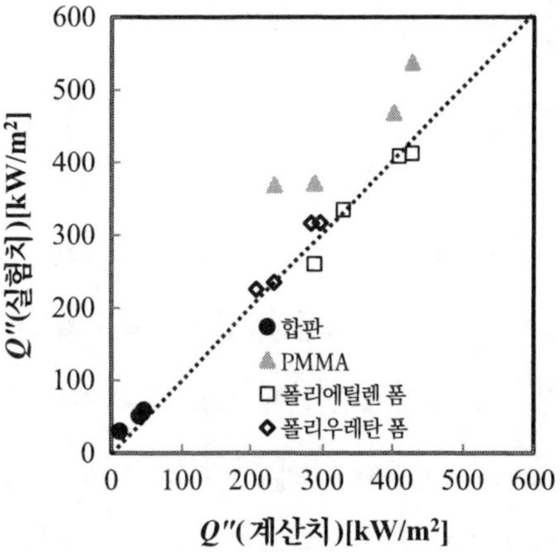


(a) 소규모 시험체(각종 재료)[17]

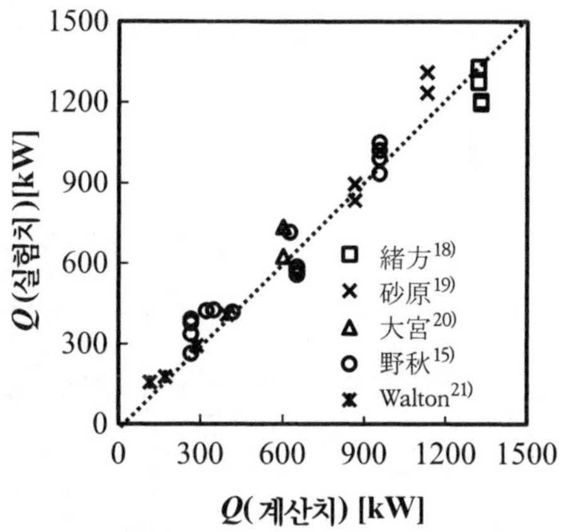


(b) 목재 크립

그림 1.8 발열속도의 계산값과 실험값의 비교

## 6. 참고문헌


15) 野秋政希, 鈴木稔, 山口純一, 大宮喜文: 散水時の木材クリブの発熱速度—水平投影面積に対する露出表面積の割合をパラメータとした検討—, 日本建築学会環境系論文集, 第80巻 第712号, pp.481-489, 2015年 6月

16) Society of Fire Protection Engineers, SFPE Handbook of Fire Protection Engineering, 5th dition, Section 39 Volume 2, pp.1289-1313, 2016.8

17) 野秋政希, 山口純一, 大宮喜文: 可燃物表面への注水による発熱速度の低減効果ー水膜が無い場合における注水時の発熱速度簡易推定モデルの構築とコーンカロリーメータ試験結果との比較ー, 日本建築学会環境系論文集, 第79巻 第696号, pp.123-131, 2014

年 2月

18) 緒方貴憲, 野秋政希, 大宮喜文, 鈴木稔, 山口純一: 燃焼中に散水された単体可燃物の発熱速度～その1散水設備を用いた実験～, 日本建築学会関東支部研究報告集, pp.601-604, 2013年 3月

19) 砂原弘幸, 石原慶大, 松山賢, 菅原進一, 森田昌宏: 散水中の木材クリブ燃焼の発熱速度と放射熱流束の関係に関する研究, 日本建築学会環境系論文集 第75巻 第658号, pp. 1009-1017, 2010年 12月

20) 大宮喜文ほか: 区画火災制御に関する研究 その1～その8, 日本火災学会研究発表会概要集, pp.4-35, 2002年 5月

21) William D. Walton: Suppression of wood crib fires with sprinkler sprays : test results, NBSIR 88-3696, 1988

# 1.3 고체 가연물의 착화

열원으로부터 가열을 받는 가연물의 착화 유무 또는 착화 시간을 파악하는 것은 화재 확대 특성을 검토하기 위한 매우 중요한 수순이다.

착화 현상은 크게 두 가지로 구분된다. 하나는 착화에 필요한 에너지가 외부로부터 복사열 등으로 공급되고, 스파크나 불티로부터 인화하는 경우와 착화에 필요한 에너지가 재료 내부에서 생성되어 발화에 이르는 경우, 즉 자연발화가 있다. 본 절에서는 고체 가연물에 대한 인화 시간을 대상으로 한다.

착화 현상은 복잡한 물리학 과정이지만 통상적인 건축 공간에서는 가연물 표면 온도가 착화 온도에 도달하는 시점을 착화로 간주하는, 이른바 열착화 이론을 이용한다. 전열 계산에 의한 표면 온도를 구하는 방법은 제5장에서 상세하게 설명하고 있고, 가연물 표면의 열수지(경계조건)에 따라 열전도 방정식을 풀어서 표면 온도를 계산할 수도 있다. 본 절에서는 열전도 문제를 근사적으로 다룬 방법과 아울러 실험결과를 바탕으로 한 기법을 설명한다. 또, 다음의 조건은 본 절에서 나타내는 계산식의 적용 대상에서 제외한다.

- 인화점이 상온 이하인 가연물
- 무염 연소(탄화층 표면의 적열 등)
- 화약 등의 수분과 반응하는 가연물

## 1.3.1 표면에서 일정한 가열을 흡수하는 경우의 착화 시간

### 1. 계산식 대상

표면에서 일정한 열류를 흡수하는 열적으로 두꺼운 고체 가연물의 착화 시간을 계산한다. 실제로는 가연물에 일정한 강도의 가열이 가해졌다고 해도 가연물 표면에서의 복사나 대류에 의해 열이 손실되어 가연물 표면이 흡수하는 열유속은 가열 강도보다 낮다. 그렇더라도 가열 강도가 모두 가연물에 흡수된다고 상정하면 실제보다 빠르게 온도가 상승하여 조기에 착화되는 것으로 간주할 수 있다. 본 절의 계산식은 실제 상황보다 빨리 착화하는 것으로 추정하는 것을 허용하며, 착화 시간을 간편하게 구할 수 있다.

## 2. 계산식

• 착화 시간 : $t_{ig}$[s]

$$t_{ig} = \frac{\pi}{4} k\rho c \left( \frac{T_{ig} - T_0}{q} \right)^2 \tag{1.8}$$

## 3. 입력값

| | |
|---|---|
| $q$ | 가열 강도 [kW/m$^2$] |
| $T_{ig}$ | 착화 온도 [K] |
| $T_0$ | 주위 온도 [K] |
| $k\rho c$ | 가연물의 열관성 [kW$^2$s/(m$^4$·K$^2$)] |

## 4. 예제

$k\rho c$=0.28 kW$^2$s/(m$^4$·K$^2$), $T_{ig}$=623K(350℃), $T_0$=293K(20℃)인 가연물에 대해서 가열 강도 $q$=25 kW/m$^2$에서의 착화 시간 $t_{ig}$를 구하시오.

$$t_{ig} = \frac{\pi}{4} k\rho c \left( \frac{T_{ig} - T_{\infty}}{q} \right)^2 = \frac{\pi}{4} k\rho c \left( \frac{350 - 20}{25} \right)^2 \approx 38\ \mathrm{s}$$

## 5. 해설

그림 1.9와 같이 가연물 표면에서 일정한 가열을 흡수하는 반무한 고체(열적으로 두꺼운 물체)로 간주할 수 있는 경우, 가연물의 표면 온도 $T_S$는 운동방정식의 해석에서 식(1.9)와 같이 나타낼 수 있다.

$$T_s = 2q\sqrt{\frac{t}{\pi k \rho c}} + T_0 \tag{1.9}$$

여기에서 $q$는 가열 강도(가열원으로부터 수열물의 표면에 입사하는 열유속), $t$는 시간, $k\rho c$은 열관성이다. 따라서, 표면 온도 $Z$가 착화 온도 $T_{ig}$에 이르는 시점을 착화라고 정의한다면 착화 시간은 식 (1.8)과 같이 계산할 수 있다. 단, 일반적으로는 가연물의 표면 온도가 상승할수록 표면에서 외부로 열의 손실도 증가하므로 이 식으로 계산한 착화 시간은 실제보다 빠를 것으로 예상된다. 또, 가열 강도 $q$가 시간적으로 변화하는 경우에는 식 (1.8)의 적분형인 식 (1.10)으로 근사할 수도 있다.[23)]

$$\int_0^{t_{ig}} q^2 dt = \frac{\pi}{4} k\rho c\left(T_{ig} - T_0\right)^2 \tag{1.10}$$

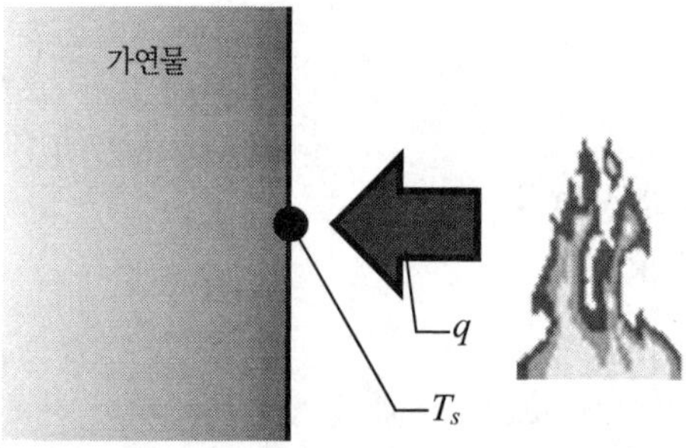


그림 1.9 표면에서 일정한 가열을 흡수하는 가연물

## 6. 참고문헌

22) James G. Quintiere, Principles of fire behavior, Delmar, 1998 (大宮喜文, 若月薫 訳: 基礎火災現象原論), 共立出版, pp.64-65, 2009年 4月

23) 日本建築学会編: 鋼構造耐火設計指針 第3版, 丸善, pp.66, 2017年 6月

# 1.3.2 외부로부터 일정한 가열을 받으나 일부를 주변으로 방열하는 조건에서의 착화 시간

## 1. 계산식 대상

표면이 가열되어 온도가 상승하고, 주변으로 방열하는 조건에서 열적으로 두꺼운 고체 가연물의 착화 시간을 계산한다. 이 계산식은 화염 등으로부터 일정 강도의 가열을 받는 가연물이 착화되는 시간을 구할 때 사용할 수 있다.

## 2. 계산식

- 착화 시간: $t_{ig}$[s]

$$t_{ig}=\frac{TRP^2}{\left(q-0.64q_{cr}\right)^2},\quad \left(q>3q_{cr}\right) \tag{1.11}$$

## 3. 입력값

| | |
|---|---|
| $q$ | 가열 강도 [kW/m$^2$] |
| $q_{cr}$ | 착화 한계 열유속 [kW/m$^2$] (표 1.2에 따름) |
| $TRP$ | 열응답 파라미터 [kW·s$^{1/2}$/m$^2$] (표 1.2에 따름) |

표 1.2 주요한 가연물의 착화한계 열유속 및 열응답 파라미터[25),26)]

| 재 질 | 착화 한계 열유속 $q_{cr}$[kW/m$^2$] | 열응답 파라미터 $TRP$ [W·s$^{1/2}$/m$^2$] |
|---|---|---|
| 폴리프로필렌 | 8~15 | 108~417 |
| 폴리에스터 | 8~18 | 94~383 |
| 레이온 | 14~17 | 161~227 |
| 셀룰로스 | 15 | 264 |
| PVC | 15~20 | 343~640 |
| 목재 | 15.8 | $\sqrt{0.436\rho\left(0.1953\rho+25.5\right)}$ |

ρ: 재료의 밀도 [kg/m$^3$]

## 4. 예제

가열 강도 $q$=50 kW/m$^2$에서 밀도 $\rho$=350 kg/m$^3$의 목재가 착화되는 시간 $t_{ig}$[s]를 구하시오.

q>$3q_{cr}$이므로,

$$t_{ig}=\frac{TRP^2}{\left(q-0.64q_{cr}\right)^2}=\frac{\left(\sqrt{0.436\times350\times\left(0.1953\times350+25.5\right)}\right)^2}{\left(50-0.64\times15.8\right)^2}=9.0\,\mathrm{s}$$

## 5. 해설

그림 1.10과 같이 외부로부터 일정한 가열을 받은 뒤, 주위로 방열되는 조건에서 가연물

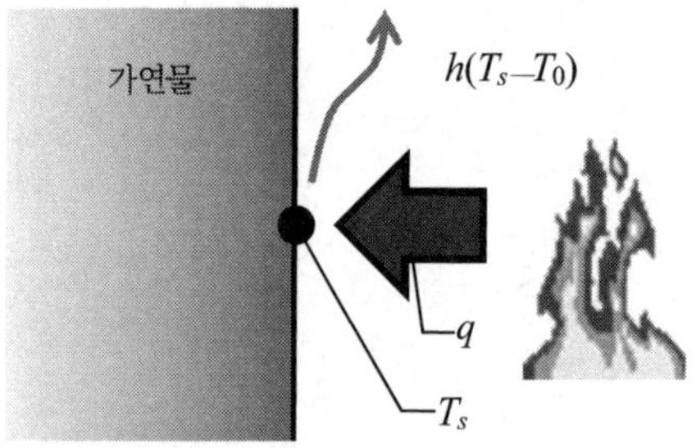


그림 1.10 가연물 표면의 열수지

표면의 착화 시간은, 앞 절과 마찬가지로 고체 내의 열전도를 반무한 고체로 근사한 뒤 표면 온도가 착화 온도에 도달할 때의 $t_{ig}$를 도출한 것이다. 또한 그림 속의 $T_s$는 가연물의 표면 온도[K], $h$는 종합 열전달율[kW/m$^2$·K]을 나타내고 있다. 여기에서 열응답 파라미터 $TRP$는 열관성 $k\rho c$, 착화 온도 $T_{ig}$, 초기 온도 $T_0$를 이용하여,

$$TRP = \sqrt{\frac{\pi}{4} k\rho c \left(T_{ig} - T_0\right)^2} \tag{1.12}$$

로 정의된다. 단, 식 (1.12)의 오른쪽 변에 각각의 값($k\rho c$나 $T_{ig}$)을 대입하면 식 (1.11)로 얻을 수 있는 착화 시간과 실험값의 일치가 불충분해지기도 한다. 따라서 콘칼로리미터 시험장치, 착화성 시험 장치 등을 사용해서 측정한 착화 시간으로부터 $TRP$의 실효값을 구하는 것이 권장된다. 또, 식 (1.11)의 가열 강도 $q$는 가열원으로부터 수열물의 표면에 입사하는 열유속을 나타내고 있다. 가열원으로부터 수열물의 표면에 입사하는 열유속은 가열원의 온도가 같더라도 가열원과 수열물의 배치 조건에 따라서 변하기 때문이다. 상세한 것은 제5장을 참조하기 바란다.

그림 1.11은 합판의 착화 시간을 각종 가열 강도로 측정한 결과이다.[27] 식 (1.11)은 실험

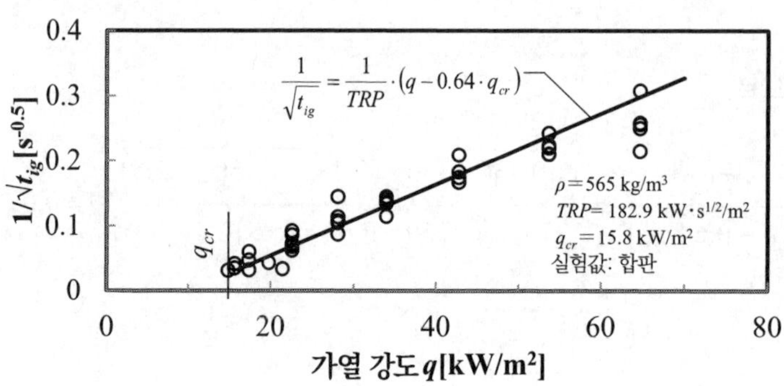


그림 1.11 가열강도와 착화시간의 실험값[27]과 계산값의 비교

데이터를 잘 나타낼 수 있다.

## 6. 참고문헌


24) Michael A. Delichatsios, TH. Panagiotu, F. Kiley: Theuse of time to ignition data for characterizing the thermal inertia and the minimum critical heat flux for ignition or pyrolysis, Combustion and Flame 84', pp.323-332, 1991.4

25) 長岡勉, 辻本誠, 古平章夫, 上原茂男, 菊地伸一: 木材の密度と着火時間の関係, 日本建築学会構造系論文集, 第559号, pp.233-236, 2002年 9月

26) Hurley M., et al ed.: SFPE Handbook of Fire Protection Engineering, 5th edition, Volume 3, pp.3449~3459, Society of Fire Protection Engineers, 2016.8

27) 土橋常登: コーンカロリーメータと着火性試験装置による合板の着火および燃焼特性測定方法に関する実験的研究, 京都大学博士論文, 2016年 3月

# 1.4 화재 하중

## 1.4.1 가연물 밀도

실내의 가연물은 칸막이 벽이나 내장재 등의 고정 가연물과 집기나 반입되는 물품 등의 수납 가연물로 분류할 수 있다. 실의 가연물 발열량은 이 실내에 설치된 가연물 발열량의 총합으로 한다.

### 1.4.1.1 고정 가연물의 발열량(고정 집기류)

#### 1. 계산식 대상

조립 가구·카운터 등 고정된 집기류의 발열량 $W_{fix\_f}$[MJ]를 구한다.

#### 2. 계산식

- 고정 집기류의 발열량: $W_{fix\_f}$[MJ]

$$W_{fix\_f} = \sum(\Delta H_i G_i) \tag{1.13}$$

단, $G_i = \rho_i V_i$이다. 또 단일 재료라면 질량 $G_i$는 측정한 값을 사용해도 무방하다.

#### 3. 입력값

| | |
|---|---|
| $G_i$ | 재료 $i$의 질량 [kg] |
| $V_i$ | 재료 $i$의 부피 [m$^3$] |
| $\Delta H_i$ | 재료 $i$의 단위 질량당 발열량 [MJ/kg] |
| $\rho_i$ | 재료 $i$의 밀도 [kg/m$^3$] |

## 4. 예제

그림 1.12에 나타내는 고정 집기의 발열량을 구한다. 목재가 삼나무라고 가정하면, 단위 질량당 발열량 $\Delta H_i$=18.9 MJ/kg, 재료의 밀도 $\rho$=338 kg/m$^3$이다.

$$G_i = \rho_i V_i = 338\times(3.0\times0.3\times0.01+0.03\times(0.2\times1.19\times2+2.74\times1.19)) = 40.93\,\text{kg}$$

$$W_{fix\_f} = \sum(\Delta H_i G_i) = 18.9\times40.93 = 773.6\,\text{MJ}$$

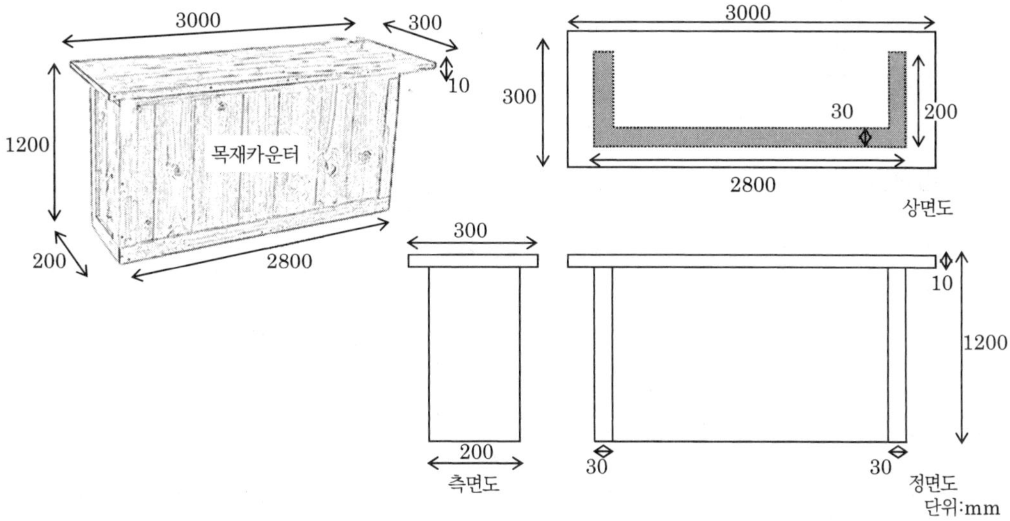


그림 1.12 목재 카운터의 형상

## 5. 해설

고정 가연물에는 쉽게 움직일 수 없는 제작 가구·카운터 등의 고정된 집기·기기 등이 해당된다. 이들의 가연 물량은 재료의 종류에 따라 단위 질량당 발열량 $\Delta H$ [MJ/kg]와 $G_i$[kg](=밀도 $\rho_i$[kg/m$^3$] × 체적 $v_i$[m$^3$])을 이용해서 산출할 수 있다.[28] 또한 가연성 벽·요벽 그리고 마감재와 밑바탕재는 다음 항에 따라 계산할 수 있지만, 이 항에 따라 발열량을 구해도 된다.

## 6. 참고문헌


28) 日本建築学会編: 建築物の火災荷重および設計火災性状指針(案), pp.49-51, 2013年 3月

### 1.4.1.2 고정 가연물의 발열량(내장 마감재)

#### 1. 계산식 대상

실내 내장재의 발열량 $W_{fix\_i}$ [MJ]를 구한다.

#### 2. 계산식

- 내장 재료의 발열량: $W_{fix\_i}$ [MJ]

$$W_{fix\_i} = \sum(\Delta H_m d_m A_m) \tag{1.14}$$

#### 3. 입력값

$A_{\mathrm{m}}$ 재료의 설치 면적 [$m^2$]

$d_{\mathrm{m}}$ 재료의 두께 [mm]

$\Delta H_{\mathrm{m}}$ 재료의 설치 면적 1 $m^2$당, 두께 1 mm당 발열량 [$MJ/m^2 \cdot mm$]

#### 4. 예제

그림 1.13의 공간에서 내장재의 발열량 $W_{fix_i}$를 구하시오. 여기서 재료의 설치면적 1 $m^2$ 당, 두께 1 mm당 발열량 $\Delta H_{\mathrm{m}}$은 바닥재의 경우는 8 $MJ/(m^2 \cdot mm)$, 벽·천장의 경우는 1.6 $MJ/(m^2 \cdot mm)$로 한다.

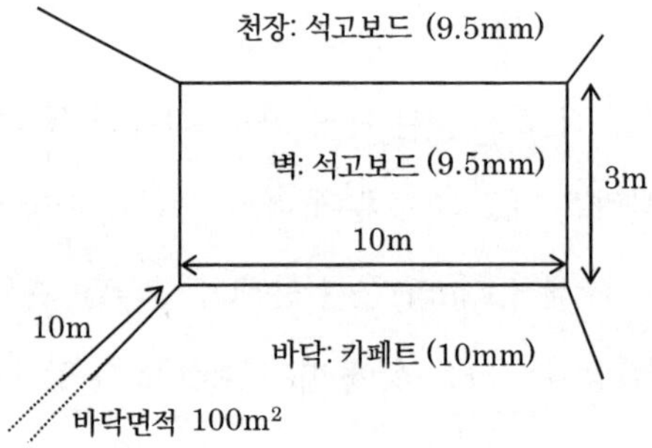


그림 1.13 내장 재료의 설정

$$\begin{aligned} W_{fix\_i} &= (8 \times 10 \times 100) + (1.6 \times 9.5 \times (10 \times 4 \times 3)) + (1.6 \times 10 \times 100) \\ &= 8000 + 1824 + 1600 = 11424\,\mathrm{MJ} \end{aligned}$$

## 5. 해설

내장 마감재처럼 일정한 두께가 있는 재료에서는 재료의 설치면적 1 $m^2$당, 두께 1 mm 당 평균 발열량인 $\Delta H_m$을 식 (1.14)에 대입하여 발열량을 산출한다.[29)]

## 6. 참고문헌

29) 日本建築学会編: 建築物の火災荷重および設計火災性状指針(案), pp49-51, 2013年 3月

### 1.4.1.3 적재 가연물의 발열량

## 1. 계산식 대상

실내 이동 가능한 집기·기기나 실내에 반입되는 서류·물품 등에 의한 적재 가연물의 발열량 $W_{load}$[MJ]를 구한다.

## 2. 계산식

- 적재 가연물의 발열량: $W_{load}$[MJ]

$$W_{load} = \sum w_{load} A_r \tag{1.15}$$

## 3. 입력값

$w_{load}$ 적재 가연물의 단위 바닥면적당 발열량 [MJ/$m^2$] (표 1.3에 따름)

$A_r$ 실의 바닥면적 [$m^2$]

**표 1.3 각 용도별 단위 바닥면적당 적재 가연물의 발열량[30)]**

| 건물 용도 | 실의 용도 | | 적재 가연물의 발열량 밀도(MJ/m²) | | | | 조사수 | |
|---|---|---|---|---|---|---|---|---|
| | | | 평균 | 표준편차 | 최대 | 최소 | 동수 | 실내수 |
| 사무실 | 사무실 | 사무계 집무실(수납 상태 고려) | 482 | 181 | 867 | 230 | 8 | 10 |
| | | | 274 | 122 | 555 | 158 | | |
| | | 사무계 집무실(수납 상태 고려) | 550 | 23 | 573 | 526 | 2 | 2 |
| | | | 299 | 35 | 334 | 264 | | |
| | | 사무계 집무실(수납 상태 고려) | 390 | 108 | 506 | 93 | 5 | 16 |
| | | 기술계 집무실(수납 상태 고려) | 570 | 80 | 678 | 493 | 5 | 6 |
| | | | 357 | 75 | 482 | 272 | | |
| | | 기술계 집무실(수납 상태 고려) | 747 | 168 | 954 | 466 | 5 | 11 |
| | | 행정 사무실(수납 상태 고려) | 1198 | 67 | 1258 | 1093 | 1 | 5 |
| | | | 584 | 66 | 653 | 518 | | |
| | 설계실(수납 상태 고려) | | 886 | 106 | 982 | 712 | 4 | 5 |
| | | | 584 | 66 | 653 | 518 | | |
| | OA교실 | | 189 | − | − | − | 2 | 1 |
| | 컴퓨터 기구실 | | 239 | 58 | 297 | 181 | 1 | 2 |
| | 회의실, 응접실, 임원실 등(수납 상태 고려) | | 125 | 74 | 248 | 40 | 6 | 13 |
| | | | 112 | 66 | 230 | 38 | | |
| | 회의실(수납 상태 고려) | | 266 | 239 | 735 | 110 | 2 | 5 |
| | 준비실 | | 57.5 | 11.5 | 69 | 46 | 1 | 2 |
| | 자료실(수납 상태 고려) | | 1848 | 613 | 1069 | 2973 | 7 | 10 |
| | | | 1330 | 478 | 2203 | 726 | | |
| | 서고 | | 3066 | 550 | 3616 | 2517 | 2 | 2 |
| | 식당(수납 상태 고려) | | 55.1 | 2.6 | 57.6 | 52.5 | 2 | 2 |
| | 휴게실 | | 291 | 172 | 543 | 69 | − | 5 |
| | 숙직실 | | 182 | − | − | − | 1 | 1 |
| | 탕비실 | | 219 | − | − | − | 1 | 1 |
| | 화장실 | | 18.3 | − | − | − | 1 | 1 |
| | 창고(수납 상태 고려) | | 4563 | 1282 | 5904 | 3352 | 2 | 3 |
| | | | 2963 | 870 | 3746 | 2026 | | |
| | 통로 등 | 입구 | 21.1 | 21.1 | 62.4 | 0.8 | − | 15 |
| | | 복도 | 36.9 | 31.7 | 94.5 | 0.2 | − | 15 |
| | | 계단(바깥 계단) | 115 | − | − | − | − | 1 |
| | | 로비 라운지 | 96.5 | 67.9 | 220 | 35.7 | − | 7 |
| | | 로비(수납 상태 고려) | 197 | 106 | 310 | 67 | 4 | 4 |
| | | | 173 | 101 | 306 | 67 | | |
| | | 이벤트 공간 | 64.0 | 15.2 | 81.5 | 44.5 | − | 3 |

| 건물 용도 | 실의 용도 | | 적재 가연물의 발열량 밀도(MJ/m²) | | | | 조사수 | |
|---|---|---|---|---|---|---|---|---|
| | | | 평균 | 표준편차 | 최대 | 최소 | 동수 | 실내수 |
| 물건 판매 | 백화점 | 매장(수납 상태 고려) | 307 | 138 | 496 | 149 | 1 | 6 |
| | | | 227 | 112 | 376 | 101 | | |
| | 대형서점 | 서적매장 | 2515 | 343 | 3007 | 1994 | – | 7 |
| | 행사장(아트리움 하단부) | | 355 | – | – | – | 1 | 1 |
| | 쇼핑센터 | 의류 매대 | 393 | 164 | 755 | 142 | – | 14 |
| | | 모든 점포 | 750 | 832 | 5305 | 56 | – | 168 |
| | | 패스트푸드점 | 526 | 215 | 1630 | 160 | – | – |
| | | 레스토랑 | 298 | 172 | 700 | 92 | – | – |
| | | 창고 | 1196 | 1875 | 4280 | 42 | – | – |
| 호텔 | 객실 | | 168 | 24 | 213 | 126 | 2 | 15 |
| | 연회장(수납 상태 고려) | | 70 | 24 | 109 | 46 | 1 | 6 |
| | | | 62 | 24 | 94 | 35 | | |
| | 로비(수납 상태 고려) | | 45 | – | – | – | 1 | 1 |
| | | | 43 | – | – | – | | |
| | 음식 | 카페 | 217 | 85 | 302 | 132 | 2 | 2 |
| 학교 | 교실 | 보통 교실 | 303 | 108 | – | – | – | 104 |
| | | 실험실 | 331 | 99 | – | – | – | 36 |
| | | 음악실 | 295 | 82 | – | – | – | 23 |
| | | 가정과실 | 321 | 80 | – | – | – | 25 |
| | | 가정과 교실(피복) | 309 | 87 | – | – | – | 9 |
| | | 가정과 교실(조리) | 330 | 64 | – | – | – | 9 |
| | | 기술과 관계실 | 361 | 121 | – | – | – | 9 |
| | | 미술 · 도공실 | 321 | 141 | – | – | – | 14 |
| | | 시청각 교실 | 172 | 84 | – | – | – | 11 |
| | | 시청각 교실 | 149 | 84.9 | 263 | 59 | – | 3 |
| | | 제도실 | 131 | 70 | – | – | – | 7 |
| | | LL교실 | 193 | 76 | – | – | – | 4 |
| 공동 주택 | 주택 전체 | 공단 주택 | 583 | 188 | – | – | – | 136 |
| | | 민간 아파트 | 472 | 140 | – | – | – | 78 |
| | | 공단 임대 | 461 | 181 | 1421 | 157 | – | 139 |
| | | 공단 분양 | 541 | 165 | 1027 | 138 | – | 121 |
| | | 사택 | 595 | 184 | 1294 | 139 | – | 268 |
| | | (구분 없음) | 666 | – | – | – | – | 166 |
| 병원 | 병실 | 개인실(화장실 제외) | 308 | 2 | 310 | 306 | – | 2 |
| | | 개인실(화장실 포함) | 339 | 4.5 | 343 | 334 | – | 2 |
| | 진료실 | 간호사실 | 924 | 106 | 1090 | 803 | – | 5 |

## 4. 예제

그림 1.14에 나타낸 공간에서의 적재 가연물의 발열량 $W_{load}$[MJ]를 구하시오.

$$W_{load} = \sum w_{load} A_r = (400 \times 100 + 100 \times 300) = 70000\,\text{MJ}$$

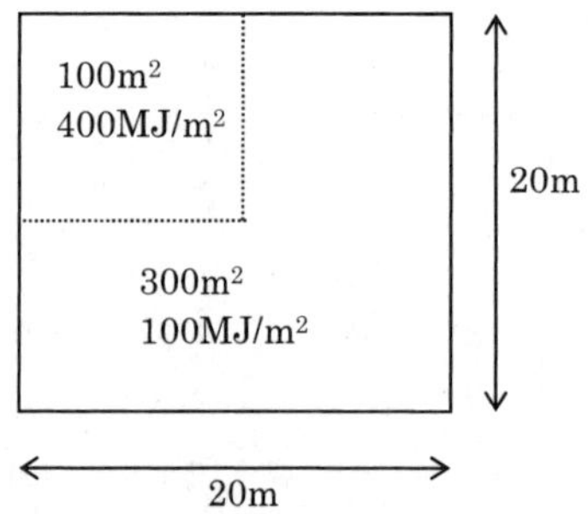


그림 1.14 적재 가연물의 발열량 산정

## 5. 해설

적재 가연물은 건물 준공 후에 이용자에 의해 반입되는 것으로, 가구·집기나 서류·물건 등이 해당된다. 반입되는 물품 등은 용도·사용 상황에 따라 상이하고 또 움직일 수 있기 때문에 같은 실내에서도 시시각각 바뀌는 경우가 많다. 따라서 적재 가연물은 가연물의 실태조사 등을 통해 얻은 용도별 단위 바닥면적당 적재 가연물의 발열량 $W_{load}$[MJ/m$^2$]으로부터 그 변동을 고려하여 더 안전한 값으로 설정한다.[31)]

## 6. 참고문헌


30) 日本建築学会編: 鋼構造耐火設計指針, pp.27-35, 2017年 6月

31) 日本建築学会編: 建築物の火災荷重および設計火災性状指針(案), pp.49-51, 2013年 3月

## 1.4.2 가연물 표면적

실의 내장재 등 모양이 단순한 고정 가연물은 실제 표면적을 직접 계산할 수 있다. 한편, 수납 가연물의 표면적인 경우는 형상이 복잡하고 배치 방법에도 의존하므로 실제로 노출되어 있는 표면적을 산정하는 것은 어렵다. 가연물의 발열량 밀도는 어느 정도 예측할 수 있으므로 가연물의 발열량 밀도와 표면적과의 상관관계를 이용하여 추정한다.

### 1. 계산식 대상

실내 적재 가연물(목질계 가연물)의 표면적 $A_{fuel}$[m$^2$]을 단위 면적당 적재 가연물의 발열량 $W_{load}$[MJ/m$^2$]를 이용하여 산출한다.

### 2. 계산식

- 적재 가연물(목질계 가연물[※]) 표면적: $A_{fuel}$[m$^2$]

$$A_{fuel} = \begin{cases} 0.214 w_{load}{}^{1/3} A_r & (\text{사무실}) \\ 0.155 w_{load}{}^{1/3} A_r & (\text{호텔}) \\ 0.242 w_{load}{}^{1/3} A_r & (\text{공동주택}) \end{cases} \tag{1.16}$$

### 3. 입력값

| | |
|---|---|
| $W_{load}$ | 단위 바닥면적당 적재 가연물의 발열량 [MJ/m$^2$] |
| $A_r$ | 실의 바닥면적 [m$^2$] |

### 4. 예제

바닥면적 $A_r$=100 m$^2$, 단위 바닥면적당 적재 가연물의 발열량 $W_{load}$=300 MJ/m$^2$인 사무실에서 적재 가연물의 표면적 $A_{fuel}$[m$^2$]을 구하시오.

$$A_{fuel} = 0.214\, w_{load}{}^{1/3} A_r = 0.214 \times 300^{1/3} \times 100 = 143.26\,\text{m}^2$$

### 5. 해설

식 (1.16)의 근원이 된 가연물 조사에서는 가연물 표면적 $A_{fuel}$[m$^2$]를 적재 가연물의

$G_{load}$[kg]로 나눈 표면적 계수 $\phi$[$m^2$/kg]가 사용되고 있다.

$$\phi = \frac{A_{fuel}}{G_{load}} \tag{1.17}$$

이에 따르면 단위 바닥면적당 적재 가연물 중량 $g_{load}$[kg/$m^2$]의 2/3제곱에 반비례하는 것이 가연물 조사 연구 결과로부터 도출되었다.[32)]

$$\phi = \begin{cases} 0.54 g_{load}^{-2/3} & \text{사무실} \\ 0.39 g_{load}^{-2/3} & \text{호텔} \\ 0.61 g_{load}^{-2/3} & \text{공동주택} \end{cases} \tag{1.18}$$

이러한 관계식에 목재의 단위 질량당 발열량 16 MJ/kg[※]을 이용하여 단위 바닥면적당 적재 가연물의 발열량 $w_{load}$[MJ/$m^2$]로 나타내면 식 (1.16)을 얻을 수 있다. 이를 그림 1.15에 나타낸다.

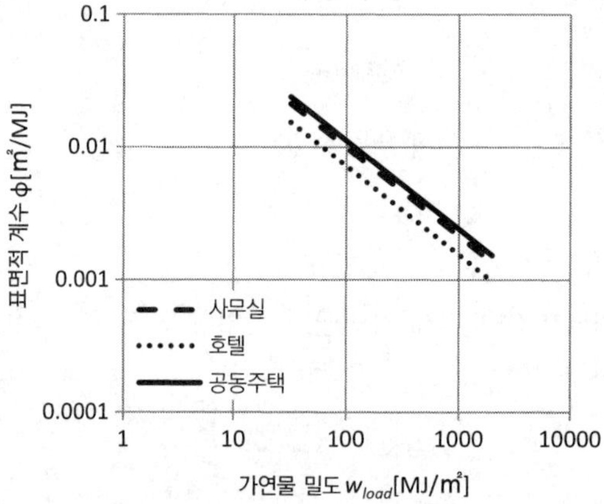


그림 1.15 표면적 계수 [$m^2$/MJ]와 가연물 밀도 [MJ/$m^2$]의 관계

※식 (1.18)을 식 (1.16)과 같이 발열량으로 변환할 때에는 실내 주요 가연물의 종류에 따라 단위 질량당 발열량을 적절히 설정할 필요가 있다(식 (1.25) 참조).

## 6. 참고문헌

32) 油野健志, 山仲秀利, 大宮喜文, 高橋清, 田中哮義, 若松孝旺: 実態調査に基づく可燃物量とその表面積の分析, 日本建築学会計画系論文集, No.483, pp.1-8, 1996年 5月

## 1.4.3 화재성장률

### 1. 계산식 대상

적재 가연물의 단위 바닥면적당 발열량 $w_{load}$[MJ/m$^2$]에서 화재 성장률 $\alpha$[kW/s$^2$]를 구한다.

### 2. 계산식

- 적재 가연물의 화재 성장률: $\alpha$[kW/s$^2$]

전체 용도의 평균

$$\alpha = 2.6 \times 10^{-6} w_{load}^{5/3} \tag{1.19}$$

주요 물품이 플라스틱계인 실 용도

$$\alpha = 7.25 \times 10^{-6} w_{load}^{5/3} \tag{1.20}$$

주요 물품이 셀룰로스계인 실 용도

$$\alpha = 0.91 \times 10^{-6} w_{load}^{5/3} \tag{1.21}$$

### 3. 입력값

| | |
|---|---|
| $w_{load}$ | 적재 가연물의 단위 바닥면적당 발열량 [MJ/m$^2$] |

### 4. 예제

아래 공간의 화재 성장률을 구하시오. 단, 적재 가연물의 단위 바닥면적당 발열량 $w_{load}$=560 MJ/m$^2$로 한다.

- 전체 용도의 평균

$$\alpha = 2.6 \times 10^{-6} w_{load}^{5/3} = 2.6 \times 10^{-6} \times 560^{5/3} = 0.0989 \text{ kW/s}^2$$

• 주요 물품이 플라스틱계인 실

$$\alpha = 7.25\times10^{-6} w_{load}^{5/3} = 7.25\times10^{-6}\times560^{5/3} = 0.276\ \mathrm{kW/s^2}$$

• 주요 물품이 셀룰로스계인 실

$$\alpha = 0.91\times10^{-6} w_{load}^{5/3} = 0.91\times10^{-6}\times560^{5/3} = 0.0346\ \mathrm{kW/s^2}$$

## 5. 해설

물품의 연소 실험에서 연소속도는 아래와 같은 곡선으로 증가하는 경향을 보인다. 따라서 감지기나 연기 성상 예측에서 화원을 상정할 때는 많은 연구결과에 나타난 바와 같이 2차 함수를 이용하는 것을 권장하고 있다.[33] 2차 함수의 계수를 화재 성장률 $\alpha$[kW/s$^2$]라고 부른다. NFPA(미국방화협회)[34]에서는 그림 1.16과 같이 Slow, Medium, Fast, Ultra-Fast의 4단계 화재 성장률을 설정하고, 소화설비 등의 설계용 화원으로서 이용하고 있다. 단, 초기 화재 성장은 2차 함수로 한정하지 않고 지수 함수 등으로 제안[35]된 사례도 있다.

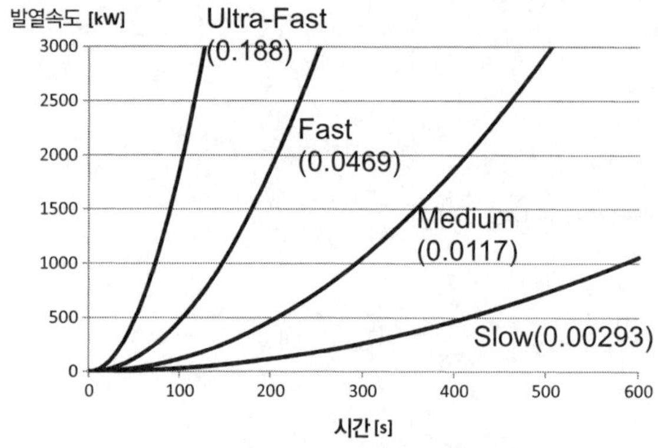


그림 1.16 화재성장곡선(NFPA)[36]

피난안전검증법[36]에서는 모든 용도의 평균을 이용하여 화재 성장률을 아래 식으로 산출하고 있다.

$$\alpha = 2.6\times10^{-6} w_{load}^{5/3} \tag{1.22}$$

한편, 판매시설 등의 플라스틱계 가연물에서의 실험 결과와 사무실 등의 셀룰로스계 가연물로 나누어 실시한 실험 결과에 의하면, 화재 성장률 계수는 각각 $7.25\times10^{-6}$ 또는

$0.91 \times 10^{-6}$이다.[37)]

## 6. 참고문헌


33) Morgan J. Hurley, Richard W. Bukowski: Fire Hazard Analysis Techniques, NFPA, Fire Protection Handbook, Section 3, Chapter 7pp.121-134, 2003

34) National Fire Protection Association: NFPA 92 Standard for Smoke Control Systems, 2015 Edition

35) 長岡 勉, 辻本 誠: 持ち込み可燃物の指数関数による火災成長モデル, 日本建築学会環境系論文集, Vol. 79 (2014) No. 697, pp.209-217, 2014年 3月

36) 国土交通省住宅局建築指導課他編集: 2001 年版 避難安全検証法の解説及び計算例とその解説, 2001年

37) 原田和典: 建築火災のメカニズムと火災安全設計, (財)日本建築センター, 2007年 12月


# 1.4.4 화재 통계에서 구한 화재 성장률

## 1. 계산식 대상

화재 통계를 통해 실제 화재에서의 화재 성장률 $\alpha$[kW/S$^2$]를 산정한다.

## 2. 계산식

- 적재 가연물의 화재 성장률: $\alpha$[kW/S$^2$]

$$\alpha = Q/t^2 = q \times A_f / t^2 \tag{1.23}$$

## 3. 입력값

| | |
|---|---|
| $A_f$ | 소손 바닥면적 [m$^2$] |
| $q$ | 단위 바닥면적당 발열속도 [kW/m$^2$] |
| $Q$ | 방수 개시 시각의 발열속도 [kW] |
| $t$ | 방수 개시 시각과 출화시각의 차이 [s] |

## 4. 예제

화재 통계에서 $A_f/t^2$를 구하고, 각 용도별 화재 성장률과의 관계를 계산한 결과를 표 1.4에 나타내었다. 이러한 화재 성장률 $\alpha$는 각 용도에서의 평균값이다.

표 1.4 화재 통계에서 구한 화재 성장률[38)]

| | | 음식점 | 판매시설 | 주 택 | 사무실 |
|---|---|---|---|---|---|
| $w_{load}$ | [MJ/m²] | 480 | 480 | 720 | 560 |
| $g_{load}$ | [kg/m²] | 30 | 30 | 45 | 35 |
| $q$ | [kW/m²] | 243.61 | 243.61 | 278.86 | 256.45 |
| $A_f/t^2 \times 10^{-5}$(평균) | [m²/s²] | 7.4 | 9.7 | 8.1 | 7.6 |
| $\alpha$ | [kW/s²] | 0.018 | 0.024 | 0.023 | 0.019 |

## 5. 해설

화재 통계를 통해 방수 개시 시의 손실 면적 $A_f$[m²], 출화 시간, 방수 개시 시간을 알면 실제 화재의 화재 성장률[kW/s²]을 다음 식으로 산출할 수 있다.

$$\alpha = Q/t^2 = q \times A_f/t^2 \tag{1.24}$$

예제에서는 화재 통계로 얻어진 $A_f/t^2$의 평균값을 이용하여 화재 성장률을 구하였지만, 집계한 $A_f/t^2$이 아닌 화재 성장률의 분포로 나타내는 것[38)]도 가능하다. 단위 바닥면적당 발열속도 $q$는 가연물의 집적 상황에 의해 영향을 받긴 하지만, 다음과 같이 산출한다.

사무소 빌딩을 대상으로 한 가연물의 실태 조사에서 목질계 가연물로 환산한 단위 바닥면적당 적재 가연물 질량과 가연물 노출 표면적은 식 (1.25)와 같은 관계가 있는 것으로 보고되고 있다.[39)]

$$\phi_{eff} = 0.70 g_{load,eq}^{-2/3} \tag{1.25}$$

여기서, $\phi_{eff}$는 환산 표면적 계수 [m²/kg-wood], $g_{load,eq}$는 목질계 가연물로 환산한 단위 바닥면적당 적재 가연물 질량 [kg-wood/m²-floor]이다. 목재의 단위 면적당 발열속도 $q_w$[=112 kW/m²-fuel]을 이용하여 단위 바닥면적당 발열속도 $q$[kW/m²]를 식 (1.26)과 같이 나타낼 수 있다.

$$q = q_w \phi_{eff} g_{load} = 78.4 g_{load}^{1/3} \tag{1.26}$$

각 용도에서의 $q$를 표 1.5에 나타내었다. 또한 각 용도의 단위 바닥면적당 중량 $g_{load}$[kg/m²]는 대피안전검증법에 제시된 적재 가연물의 단위 바닥면적당 발열량 $w_{load}$[MJ/m²]를 목재의 단위 질량당 발열량 16 MJ/kg로 나누어 구한 값이다.

표 1.5 각 용도에서 단위 바닥면적당 발열속도 $q$

| | 음식점 | 판매시설 | 호 텔 | 주 택 | 사무실 |
|---|---|---|---|---|---|
| $w_{load}$ [MJ/m²] | 480 | 480 | 240 | 720 | 560 |
| $g_{load}$ [kg/m²] | 30 | 30 | 15 | 45 | 35 |
| $q$ [kW/m²] | 244 | 244 | 193.4 | 279 | 256 |

## 6. 참고문헌


38) 出口嘉一, 野竹宏彰, 抱憲誓, 仁井大策, 山口純一, 池畠由華: リスクの概念に基づく避難安全設計法に用いる火災成長率の分布の推定, 日本火災学会論文集Vol.61(2), 2011年 8月

39) 栗岡均, 佐藤博臣, 矢代嘉郎, 掛川秀史, 笠原勲, 池畠由華, 若松孝旺, 松山賢: 可燃物の調査結果 事務所ビルの避難安全設計火源に関する研究 その1: 日本建築学会学術 講演梗概集, pp.197-198, 2002年 8月

# 2장

# 난류 확산 화염의 높이

# 2.1 난류 확산 화염의 연속 화염높이 및 평균 화염높이

## 1. 계산식 대상

정방형 또는 원형의 화원이 그림 2.1에 나타낸 바와 같이 자유공간, 벽, 모서리에 설치된 경우, 연속 화염높이 및 평균 화염높이를 발열속도와 화원 직경으로부터 산정한다. 단, 직사각형 화원이라도 종횡비 2~3 정도까지는 면적이 같은 원형 화원으로 치환함으로써 아래에 나타내는 계산식을 이용할 수 있다.[1)]

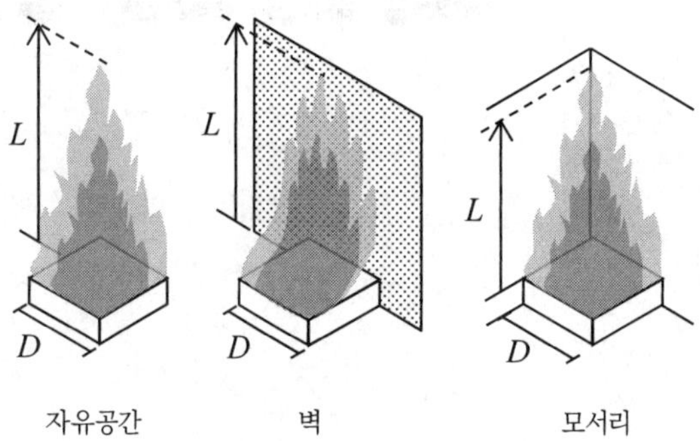


그림 2.1 화염높이를 위한 계산식의 분류

## 2. 계산식

### 1) 자유공간에 설치되어 있는 화원의 경우

- 평균 화염높이: $L_m$ [m]

  Cetegen & Zukoski 식[2)]

$$L_m = \begin{cases} 3.3 Q_D^{*2/3} D & (0.02 \le Q_D^* < 1) \\ 3.3 Q_D^{*2/5} D & (1 \le Q_D^* < 40) \end{cases} \tag{2.1}$$

  Heskestad 식[3)]

$$L_m = -1.02D + 3.7 Q_D^{*\,2/5} D \approx -1.02D + 0.235 Q^{2/5} \qquad (0.2 \le Q_D^* \le 40) \tag{2.2}$$

- 연속 화염높이[4]: $L_c$ [m]

$$L_c = 1.8Q^{*2/5}D \qquad (0.4 \le Q_D^* \le 5) \tag{2.3}$$

2) **벽에 설치되어 있는 화원의 경우**[5]

- 평균 화염높이: $L_m$ [m]

$$L_m = 3.5Q^{*2/5}D \qquad (0.3 \le Q_D^* \le 2) \tag{2.4}$$

- 연속 화염높이: $L_c$ [m]

$$L_c = 2.2Q^{*2/5}D \qquad (0.3 \le Q_D^* \le 2) \tag{2.5}$$

3) **모서리 부분에 설치되어 있는 화원의 경우**[5]

- 평균 화염높이: $L_m$ [m]

$$L_m = 4.3Q^{*2/3}D \qquad (0.1 \le Q_D^* \le 24) \tag{2.6}$$

- 연속 화염높이: $L_c$ [m]

$$L_c = 3.0Q^{*2/3}D \qquad (0.1 \le Q_D^* \le 24) \tag{2.7}$$

- 식 (2.1)~(2.7)에서의 무차원 발열속도: $Q_D^*$

$$Q_D^* = \frac{Q}{c_p \rho_0 T_0 \sqrt{g} D^{5/2}} \approx \frac{Q}{1116 D^{5/2}} \tag{2.8}$$

또, 화원이 종횡비 2~3 이하의 직사각형인 경우에는 다음 식에 의해 면적이 같은 원형 화원의 직경 $D$(등가 직경)를 산출한다.[1]

$$D = \sqrt{\frac{4A}{\pi}} \tag{2.9}$$

## 3. 입력값

| | |
|---|---|
| $A$ | 정방형 화원의 면적 [m$^2$] |
| $c_p$ | 공기의 비열 (=1.01 kJ/(kg·K)) |
| $D$ | 정방형 화원의 한 변 길이 또는 원형 화원의 직경 [m] |
| $g$ | 중력 가속도 (=9.8 m/s$^2$) |
| $Q$ | 화원의 발열속도 [kW] |

| | |
|---|---|
| $T_0$ | 주변 공기 온도 [K] |
| $\rho_0$ | 주변 공기 온도에서 공기의 기체밀도 [kg/m³] |

## 4. 예제

폭 0.8 m, 깊이 0.8 m의 소파가 연소하면서 발열속도 $Q$=1000 kW일 때 자유공간, 벽면, 모서리에서의 평균 화염높이, 연속 화염높이를 산정하시오. 이때 소파의 앉는 면이 주된 연소면이 되므로 화염높이는 앉는 면으로부터의 높이로 한다.

- 무차원 발열속도

$$Q_D^* = \frac{Q}{1116\,D^{5/2}} = \frac{1000}{1116 \times 0.8^{5/2}} = 1.57$$

- 자유공간에서의 평균 화염높이

$$L_m = 3.3 Q_D^{*2/5} D = 3.3 \times 1.57^{2/5} \times 0.8 = 3.16\,\text{m}$$

- 자유공간에서의 연속 화염높이

$$L_c = 1.8\, Q_D^{*2/5} D = 1.8 \times 1.57^{2/5} \times 0.8 = 1.72\,\text{m}$$

- 벽 가장자리에서의 평균 화염높이

$$L_m = 3.5 Q_D^{*2/5} D = 3.5 \times 1.57^{2/5} \times 0.8 = 3.35\,\text{m}$$

- 벽 가장자리에서의 연속 화염높이

$$L_c = 2.2 Q_D^{*2/5} D = 2.2 \times 1.57^{2/5} \times 0.8 = 2.11\,\text{m}$$

- 모서리 평균 화염높이

$$L_m = 4.3 Q_D^{*2/3} D = 4.3 \times 1.57^{2/3} \times 0.8 = 4.65\,\text{m}$$

- 모서리에서의 연속 화염높이

$$L_c = 3.0 Q_D^{*2/5} D = 3.0 \times 1.57^{2/3} \times 0.8 = 3.24\text{m}$$

## 5. 해설

난류 확산 화염의 연속 화염높이 및 평균 화염높이는 화염으로부터 방출되는 복사열을 계산하는 데 사용된다.

건축 공간에서 일반적인 가연성 물질이 연소될 때의 화염은 난류 확산 화염이 되고 화염높이는 시간에 따라 변한다. 평균 화염높이는 육안 또는 캠코더에 의해 관찰된 화염높이의 시간 평균을 나타내고, 연속 화염높이는 최소값을 의미한다. 화염은 가연성 물질에서 발생하는 가연성 가스가 공기와 혼합되어 연소되는 영역이기 때문에 화염높이는 발열속도와 화원의 크기 외에도 화염으로 공기가 연행되는 것에도 의존한다. 따라서 공기의 연행이 제한되는 벽체와 모서리부에서는 자유공간보다 화염이 길어진다.

화염의 높이는 지름 $D$를 대표 지름으로하여 발열속도를 무차원화한 무차원 발열속도 $Q^*_D$를 사용하여 표현된다. 자유공간, 벽, 모서리 부분에서 연속 화염높이 및 평균 화염높이를 측정한 기존 실험 데이터[4)~13)]를 식 (2.1)~식 (2.7)과 비교한 결과를 그림 2.2~그림 2.7에 나타내었다. 조건에 따라 다르지만 계산식은 실험 결과의 중앙 부근에 위치하는 것을 알 수 있다. 계산식은 무차원 발열속도의 적용 범위를 제한하지만, 이것은 실험 데이터가 존재하는 범위에서 새롭게 정하여진 것이다.

또한, 식 (2.9)는 화원의 종횡비(긴 변과 짧은 변의 비율) $\alpha$가 2~3인 직사각형 화원인 경우, 면적이 동일한 원형 화원으로 변환하는 방법을 보여준다. 이 식을 사용하여 변환된 등가 지름 $D$를 가지고 기존 연구[14)]에 표시된 직사각형 화원의 화염높이를 정리한 결과를 그림 2.8에 나타내었다. 종횡비가 2~3인 경우, 평균 화염높이의 계산 결과는 식 (2.1)과 잘 일치한다. 종횡비가 3을 초과하는 직사각형 화원에서는, 실험결과와 계산식이 잘 일치하지 않는다. 이러한 경우에는 2.3절에 나타낸 선화원으로 계산한다.

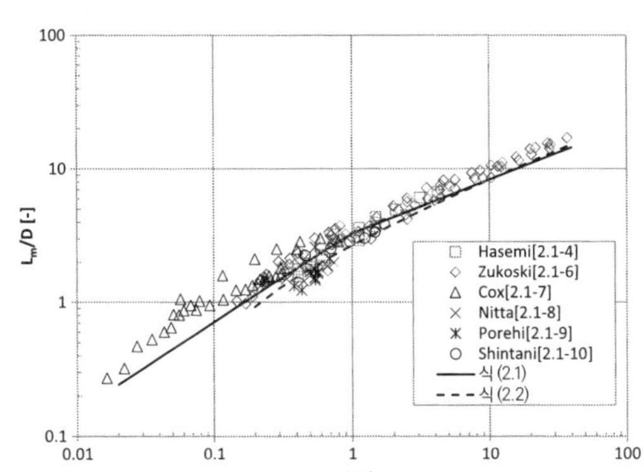


그림 2.2 자유공간에서의 평균 화염높이

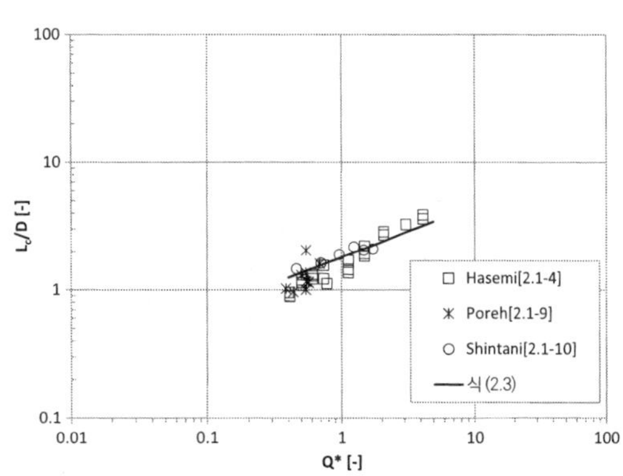


그림 2.3 자유공간에서의 연속 화염높이

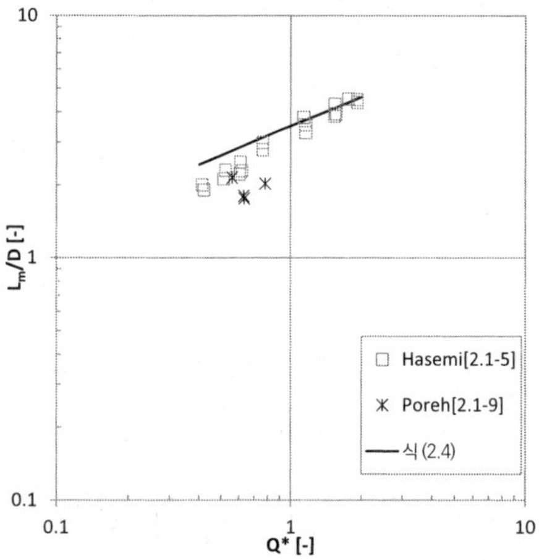


그림 2.4 벽면에서의 평균 화염높이

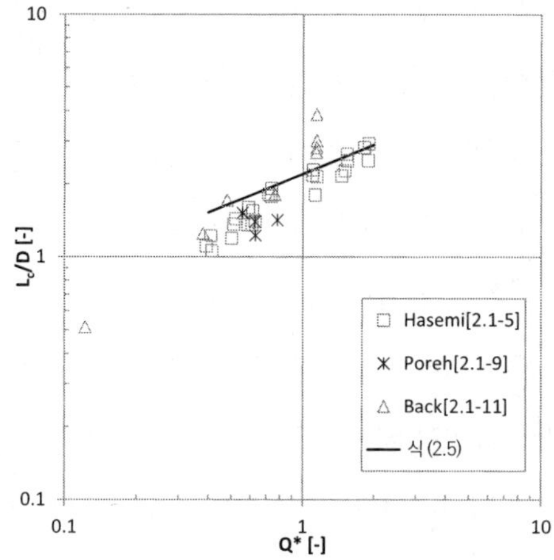


그림 2.5 벽면에서의 연속 화염높이

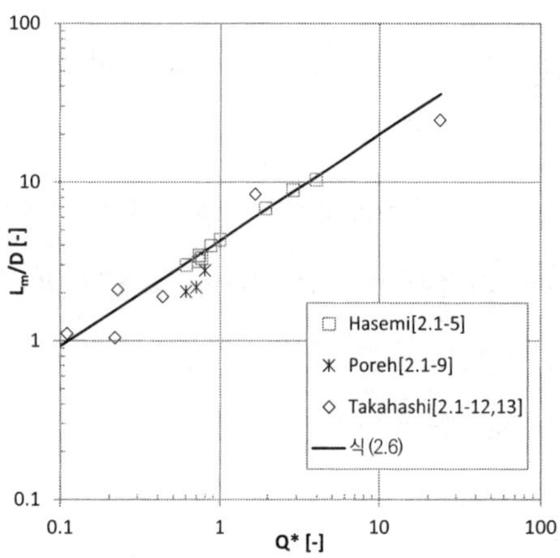


그림 2.6 모서리에서의 평균 화염높이

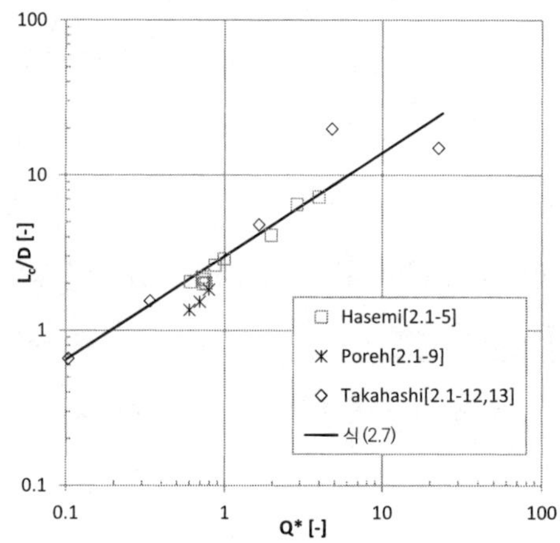


그림 2.7 모서리에서의 연속 화염높이

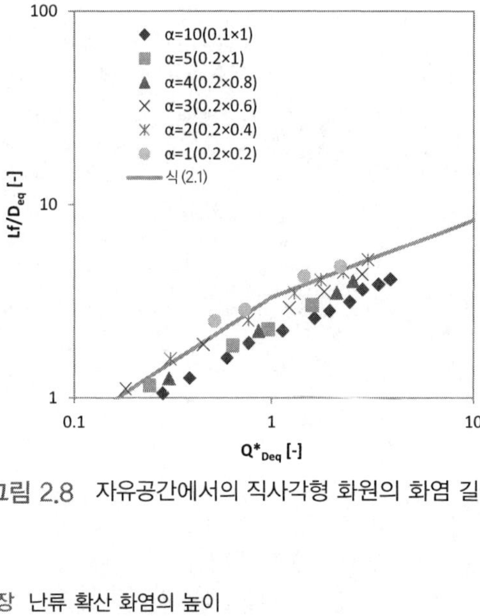


그림 2.8 자유공간에서의 직사각형 화원의 화염 길이

## 6. 참고문헌


1) 横井鎮男 : 矩形熱源からの上昇気流, 日本建築学会関東支部第23回研究発表会, pp.109-112, 1958年 2月

2) Cetegen B. M., Zukoski E. E., Kubota T. : Entrainment in the Near and Far Field of Fire Plumes, Combustion Science and Technology, Vo1.39, pp.305-311, 1984

3) Heskestad G., Fire Plumes, Flame height, and Air Entrainment, The SFPE Handbook of Fire Protection Engineering, 5th ed., Vo1.1, Society of Fire Protection Engineers, pp.396-428, 2016

4) Hasemi Y, Tokunaga T.: Flame geometry effects on the buoyant plumes from turbulent diffusion flames, Fire Science and Technology, Vo1.4, No.1, pp.15-26, 1984

5) Hasemi Y, Tokunaga T.: Some Experimental Aspects of Turbulent Diffusion Flames and Buoyant Plumes from Fire Sources Against a Wall and in a Corner Wall, Combustion Science and Technology, Vo1.40, pp.l-17, 1984

6) Zukoski E.E.: Fluid Dynamic Aspects of Room Fires, Fire safety science -Proceedings of the first international symposium, pp.1-30, 1986

7) Cox G. and Chitty R.: Some Source-Dependent Effects of Unbounded Fires, Combustion and Flame, No.60, pp.219-232, 1985

8) 寺井俊夫, 新田勝通 : 燃焼面熱源より上昇する PLUMEについて, 日本建築学会近畿支部研究報告集, pp.65-68, 1976年 6月

9) Poreh M. and Garrad G.: A Study ofWall and Corner Fire Plumes, Fire Safety Journal, Vo1.34, pp.81-98, 2000

10) Shintani Y, Nagaoka T., Deguchi Y., Ido K. and Harada K.: Simple method to predict downward heat flux from flame to floor, Fire Science and Technology, Vo1.33, No.1, pp.17-34, 2014

11) Back G., Beyler C., Dinenno P., and Tatem P.: Wall Incident Heat Flux Distributions Resulting from and Adjacent Fire, Fire safety science-Proceedings of the Fourth International Symposium, pp. 241-252, 1997

12) Takahashi W., Tanaka H., Sugawa O. and Ohtake M.: Flame and Plume Behavior in and near a Corner of Walls, Fire safety science -Proceedings of the fifth international symposium, pp.261-271, 1997

13) 高橋済: 建築の火災安全性能評価のための火源設定に関する研究, 名古屋大学博士論文

14) 長谷見雄二, 西畑三鶴 : 乱流拡散火炎の巨視的性状に対する火源形状の影響, 日本火災学会論文集, Vo1.38, No.2, pp.29-34, 1989年 6月

# 2.2 천장에 충돌하는 화염의 확산

## 1. 계산식 대상

그림 2.9와 같이 천장에 충돌하는 정방형 또는 원형 화원의 연속, 평균, 간헐 화염 길이를 산정한다. 여기서 화염 길이란, 화원면에서 천장 하단까지의 높이($H_c$)에, 정체점(화원 직상점)에서 화염 선단까지의 수평거리를 더한 값을 말한다. 단, 직사각형의 화원이라도 종횡비가 2~3 이하이면 면적이 같은 원형 화원으로 치환함으로써 다음에 나타내는 계산식을 사용할 수 있다.

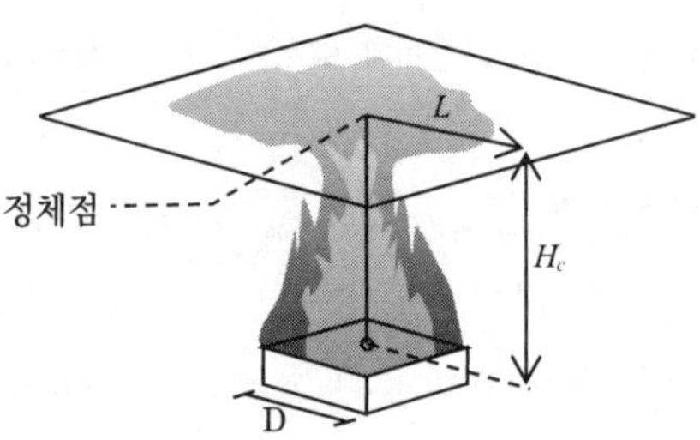


그림 2.9 천장에 충돌하는 화염의 확산

## 2. 계산식

- 천장에 충돌하는 화염의 평균 화염 길이[15]: $L_m$[m]

$$L_m = 2.58 Q_{DH}^{*2/5} H_c \qquad (0.15 \le Q_{DH}^* < 70) \tag{2.10}$$

- 천장에 충돌하는 화염의 연속 화염 길이[16]: $L_c$[m]

$$L_c = 1.55 Q_{DH}^{*2/5} H_c \qquad (0.21 \le Q_{DH}^* \le 1.15) \tag{2.11}$$

- 천장에 충돌하는 화염의 간헐 화염 길이[17]: $L_f$[m]

$$L_f = 3.74 Q_{DH}^{*2/5} H_c \qquad (0.21 \le Q_{DH}^* \le 1.15) \tag{2.12}$$

식 (2.10)~식 (2.12)에서의 무차원 발열속도: $Q^*_{DH}$

$$Q^*_{DH} = \frac{Q}{c_p \rho_0 T_0 \sqrt{g} D H_c^{3/2}} \approx \frac{Q}{1116 D H_c^{3/2}} \tag{2.13}$$

또한, 화원이 종횡비 2~3 이하의 직사각형일 때는 다음 식으로부터 면적이 같은 원형 화원의 화원 지름 D(등가 직경)를 산출한다.[1)]

$$D = \sqrt{\frac{4A}{\pi}} \tag{2.9}$$

## 3. 입력값

| | |
|---|---|
| $c_p$ | 공기의 비열 (=1.01 kJ/(kg·K)) |
| $D$ | 정방형 화원의 한 변 길이 또는 원형 화원의 직경 [m] |
| $g$ | 중력 가속도 (=9.8 m/s$^2$) |
| $H_c$ | 천장 높이 [m] |
| $Q$ | 화원의 발열속도 [kW] |
| $T_0$ | 주변 공기 온도 [K] |
| $\rho_0$ | 주변 공기 온도에서 공기의 기체밀도 (=353/$T_0$)[kg/m$^3$] |

## 4. 예제

천장 높이 $H_c$=3 m인 주차장에서 자동차(4.4 m × 1.6 m)가 1대 연소하고, 그 발열속도 $Q$=5000 kW였다. 이때, 천장에 충돌하는 화염의 길이를 계산하시오.

- 등가 직경(식 (2.9)에서)

$$D = \sqrt{4A/\pi} = \sqrt{4 \times 4.4 \times 1.6 / 3.14} = 2.99\,\text{m}$$

- 무차원 발열속도

$$Q^*_{DH} = \frac{Q}{1116 D H_c^{3/2}} = \frac{5000}{1116 \times 2.99 \times 3.0^{3/2}} = 0.288$$

- 평균 화염 길이

$$L_m = 2.58 Q^{*2/5}_{DH} H_c = 2.58 \times 0.288^{2/5} \times 3.0 = 4.70\,\text{m}$$

- 연속 화염 길이

$$L_c = 1.55 Q^{*2/5}_{DH} H_c = 1.55 \times 0.288^{2/5} \times 3.0 = 2.83\,\text{m}$$

• 간헐 화염 길이

$$L_f = 3.74Q_{DH}^{*2/5}H_c = 3.74 \times 0.288^{2/5} \times 3.0 = 6.82\text{m}$$

## 5. 해설

천장에 충돌하는 화염의 확산은 화염이 천장에 도달하고 천장 표면 아래로 퍼지는 경우 화염에서 방출되는 복사열을 계산하는 데 사용된다.

화염이 천장에 충돌할 때, 연속적으로 충돌하는 경우 화염은 천장을 따라 대체적으로 동심원으로 퍼진다. 화염의 길이는 천장에 충돌하지 않는 경우와 마찬가지로 시간에 따라 변하며, 그 평균치를 평균 화염 길이, 최소값을 연속 화염 길이, 최대값을 간헐 화염 길이라고 한다. 화염 길이는 천장에 충돌하지 않는 경우와 마찬가지로 무차원 발열속도를 사용하여 표현되지만, 그 대표 길이로는 화원 지름 $D$와 천장 높이 $H_c$ 2개가 사용된다. 이 길이들을 이용하여 식 (2.13)으로 산출되는 무차원 발열속도로 정리하면, 그림 2.10과 같이 $Q_{DH}^{*}$가 넓은 범위에서 실험결과[16)~21)]와 잘 일치하고 있다. 연속 화염 길이, 간헐 화염 길이는 그림 2.11과 같이 평균 화염 길이와 비례 관계이고 이 비례 관계와 식 (2.10)로부터 식 (2.11)와 식 (2.12)가 도출된다. 또한, 각 계산식은 무차원 발열속도 $Q_{DH}^{*}$의 적용 범위를 한정하고 있지만, 이는 실험 데이터가 존재하는 범위에서 새롭게 정한 것이다.

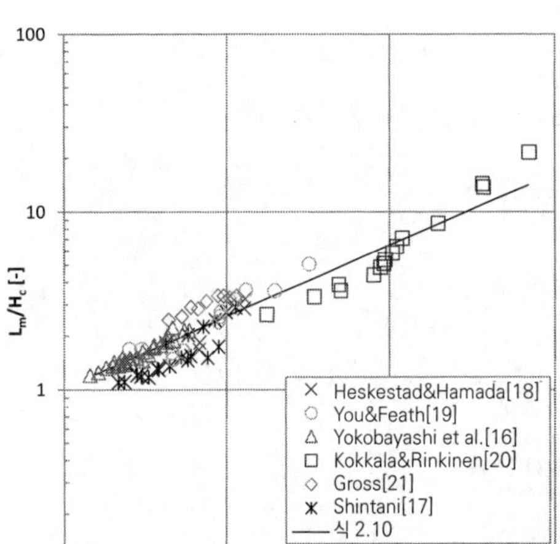


그림 2.10 천장에 충돌하는 화염의 평균 화염 길이[17)]

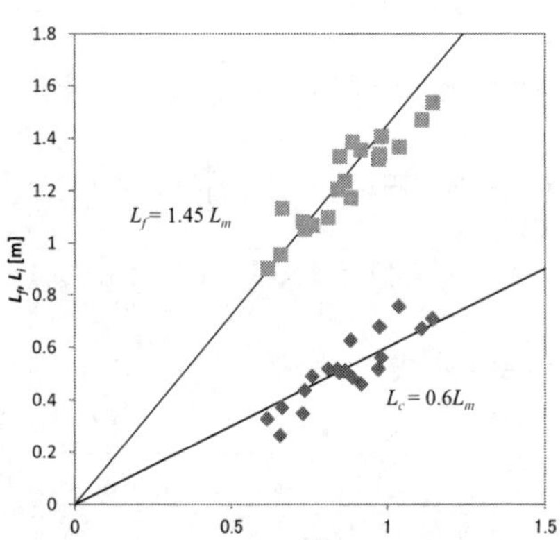


그림 2.11 평균 화염 길이와 연속 · 간헐 화염 길이의 관계[17)]

## 6. 참고문헌

15) 横井鎮男:矩形熱源からの上昇気流, 日本建築学会関東支部第 23回研究発表会, pp.109-112, 1958年 2月

16) 横林優, 長谷見雄二, 若松高志, 若松孝旺:局所火災加熱に暴露される平坦な天井面の加熱性状-局部火災加熱に暴露される構造部材の火災安全設計に関する研究・序説-, 日本建築学会構造系論文集, 第484号, pp.149-156, 1996年 6月

17) Shintani Y., Nagaoka T., Deguchi Y., Ido K. and Harada K.: Simple method to predict downward heat flux from flame to floor, Fire Science and Technology, Vol.33, No.1, pp.17-34, 2014

18) Heskestad G, Hamada T.: Ceiling jets of strong fire plumes, Fire Safety Journal, Vol.21, pp.69-82, 1993

19) You H.Z., Feath G.M.: Ceiling heat transfer during fire plumes and fire impingement, Fire and Materials, Vol. 3, pp.140-147, 1979

20) Kokkala M.A., Rinkinen W.J.: Some observations on the shape of impinging diffusion flamse, NBSIR 87-3505, 1987

21) Gross D.: Measurement of flame length under ceiling, Fire Safety Journal, Vol.15, pp.31-44, 1989

# 2.3 선화원의 평균 화염높이

## 1. 계산식 대상

화원 치수와 발열속도로부터 그림 2.12와 같이 선화원의 평균 화염높이를 산정한다. 종횡비가 3 이상인 직사각형 화원에 대해서도 이 절의 계산식을 사용할 수 있다.

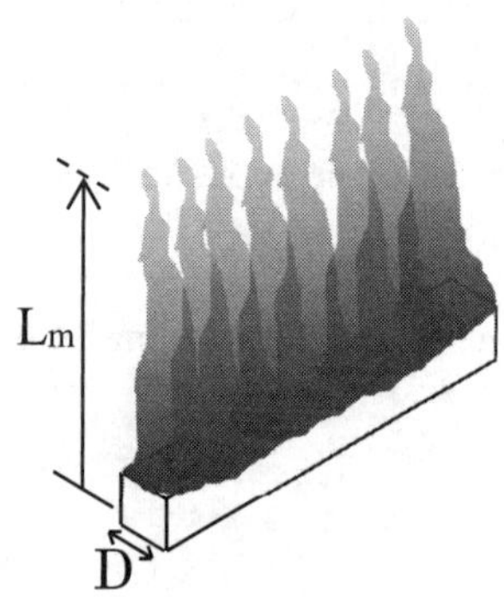


그림 2.12 선화원의 화염높이

## 2. 계산식

### 1) 자유공간에 설치된 화원의 경우[22]

- 선화원의 평균 화염높이: $L_m$ [m]

$$L_m = 3.64 Q_l^{*2/3} D \approx 0.034 Q_l^{2/3} \qquad (0.2 \le Q_l^* \le 100) \tag{2.14}$$

### 2) 벽에 설치된 화원의 경우[23]

- 선화원의 평균 화염높이: $L_m$ [m]

$$L_m = 6.0 \times Q_l^{*2/3} D \approx 0.056 Q_l^{2/3} \qquad (1 \le Q_l^* \le 10) \tag{2.15}$$

단, 식 (2.14)~식 (2.15)로부터

$$Q_l^* = \frac{Q_l}{c_p \rho_0 T_0 \sqrt{g} D^{3/2}} \approx \frac{Q_l}{1116 D^{3/2}} \tag{2.16}$$

## 3. 입력값

| | |
|---|---|
| $c_p$ | 공기의 비열 $(=1.01\ \text{kJ}/(\text{kg}\cdot\text{K}))$ |
| $D$ | 선화원의 단변길이 [m] |
| $g$ | 중력 가속도 $(=9.8\ \text{m}/\text{s}^2)$ |
| $Q$ | 화원의 단위 길이당 발열속도 [kW/m] |
| $T_0$ | 주변 공기 온도 [K] |
| $\rho_0$ | 주변 공기 온도에 대한 공기의 기체밀도 $(=353/T_0)$ $[\text{kg}/\text{m}^3]$ |

## 4. 예제

폭 $D=0.1$ m의 케이블이 자유공간 또는 벽에서 연소될 때의 평균 화염높이를 계산하시오. 이때, 단위 길이당 발열속도 $Q_l=200$ kW/m이다.

무차원 발열속도는

$$Q_l^* = \frac{Q_l}{1116 D^{3/2}} = \frac{200}{1116 \times 0.1^{3/2}} = 5.67$$

이므로 식을 사용할 수 있다.

- 자유공간에서의 평균 화염높이

$$L_m = 0.034 Q_l^{2/3} = 1.16\,\text{m}$$

- 벽면에서의 평균 화염높이

$$L_m = 0.056 Q_l^{2/3} = 1.92\,\text{m}$$

## 5. 해설

선화원의 평균 화염높이는 수평으로 설치된 케이블과 같이 선형의 가늘고 긴 가연물이 연소할 때 발생하는 화염으로부터 사출되는 복사열을 산정하는 경우 등에 사용된다.

선화원이 연소되면서 형성되는 화염의 높이는 단위 길이당 발열속도 $Q_l$로 나타내는데, 이는 화원의 짧은 변의 길이를 대표 치수로 무차원화한 무차원 발열속도 $Q_l^*$를 사용하여 계산할 수 있다.

Yuan 등[22)]과 Hasemi 등[24)]의 실험결과, 그리고 식 (2.14)을 계산한 결과를 그림 2.13에 나타내었다. 범례의 수치는, 실험에 사용된 버너의 치수(길이×폭 [m])이다. 계산식은 실험결과와 거의 일치하지만, $Q_l^*$=3~10 범위에서 Yuan 등의 실험결과는, 계산식이나 Hasemi 등의 실험결과보다 훨씬 작다. 이는 버너 폭의 차이로 인한 것으로 보이지만 아직 그 이유가 명확하지는 않다. 따라서 계산식으로는, 화염높이가 높아지는 실험결과(Hasemi 등의 실험)[24)]와 일치하는 것을 본 절에서 나타내었다.

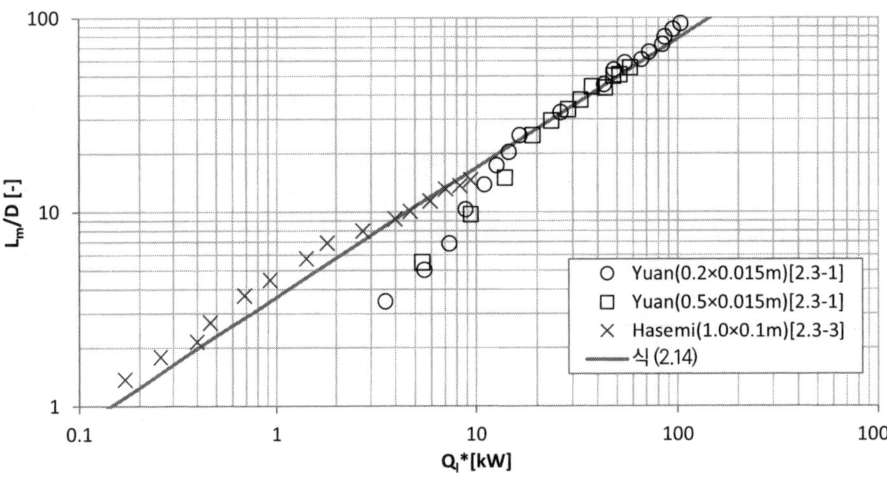


그림 2.13 선화원에 대한 자유공간에서의 평균 화염높이

## 6. 참고문헌

22) Yuan L.M. and Cox G. : An experimental study of some line fires, Fire safety journal, Vol.27, pp.123-139, 1996

23) Hasemi Y.: Experimental wall flame heat transfer correlations for the analysis of upward wall flame spread, Fire science and technology, Vol.4, No.2, pp.75-90, 1984

24) 長谷見雄二, 西畑三鶴 : 乱流拡散火炎の巨視的性状に対する火源形状の影響, 日本火災学会論文集, Vol.38, No.2, pp.29-34, 1989年 6月

# 3장

# 화재 플룸

# 3.1 화염으로부터 이격된 영역에서의 화재 기류 성상

## 1. 계산식 대상

그림 3.1과 같이 자유공간에서 화원 상부 기류의 축상온도상승, 유속, 질량유량, 온도 상승 및 유속의 수평방향 분포를 계산한다. 이 예측식은 모두 점열원 이론에 따라 계산되기 때문에 높이 산정 시 가상 점열원 보정을 실시한다.

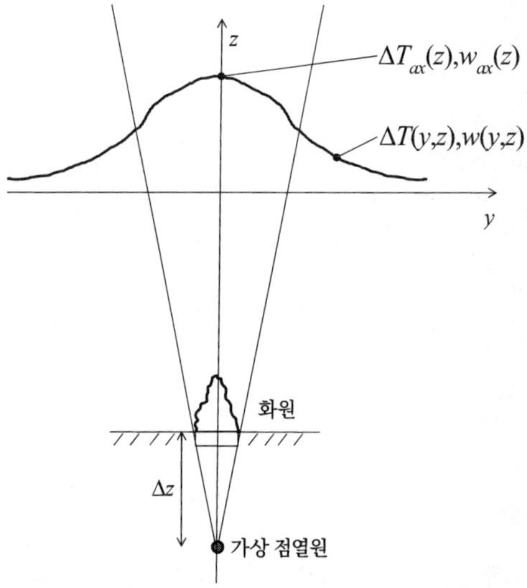


그림 3.1 화원 상부 기류의 온도 분포와 유속 분포

## 2. 계산식

### 1) 화원 중심 축상의 온도 및 유속

- 축상온도: $T_{ax}(z)$[K]

$$T_{ax}(\mathrm{z}) = 9.1 Q_z^{*2/3} T_0 + T_0 \approx 24.8 \frac{Q^{2/3}}{(z + \Delta z)^{5/3}} + T_0 \tag{3.1}$$

- 축상 유속(상승 방향): $w_{ax}(z)$[m/s]

$$w_{ax}(\mathrm{z}) = 3.9 Q_z^{*1/3} \sqrt{g(z+\Delta z)} \approx 1.2 \frac{Q^{1/3}}{(z+\Delta z)^{1/3}} \tag{3.2}$$

- 무차원 발열속도: $Q_z^*$

$$Q_z^* = \frac{Q}{c_p \rho_0 T_0 \sqrt{g}\,(z+\Delta z)^{5/2}} \approx \frac{Q}{1116(z+\Delta z)^{5/2}} \tag{3.3}$$

- 가상 점열원 깊이: $\Delta z$[m]

$$\Delta z = 0.50\,D - 0.33\,L_m \tag{3.4}$$

여기서 평균 화염높이 $L_m$은 식 (2.1)로 구한다.

2) **플륨이 운반하는 질량유량(플륨 유량)**

- 플륨 유량: $m_p(z)$[kg/s]

$$m_p(\mathrm{z}) = 0.21 Q_z^{*1/3} \rho_0 \sqrt{g}(z+\Delta z)^{5/3} \approx 0.076 Q^{1/3} (z+\Delta z)^{5/3} \tag{3.5}$$

단, 가상 점열원 깊이 $\Delta z$는 식 (3.4)에 따라 계산한다.

3) **수평방향 온도 및 유속의 분포**

- 수평방향의 온도 분포: $T(z, y)$[K]

$$T(z,y) = \{T_{ax}(z) - T_0\} \exp\left[-0.9\left(\frac{y}{b}\right)^2\right] + T_0 \tag{3.6}$$

- 수평방향의 유속 분포: $w(z, y)$[m/s]

$$w(z,y) = w_{ax}(z) \exp\left\{-\left(\frac{y}{b}\right)^2\right\} \tag{3.7}$$

- 반치폭: $b$[m]

$$b = 1.13\,(z + \Delta z) \tag{3.8}$$

여기서 반치폭이란, 어떤 위치에서의 온도 상승이 같은 높이에서의 기류축 위의 온도 상승의 절반이 되는 위치의 기류축으로부터의 거리를 말한다. 또, 식 (3.6)~식 (3.8)에서의 가상 점열원 깊이 $\Delta z$는 식 (3.4)에 따라 계산한다.

## 3. 입력값

| | |
|---|---|
| $c_p$ | 공기의 비열 (=1.01 kJ/(kg·K)) |
| $D$ | 정방형 화원의 한 변 길이 또는 원형 화원의 직경 [m] |
| $g$ | 중력 가속도 (=9.8 m/s$^2$) |
| $L_m$ | 평균 화염높이 [m] 식 2.1에 따름 |
| $Q$ | 발열속도 [kW] |
| $T_0$ | 주변 공기의 온도 [K] |
| $y$ | 화원 중심축으로부터의 수평거리 [m] |
| $z$ | 가연물 수평면의 가장 높은 위치로부터의 높이 [m] |
| $\rho_0$ | 주변 공기 온도에서 공기의 기체밀도 (=353/$T_0$)[kg/m$^3$] |

## 4. 예제

발열속도 $Q$=1000 kW, 화원 직경 $D$=1 m일 경우를 고려한다. 화원 위 $z$=6 m 높이에서 기류 확산(반치폭) $b$[m], 기류축 위의 온도 $T$[K], 기류축 위의 연직 상향 유속 $W$[m/s], 플륨 유량 $m_p$[kg/s]를 산출하시오. 또, 같은 높이의 기류축에서 1 m 떨어진 위치에서의 온도 $T$[K] 및 수직 상승방향의 유속 $w$[m/s]를 산출하시오.

- 무차원 발열속도

$$Q_D^* = \frac{Q}{1116D^{5/2}} = \frac{1000}{1116 \times 1.0^{5/2}} = 0.896$$

- 자유공간에서의 평균 화염높이

$$L_m = 3.3Q_D^{*2/3}D = 3.3 \times 0.896^{2/3} \times 1.0 = 3.07\,\text{m}$$

- 가상 점열원 깊이

$\Delta z = 0.50D - 0.33L_m = 0.50 \times 1.0 - 0.33 \times 3.07 = -0.51 \text{ m}$

- 기류의 확산(반치폭)

$b = 1.13\ (z + \Delta z) = 0.13\ (6.0 - 0.51) = 0.71 \text{ m}$

- 무차원 발열속도

$$Q_z^* = \frac{Q}{1116(z+\Delta z)^{5/2}} = \frac{1000}{1116 \times (6.0-0.52)^{5/2}} = 0.013$$

- 중심 축상의 온도

$$T_{ax} = 9.1 Q_z^{*2/3} T_0 + T_0 = 9.1 \times 0.013^{2/3} \times 293 + 293 = 440\,\text{K}(=167^\circ\text{C})$$

- 중심 축상의 유속

$$w_{ax} = 3.9 Q_z^{*1/3} \sqrt{g(z+\Delta z)} = 3.9 \times 0.013^{1/3} \times \sqrt{9.8(6.0-0.51)} = 6.72\,\text{m/s}$$

- 플륨 유량

$$m = 0.21 Q_z^{*1/3} \rho_\infty \sqrt{g}(z+\Delta z)^{5/3} \approx 0.21 \times 0.013^{1/3} \times 1.205\sqrt{9.8}(6.0-0.52)^{5/3} = 3.17\,\text{kg/s}$$

- 기류축에서 1 m 떨어진 위치에서의 온도

$$\begin{aligned} T(z,y) &= \{T_{ax}(z) - T_0\}\exp\left[-0.9\left(\frac{y}{b}\right)^2\right] + T_0 \\ &= \{440 - 293\}\exp\left[-0.9\left(\frac{1}{0.71}\right)^2\right] + 293 = 318\text{K}(=45^\circ\text{C}) \end{aligned}$$

- 기류축에서 1 m 떨어진 위치에서의 수직 상향 유속

$$w(z,y) = w_{ax}(z)\exp\left\{-(\frac{y}{b})^2\right\} = 6.72 \times \exp\left\{-(\frac{1}{0.71})^2\right\} = 0.92\text{m/s}$$

## 5. 해설

화염에서 이격된 영역에서의 화재 기류 성상은 화재에 의해 발생하는 열기류(화재 플륨)에 노출되는 구조부재의 온도를 산정할 때나 실내의 연기제어에 대해서 검토할 때 사용된다.

화재 플륨은 가연물의 연소에 따라 발생하는 상승 기류로, 난류가 되기 때문에 온도와 속도 등의 양은 모두 시간에 따라 불규칙하게 변하고 있다. 따라서, 이 절에서 예측한 모든 값은 평균값을 의미한다. 또, 실제 화원은 반드시 유한한 크기를 갖는데, 화재 플륨 이론에서는 점열원(화원에서의 발열이 한 점에 집중되어 있다고 가정되는 열원) 가정에 근거하고 있다. 따라서 화재 플륨의 유량이나 축상온도의 산정에는 그림 3.1과 같이 화원으로부터의 높이 z에 가상적인 점열원의 깊이 $\Delta z$를 더한 높이를 이용하고, 이것을 가상 점열원 보정이라고 한다. 가상 점열원 깊이는 발열속도나 화원 크기의 조합에 따라서 음수가 되기도 한다(이 경우는 가상 점열원의 위치가 실제 화원면보다 높이 있다는 것을 의미한다). 가상 점열원 깊이 계산식은 각 물리량의 예측식과 복합되어 제안되었으므로 혼용하지 말아야 한다.

또한 화재 플륨의 온도나 속도의 수평 방향 분포는 정규 분포를 따르는 것이 보고되고 있다. 수평 방향의 온도 분포의 계산식인 식 (3.6)의 계수 0.9는 실험에 따라 0.9~1.5 정도까지 차이가 있다.[1] 여기에서는 문헌 2)의 수치를 이용한다.

## 6. 참고문헌

1) Beyler, C. L.: Fire plumes and ceiling jet, Fire safety journal, Vol.11, pp.53-76, 1986

2) Cetegen B.M., Zukoski E.E. and Kubota T.: Entrainment and Flame Geometry of Fire Plumes, NBS-GCR-82 • 402, National Bureau of Standards, 1982.8

# 3.2 정방형 또는 원형 화원의 화염 축상온도

## 1. 계산식 대상

그림 3.2에 나타난 바와 같이 정방형 또는 원형 화원의 자유공간, 벽체, 모서리 부분의 화염 중심 축상온도를 계산한다.

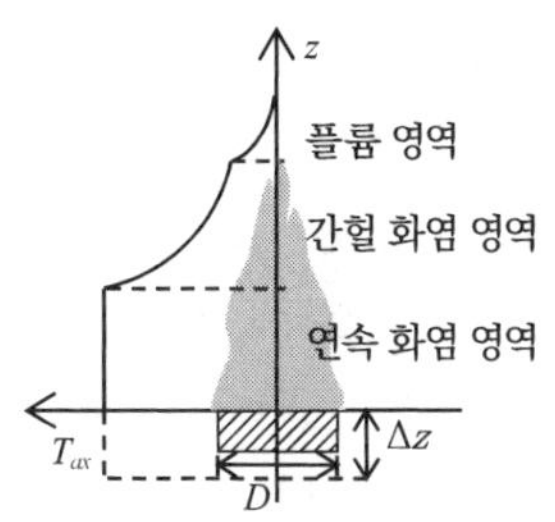


그림 3.2 화염에 가까운 영역까지 포함한 화염 중심 축상의 온도

## 2. 계산식

### 1) 자유공간에 설치된 화원[3)]

• 화염 중심 축상의 온도: $T_{ax}$[K]

$$T_{ax} = T_0 + \begin{cases} 800 & (z^* \le 1.2) \\ 960 / z^* & (1.2 < z^* \le 2.4) \\ 1720 / z^{*5/3} & (2.4 < z^*) \end{cases} \tag{3.9}$$

• 무차원 높이: $z^*$

$$z^* = (z + \Delta z) / Q_D^{*2/5} D \approx (z + \Delta z) / (0.06 Q^{2/5}) \tag{3.10}$$

• 가상 점열원의 깊이: $\Delta z$ [m]

$$\Delta z = \begin{cases} 2.4D \times (Q_D^{*2/5} - Q_D^{*2/3}) & (Q_D^* \le 1) \\ 2.4D \times (1 - Q^{*2/5}) & (1 < Q_D^*) \end{cases} \tag{3.11}$$

• 무차원 발열속도: $Q_D^*$

$$Q_D^* = \frac{Q}{c_p \rho_0 T_0 \sqrt{g} D^{5/2}} \approx \frac{Q}{1116 D^{5/2}} \tag{2.8}$$

2) **벽체에 설치된 화원**[3)]

• 화염 중심 축상의 온도: $T_{ax}$ [K]

$$T_{ax} = T_0 + \begin{cases} 800 & (z_* \le 2.86) \\ 4600 / z^{*5/3} & (2.86 < z_*) \end{cases} \tag{3.12}$$

• 가상 점열원의 깊이: $\Delta z$ [m]

$$\Delta z = (2.5 - 0.7 Q_D^*) Q_D^{*2/5} D \tag{3.13}$$

3) **모서리에 설치된 화원**[4)]

• 화염 중심 축상의 온도: $T_{ax}$ [K]

$$T_{ax} = T_0 + \begin{cases} 880 & (z^* \le 2.5) \\ 2200 / z^* & (2.5 < z^* \le 3.6) \\ 5100 / z^{*5/3} & (3.6 < z^*) \end{cases} \tag{3.14}$$

• 가상 점열원의 깊이: $\Delta z$ [m]

$$\Delta z = (3.54 Q_D^{*2/5} - 3.3 Q_D^{*3/5}) D \tag{3.15}$$

## 3. 입력값

| | |
|---|---|
| $c_p$ | 공기의 비열 (=1.01 kJ/(kg·K)) |
| $D$ | 정방형 화원의 한 변 길이 또는 원형 화원의 직경 [m] |
| $g$ | 중력 가속도 (=9.8 m/s$^2$) |
| $Q$ | 발열속도 [kW] |

$T_0$ 주변 공기의 온도 [K]

$z$ 가연물 수평면의 가장 높은 위치로부터의 높이 [m]

$\rho_0$ 주변 공기 온도에서 공기의 기체밀도 $(=353/T_0)[\mathrm{kg/m^3}]$

## 4. 예제

자유공간, 벽체, 모서리에 설치된 발열속도 $Q$=1000 kW, 지름 $D$=1 m의 화원으로부터 높이 $z$=2 m 위치에서의 화염 중심 축상의 온도를 산출하시오.

(자유공간)

- 무차원 발열속도

$$Q_D^* = \frac{Q}{1116D^{5/2}} = 0.896$$

- 가상 점열원 깊이

$$\begin{aligned}\Delta z &= 2.4D(Q_D^{*2/5} - Q_D^{*2/3}) \\ &= 2.4\times 1.0\times(0.896^{2/5} - 0.896^{2/3}) = 0.067\mathrm{m}\end{aligned}$$

- 무차원 높이

$$z^* = (z+\Delta z)/Q_D^{*2/5}D = (2+0.067)/(0.896^{2/5}\times 1) = 2.16$$

- 화염 중심 축상의 온도

$$T_{ax} = 960/z^* + T_0 = 960/2.16 + 293 = 737\mathrm{K}(=464^\circ\mathrm{C})$$

(벽체)

- 가상 점열원 깊이

$$\begin{aligned}\Delta z &= (2.5-0.7Q_D^*)Q_D^{*2/5}D \\ &= (2.5-0.7\times 0.896)\times 0.896^{2/5}\times 1.0 = 1.79\,\mathrm{m}\end{aligned}$$

• 무차원 높이

$$z^* = (z + \Delta z) / Q_D^{*2/5} D = (2 + 1.79) / (0.896^{2/5} \times 1.0) = 3.96$$

• 화염 중심 축상의 온도

$$T_{ax} = 4600 / z^{*5/3} + T_0 = 4600 / 3.962^{5/3} + 273 = 757\text{K}(=484^\circ\text{C})$$

(모서리)

• 가상 점열원 깊이

$$\begin{aligned}\Delta z &= (3.54 Q_D^{*2/5} - 3.3 Q_D^{*3/5}) D \\ &= (3.54 \times 0.896^{2/5} - 3.3 \times 0.896^{3/5}) \times 1.0 = 0.298\,\text{m}\end{aligned}$$

• 무차원 높이

$$\begin{aligned}z^* &= (z + \Delta z) / Q_D^{*2/5} D \\ &= (2 + 0.298) / (0.896^{2/5} \times 1.0) = 2.40\end{aligned}$$

• 화염 중심 축상의 온도

$$T_{ax} = T_0 + 880 = 293 + 880 = 1173\text{K}(=900^\circ\text{C})$$

## 5. 해설

정방형 또는 원형 화원의 화염 축상온도는 화염에 의해 직접 가열되는 구조부재의 온도를 산정할 때 사용된다.

건축 공간에서 사용하는 일반적인 가연물의 연소하면서 발생하는 화염은 난류 확산 화염이기 때문에, 화염의 모양이 시간에 따라 변한다. 화염이 항상 존재하는 영역을 연속 화염 영역, 화염이 시간에 따라서는 존재하는 영역을 간헐 화염 영역, 그보다 높은 영역을 플륨 영역이라고 하며, 각 영역의 범위나 축상의 온도 예측식이 제안되고 있다. 화염과 플륨은 주변 공기를 연행하기 때문에 화염이 늘 존재하는 연속 화염 영역을 제외하면 위치가 높아질수록 온도가 저하된다. 또한 벽이나 모서리에서는 연행이 제한되어 같은 높이에서도 자유공간보다 온도가 더 높게 나타난다. 따라서 화염 중심 축상의 온도 예측식은 자유공간, 벽면, 모서리 등 화원과 벽면의 위치 관계에 따라 다른 식으로 제안되므로 검토 대상에 따른 계산식을 사용해야 한다.

## 6. 참고문헌


3) 日本建築学会編 : 鋼構造耐火設計指針, 2017年

4) Hasemi Y., Tokunaga T.: Some Experimental Aspects of Thrbulent Diffusion Flames and Buoyant Plumes from Fire Sources Against a Wall and in a Corner of Walls, Combustion Science and Technology, Vol.40, pp.1-7, 1984

# 3.3 선화원의 화염 축상온도와 플륨 유량

## 1. 계산식 대상

그림 3.3에 나타낸 바와 같이, 자유공간에서의 선화원 기류 축상의 온도 상승, 연직 상향의 유속, 플륨 유량을 산출한다. 또, 종횡비 4 이상의 직사각형 화원에 대해서도 본 절에 나타내는 선화원의 식을 이용할 수 있다.[5)]

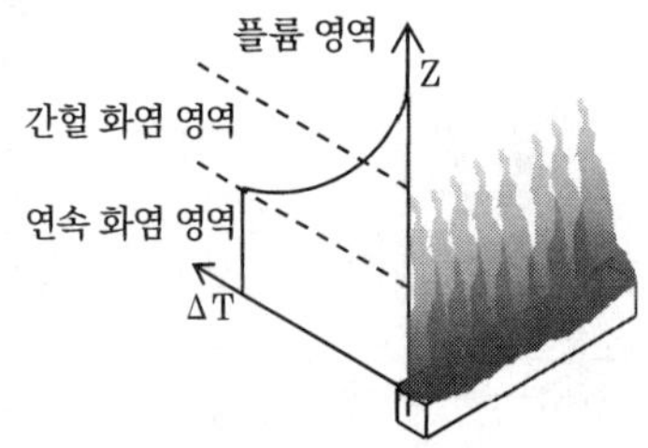


그림 3.3 선화원의 기류 축상의 온도 상승

## 2. 계산식

- 기류 축상온도: $T_{ax}$[K]

$$T_{ax}(z) = T_0 + \begin{cases} 898 & (z \le L_m/2) \\ 11.8\left(z/Q_l^{2/3}\right)^{-1} & (L_m/2 < z) \end{cases} \tag{3.16}$$

- 평균 화염높이: $L_m$[m]

$$L_m = 0.034 Q_l^{2/3} \tag{3.17}$$

- 선화원의 단위 길이당 플륨 유량: $m_l$[kg/(s·m)]

$$m_l(z) = 0.51\left(g\rho_0^2 / c_p T_0\right)^{1/3} z Q_l^{1/3} \approx 0.185 z Q_l^{1/3} \tag{3.18}$$

## 3. 입력값

$c_p$ 공기의 비열 $(=1.01\ \text{kJ}/(\text{kg}\cdot\text{K}))$

$g$ 중력 가속도 $(=9.8\ \text{m}/\text{s}^2)$

$Q_1$ 화원의 단위 길이당 발열속도 [kW/m]

$T_0$ 주변 공기의 온도 [K]

$z$ 가연물 수평면의 가장 높은 위치로부터의 높이 [m]

$\rho_0$ 주변 공기 온도의 기체밀도 $(=353/T_0)$[kg/m$^3$]

## 4. 예제

발열속도 $Q$=1000 kW, 길이 $l$=1 m인 선화원으로부터 높이 $z$=3 m에서의 기류 중심 축상온도 및 수직 상향 유속과 플륨 유량을 계산하시오.

- 평균 화염높이

$$L_m = 0.034Q_l^{2/3} = 0.034(\frac{Q}{l})^{2/3} = 0.034\times(\frac{1000}{1})^{2/3} = 3.4\text{m}$$

- 선화원의 기류 축상온도

$$T_{ax} = 11.8\left(z / Q_l^{2/3}\right)^{-1} + T_0 = 11.8\times\left(3.0/(\frac{1000}{1.0})^{2/3}\right)^{-1} + 293 = 686\text{K}(=413^\circ\text{C})$$

- 선화원의 플륨 유량

$$\begin{aligned} m_l &= 0.51\left(g\rho_0^2 / c_p T_0\right)^{1/3} zQ_l^{1/3} \\ &= 0.51\left(9.8\times1.205^2 / (1.01\times293)\right)^{1/3}\times3.0\times(\frac{1000}{1.0})^{1/3} \\ &= 5.56\text{kg}/(\text{m}\cdot\text{s}) \end{aligned}$$

## 5. 해설

선화원의 화염 축상온도와 플륨 유량은, 케이블처럼 가늘고 긴 가연물이 연소될 경우 기류 위에 있는 구조부재의 온도를 산정할 때 사용된다.

자유공간의 선화원에 대해서 기류 중심 축상의 온도 및 플륨 유량을 예측하는 방식이 제시되어 있다. 화염 중심 축상의 온도 실험 결과[5),6)]에 대해서 실험 결과와 식 (3.16)으로 계산한 결과를 그림 3.4에 나타내었다. 계산 결과, 플륨 영역에서는 실험 결과보다 온도가 약간 높았으나, 전체적으로는 실험 결과와 대체적으로 일치하고 있다. 문헌 6)에서는 플륨 영역에서 실험 결과와 잘 일치하는 식도 제안되어 있으나, 여기에서는 식의 연속성을 우선하여 간헐 화염 영역의 식을 그대로 확장한 식을 사용하였다.

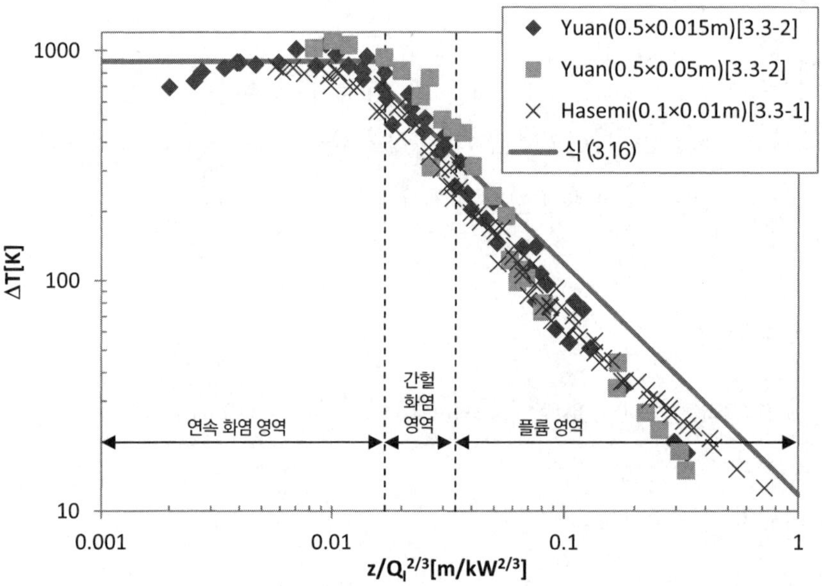


그림 3.4 선화원의 축상온도

## 6. 참고문헌


5) 長谷見雄二, 西畑三鶴 : 乱流拡散火炎の巨視的性状に対する火源形状の影響, 日本火災学会論文集, Vol.38, No.2, pp.29-34, 1989年

6) Yuan L.M. and Cox G.: An experimental study of some line fires, Fire Safety Journal, Vol.27, pp123-139, 1996

# 3.4 수평 천장에 대한 천장류

## 1. 계산식 대상

그림 3.5와 같이, 화재 플륨이 천장에 충돌한 후에 나타나는 천장류의 온도 및 유속, 플륨 유량을 계산한다.

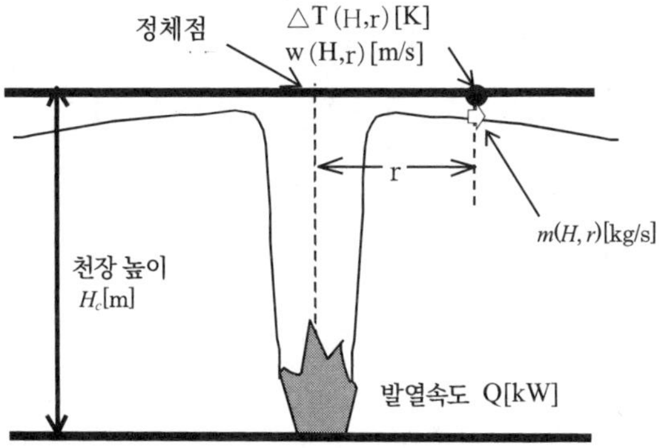


그림 3.5 수평 천장에 대한 천장류

## 2. 계산식

• 천장류 온도: $T(H_c,\ r)$[K][7)]

$$T(H,r)=T_0+\begin{cases}16.9\left(\dfrac{Q^{2/5}}{H_c}\right)^{5/3} & \left(\dfrac{r}{H_c}\le 0.18\right):\text{정체영역}\\[2ex] 5.38\left(\dfrac{Q^{2/5}}{H_c}\right)^{5/3}\left(\dfrac{r}{H_c}\right)^{-2/3} & \left(0.18<\dfrac{r}{H_c}\right):\text{천정제트영역}\end{cases} \tag{3.19}$$

• 천장류의 유속: $w(H_c,\ r)$[m/s][7)]

$$w(H,r)=\begin{cases}0.96\left(\dfrac{Q}{H_c}\right)^{1/3} & \left(\dfrac{r}{H_c}\le 0.15\right):\text{정체영역}\\[2ex] 0.195\left(\dfrac{Q}{H_c}\right)^{1/3}\left(\dfrac{r}{H_c}\right)^{-5/6} & \left(0.15<\dfrac{r}{H_c}\right):\text{천정제트영역}\end{cases} \tag{3.20}$$

• 천장류의 플륨 유량 : $m(H_c, r)$[kg/s][8)]

$$m(H,r)=0.076\left(1+0.555\frac{r}{H_c}\right)^{-1.14}Q^{1/3}\left(H_c+r\right)^{5/3}\qquad \left(1.24\le\frac{r}{H_c}\le 9.66\right)\quad (3.21)$$

## 3. 입력값

$H_c$ 천장 높이 [m]$H_c$

$Q$ 화원의 발열속도 [kW]

$r$ 정체구간으로부터 거리 [m]

## 4. 예제

천장 높이 $H_c$=3 m인 공간의 바닥에 발열속도 $Q$=500 kW의 화원이 있다. 정체영역(화원 바로 위 천장부)에서 수평거리로 $r$=4 m 떨어진 위치에서의 천장류 온도, 유속과 플륨 유량을 계산하시오.

$r/H_c=4/3=1.33$이므로,

• 천장류 온도 상승

$$T\left(H_c,r\right)=T_0+5.38\left(\frac{Q^{2/5}}{H_c}\right)^{5/3}\left(\frac{r}{H_c}\right)^{-2/3}$$

$$=293+5.38\left(\frac{500^{2/5}}{3}\right)^{5/3}\left(\frac{4}{3}\right)^{-2/3}=338\text{K}(=65^{\circ}\text{C})$$

• 천장류의 유속

$$w\left(H_c,r\right)=0.195\left(\frac{Q}{H_c}\right)^{1/3}\left(\frac{r}{H_c}\right)^{-5/6}=0.195\left(\frac{500}{3}\right)^{1/3}\left(\frac{4}{3}\right)^{-5/6}=0.84\text{m/s}$$

• 천장류의 플륨 유량

$$m\left(H_c,r\right)=0.076\left(1+0.555\frac{r}{H_c}\right)^{-1.14}Q^{1/3}\left(H_c+r\right)^{5/3}$$

$$=0.076\left(1+0.555\frac{4}{3}\right)^{-1.14}500^{1/3}\left(3+4\right)^{5/3}=8.22\text{kg/s}$$

## 5. 해설

수평 천장을 따라 확산되는 천장류는 넓은 평면에 설치된 감지기나 스프링클러의 작동시간을 산정할 때 사용된다.

화재 플륨이 천장에 충돌하면 기류는 천장을 따라 동심원 모양으로 퍼지게 되며 이것을 천장류라 한다. 화재 플륨이 충돌하는 화원 바로 위의 천장 부근을 정체영역, 그 바깥쪽 영역을 천장제트 영역이라 하며, 각 영역에서의 온도 상승과 유속의 예측식을 제시하고 있다. 이 절의 식은 연기층이 형성되지 않는 상황을 가정한 실험과 이론적 검토에 근거한 것이므로, 연기층이 형성되는 상황에서는 3.6절의 식을 사용해야 한다. 연기층의 영향을 고려하면 천장류의 온도가 더 높아지기 때문에, 화재 감지기나 스프링클러의 작동시간을 검토할 경우 연기층의 영향을 고려하지 않는 이 절의 식을 사용하면 작동시간을 더 늦게 설정할 수 있으므로 주의하여야 한다.

천장류의 플륨 유량을 산출하는 식도 제시하였는데, 천장류의 연행을 고려한 2층 존 모델에 의한 연기 유동 예측[9] 등에 활용되고 있다.

## 6. 참고문헌


7) Alpert R.L.: Calculation of Response Time of Ceiling-mounted Fire detector, Fire Technology, Vol.8, pp.181-195, 1972

8) Oka Y., Yamaguchi J., Muraoka K.: Decrease of carbon dioxide concentration and entrainment of horizontally spreading ceiling jet, Fire Safety Journal, Vol.63, pp.37-42, 2014.1

9) Nishino T.: Two-layer zone model including entrainment into the horizontally spreading smoke under the ceiling for application to fires in large area rooms, Fire Safety Journal, Vol.91, pp.355-360, 2017

# 3.5 경사진 천장에 대한 천장류

## 1. 계산식 대상

그림 3.6과 같이 정방형 또는 원형의 화원으로부터 나타나는 경사 천장류의 온도와 속도를 화원 치수, 발열속도, 천장 높이, 경사 천장으로 플륨이 충돌하는 지점에서 경사 천장을 따라 위쪽으로의 거리로부터 계산한다.

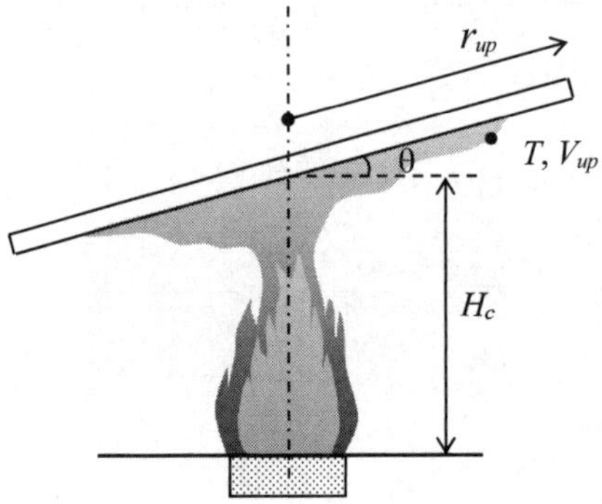


그림 3.6 경사진 천장에 대한 천장류

## 2. 계산식[10),11)]

- 위쪽 천장류 온도: $T$ [K]

$$T = 2.78 \left( \frac{r_{up} \cos\theta}{H_c} \right)^{-0.78} \left\{ Q_H^* (1 + \sin\theta) \right\}^{2/3} T_0 + T_0 \tag{3.22}$$

- 위쪽으로의 천장 유속: $V_{up}$ [m/s]

$$V_{up} = \alpha \left( \frac{r_{up} \cos\theta}{H_c + r_{up} \sin\theta} \right)^{\beta} \left\{ Q_H^* (1 + \sin\theta) \right\}^{1/3} \sqrt{g(H_c + r_{up} \sin\theta)} \tag{3.23}$$

• 무차원 대류 발열속도: $Q_H^*$

$$Q_H^* = \frac{Q_c}{\rho_0 c_p T_0 \sqrt{g} H_c^{5/2}} \approx \frac{Q_c}{1116 H_c^{5/2}} \tag{3.24}$$

표 3.1 식 (3.22), 식 (3.23)의 계수와 그 적용 범위 온도[10),11)]

| | $\alpha$ | $\beta$ | 적용 범위 |
|---|---|---|---|
| 온도 | – | – | $0.1 \le r_{up}cos\theta/H_c \le 9$ |
| 속도 | 6.05 | 0.46 | $0.037 < r_{up}cos\theta/(H_c + r_{up}sin\theta) \le 0.151$ |
| | 2.54 | 0 | $0.151 < r_{up}cos\theta/(H_c + r_{up}sin\theta) \le 0.35$ |
| | 0.86 | −1.04 | $0.35 < r_{up}cos\theta/(H_c + r_{up}sin\theta) \le 1.8$ |

## 3. 입력값

| | |
|---|---|
| $D$ | 정방형 화원의 한 변 길이 또는 원형 화원의 직경 [m] |
| $g$ | 중력 가속도 [=9.8 m/s²] |
| $H_c$ | 대류 부분의 발열속도 [kW $(=(2/3)Q)$ |
| $r_{up}$ | 플룸의 경사 천장에 대한 충돌점에서 경사천장을 따라 위쪽으로의 거리 [m] |
| $\theta$ | 천장의 경사 각도 [rad] |

## 4. 예제

높이 $H_c$=3 m, 경사 각도 $\theta$=30도인 천장 아래 바닥에 화원이 설치되어 있다. 화원의 발열속도 $Q$=500 kW이며, 그중 대류성분은 $Q_c$=333 kW이다. 정체점으로부터 위쪽으로 4 m 떨어진 위치에서의 천장류 온도 상승과 위쪽으로의 유속을 계산하시오.

$r_{up}\cos\theta/H_c = 4\cos30^\circ/3 = 1.54$이므로,

• 천장류 온도

$$T = 2.78\left(\frac{r_{up}\cos\theta}{H_c}\right)^{-0.78}\left\{Q_H^*\left(1+\sin\theta\right)\right\}^{2/3} T_0 + T_0$$

$$= 2.78\left(\frac{4\cos30^\circ}{3}\right)^{-0.78}\left\{\frac{333}{1116\times3^{5/2}}\left(1+\sin30^\circ\right)\right\}^{2/3} \times 293 + 293 = 361\mathrm{K}(=88℃)$$

- 천장류 위쪽으로의 유속

$$V_{up} = 0.86\left(\frac{r_{up}\cos\theta}{H_c + r_{up}\sin\theta}\right)^{-1.04}\left\{Q_H^*\left(1+\sin\theta\right)\right\}^{1/3}\sqrt{g\left(H_c + r_{up}\sin\theta\right)}$$

$$= 0.86\left(\frac{4\cos 30^\circ}{3+4\sin 30^\circ}\right)^{-1.04}\left\{\frac{333}{1116\times 3^{5/2}}\left(1+\sin 30^\circ\right)\right\}^{1/3}\sqrt{9.8\left(3+4\sin 30^\circ\right)} = 2.69\ \text{m/s}$$

## 5. 해설

계단 뒤쪽 등 경사진 천장 아래에 설치된 감지기나 스프링클러의 작동 시간을 계산할 때 경사진 천장류를 사용한다.

3.4절에 나타낸 것처럼 화재 플룸이 천장에 충돌하면 천장 아래 기류가 퍼지지만, 천장이 경사지면 천장류가 넓어지는 방향인 천장의 경사 각도에 따라 온도와 유속이 달라진다. 그중에서도 이 절의 계산법은 천장 흐름이 경사 천장을 따라 상승할 때의 온도와 속도 산정에 사용할 수 있다. 속도 제안식 식 (3.23)은 정체점과 가까운 영역에서는 정체점으로부터의 거리가 멀어짐에 따라 속도가 증가하고, 기타 영역에서는 속도가 일정해지며, 또한 외부측에서는 속도가 감쇠하므로 영역에 따라 식의 계수를 선택하여야 한다.

## 6. 참고문헌


10) Oka Y. and Ando M.: Temperature and velocity Decreasing Property of Ceiling jet lmpinged on an Unconfined lnclined Ceiling, Fire Safety Journal, Vol.55, pp.97-105, 2013

11) Oka Y. and Matsuyama K.: Scale Similarity on Ceiling Jet Flow, Fire Safety Journal, Vol.61, pp.289-297, 2013

# 3.6 연기층이 형성되는 공간에서의 천장류 온도

## 1. 계산식 대상

그림 3.7에 나타낸 바와 같이 발열속도, 천장 높이, 정체점(화원의 중심축 상에서 천장에 충돌하는 점)으로부터의 거리, 연기층 온도로부터 천장류의 온도를 계산한다. 단, 이 절의 계산식은 화염이 천장에 충돌하지 않으면서 천장 아래에 연기층이 형성되는 경우를 대상으로 한다.

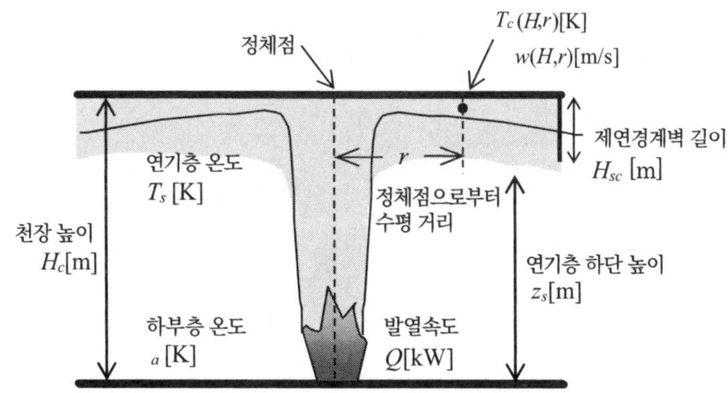


그림 3.7 연기층이 형성되는 공간에 대한 천장류

## 2. 계산식

1) Watanabe 식[12)]

- 천장류의 온도: $T_c(H_c, r)$[K]

$$T_c\left(H_c, r\right)=\left\{1-\left(\frac{z_s}{H_c}\right)^{5/3}\right\}\left(T_s-T_a\right)+\Delta T_{Alp}\left(H_c, r\right)+T_a \tag{3.25}$$

• 무한 천장 하부의 천장류 온도 상승: $\Delta T_{Alp}(H_c, r)$[K]

$$\Delta T_{Alp}\left(H_c, r\right)=\begin{cases} 16.9\left(\dfrac{Q^{2/3}}{H_c^{5/3}}\right) & (\dfrac{r}{H_c} \leq 0.18) \\ 5.38\left(\dfrac{Q^{2/3}}{H_c^{5/3}}\right)\left(\dfrac{r}{H_c}\right)^{-2/3} & (0.18 < \dfrac{r}{H_c}) \end{cases} \tag{3.26}$$

2) Ando 식[13)]

• 천장류의 온도: $T_c(H_c, r)$[K]

$$T_c\left(H_c, r\right)=T_a\left(0.188+\frac{0.313r}{H_{eff}}\right)^{-4/3} Q_{eff}^{*2/3}+\left(T_s-T_a\right)+T_a \tag{3.27}$$

• 무차원 발열속도: $Q_{eff}^{*}$

$$Q_{eff}^{*}=Q_{eff} / \left(\rho_a c_p T_a \sqrt{g} H_{eff}^{5/2}\right) \approx Q_{eff} / 1116 H_{eff}^{5/2} \tag{3.28}$$

• 유효 천장 높이: $H_{eff}$

$$H_{eff}=H_c+\left\{\left(Q_c / Q_{eff}\right)^{1/5}-1\right\} z_s \tag{3.29}$$

• 유효 발열속도: $Q_{eff}$

$$Q_{eff}=Q_c-c_p m_p\left(T_s-T_a\right) \tag{3.30}$$

이 식은 천장 높이와 제연경계벽 길이의 비가 $0.11 \leq H_{sc}/H \leq 0.32$인 범위에서 적용할 수 있다.

## 3. 입력값

$c_p$ 공기의 비열 (=1.01 kJ/(kg·K))

$g$ 중력 가속도 (=9.8 m/s²)

$H_c$ 천장 높이 [m]

$H_{sc}$ 제연경계벽 길이 [m]

$m_p$ 연기층 하단 높이의 플륨 유량 [kg/s], 식 (3.5)로 계산

| | |
|---|---|
| $Q$ | 화원의 발열속도 [kW] |
| $Q_C$ | 발열속도 중 대류 성분 [kW] $(=(2/3)Q)$ |
| $r$ | 정체점(화원 바로 위의 점)에서의 수평거리 [m] |
| $T_a$ | 하부층 온도 [K] (2층 존 모델 등에 의함) |
| $T_s$ | 연기층 온도 [K] (2층 존 모델 등에 의함) |
| $z_s$ | 화원에서 연기층 하단까지의 높이 [m] (2층 존 모델 등에 의함) |
| $\rho_a$ | 하부층 온도에서 공기의 기체밀도$(=353/Ta)$[kg/m$^3$] |

## 4. 예제

천장 높이 $Hc$=3 m의 실에서 발열속도 $Q$=500 kW, 연기층 온도 $T_s$=50℃(323K), 하부층 온도 $T_a$=20℃(293K), 연기층 하단 높이 $z_s$=2 m일 때, 정체점에서 $r$=4 m 떨어진 위치의 연기층 내 천장류 온도를 Watanabe 식을 이용하여 계산하시오.

$r/H_c = 4/3 = 1.33$에서

$$\Delta T_{Alp} = 5.38\left(\frac{Q^{2/3}}{H_c^{5/3}}\right)\left(\frac{r}{H_c}\right)^{-2/3} = 5.38\left(\frac{500^{2/3}}{3.0^{5/3}}\right)/\left(\frac{4.0}{3.0}\right)^{2/3} = 44.9\text{K}$$

$$T_c\left(H_c, r\right) = \left\{1 - \left(\frac{z_s}{H_c}\right)^{5/3}\right\}\left(T_s - T_a\right) + \Delta T_{Alp} + T_a$$

$$= \left\{1 - \left(\frac{2.0}{3.0}\right)^{5/3}\right\}(323-293) + 44.9 + 293 = 352.6\text{K}(= 79.6\text{K})$$

## 5. 해설

연기층이 형성되는 공간에서의 천장류 온도는, 소규모 실처럼 비교적 금방 실내에 연기층이 형성되는 상황에서 감지기나 스프링클러의 작동시간을 계산할 때 이용된다.

천장 아래에 연기층이 형성되면 화재 플륨이 하부층에서는 상온의 공기를, 연기층에서는 온도가 높은 연기를 연행하므로, 따라서 식 (3.19)에 나타낸 연기층이 없는 경우보다 천장류의 온도가 높아진다. 식 (3.25)의 우변 제1항은 천장류의 온도 상승에 대한 연기층의 기여분을 나타내고 있다. 이 식을 실험값과 비교하면 온도 상승 과정에서 대부분 일치하지만, 화원이 다 타 버린 상태에서 온도가 저하되는 기간에는 잘 일치하지 않는다.[12] 따라서 열감지기나 스프링클러 작동시간을 계산할 때와 같이 온도 상승 과정 시의 적용으로 한정된다. 다만 이 식들은 플룸이 천장에 충돌할 때까지의 연기층 연행은 고려하고 있으나 천장에 충돌 후 연기층의 연행은 고려하고 있지 않다. 따라서 천장류의 온도가 연기층 온도와 유사한 경우나 저하될 경우에 적용하는 것은 적절하지 않다. 한편 스즈키(鈴木) 등[14]에 의해 바람이 불 때 천장류 부분에서의 연행을 고려한 계산식도 제안되었지만 실험에 의한 검증은 이루어지지 못하였으므로 적용 시에는 실험과의 비교 등에 의해 검증을 실시한 후 적용하는 것이 바람직하다.

## 6. 참고문헌

12) Watanabe J., Shimomura S., Aoyama Y., Tanaka T.: A formula for prediction of ceiling jet temperature in two layer environment, Fire Safety Science-Proceedings of the Seventh International Symposium, pp.431-442, 2003

13) 安藤朔, 山口純一, 村岡宏, 岡泰資 : 厚みの薄い煙層内を流動する天井流温度に関する実験的研究, 日本建築学会環境系論文集, 第78巻, 第686号, pp.307-315, 2013年4月

14) 鈴木圭一, 田中哮義, 原田和典, 吉田治典 : 区画火災の鉛直温度分布予測モデルの拡張と検証および火災プルームへの連行を考慮した天井ジェット温度予測多層ゾーン煙流動予測モデルの開発 その 2, 日本建築学会環境系論文集, 第590号, pp.1-7, 2005年 4月

# 3.7 연기층이 형성되는 공간에서의 천장류 연기 농도

## 1. 계산식 대상

그림 3.8과 같이 천장 아래에 연기층이 형성될 때, 천장류의 연기 농도를 계산한다.

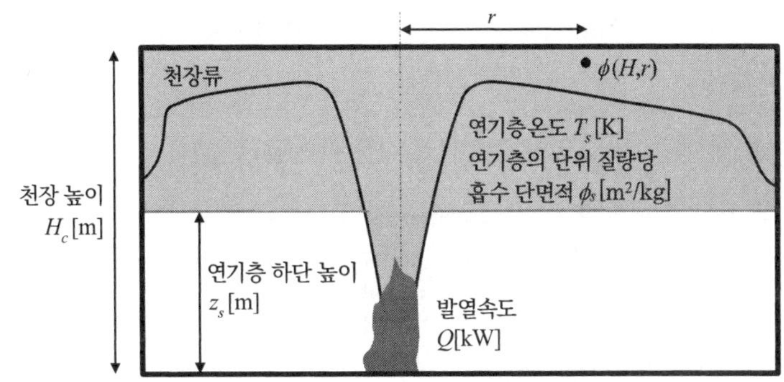


그림 3.8 천장 밑에 연기층이 형성되는 경우의 천장류 연기 농도

## 2. 계산식[15)]

• 천장류 연기 농도(광학 농도): $C_s(H_c, r)$[m$^{-1}$]

$$C_s\left(H_c, r\right) = \rho_c\left(H_c, r\right) \times \phi\left(H_c, r\right) \tag{3.31}$$

• 천장류의 기체밀도: $\rho_c(H_c, r)$[kg/m$^3$]

$$\rho_c(H_c, r) = 353 / T_c(H_c, r) \tag{3.32}$$

• 천장류의 온도: $T_c(H_c, r)$[K]

$$T_c\left(H_c, r\right) = \left\{1 - \left(\frac{z_s}{H_c}\right)^{5/3}\right\}\left(T_s - T_a\right) + \Delta T_{Alp}\left(H_c, r\right) + T_a \tag{3.25}$$

- 연기의 단위 질량당 흡수 단면적: $\phi(H_c, r)$[m$^2$/kg]

$$\phi(H_c, r) = \left\{1 - \left(\frac{z_s}{H_c}\right)^{5/3}\right\} \times \phi_s + \phi_c(H_c, r) \tag{3.33}$$

- 무한 천장시에 대한 연기의 단위 질량당 흡수 단면적: $\phi_c(H_c, r)$[m$^2$/kg]

$$\phi_c(H_c, r) = \left(\frac{\gamma_s c_p}{\chi_c \Delta H}\right) \Delta T_{Alp}(H_c, r) \tag{3.34}$$

- 무한 천장 하부의 천장류 온도 상승: $\Delta T_{Alp}(H_c, r)$[K]

$$\Delta T_{Alp}(H_c, r) = \begin{cases} 16.9\left(\dfrac{Q^{2/3}}{H_c^{5/3}}\right) & (\dfrac{r}{H_c} \leq 0.18) \\ 5.38\left(\dfrac{Q^{2/3}}{H_c^{5/3}}\right)\left(\dfrac{r}{H_c}\right)^{-2/3} & (0.18 < \dfrac{r}{H_c}) \end{cases} \tag{3.26}$$

## 3. 입력값

| | |
|---|---|
| $c_p$ | 공기의 비열 (=1.01 kJ/(kg·K)) |
| $H_c$ | 천장 높이 [m] |
| $T_c$ | 천장류 온도 [K], 식 (3.25)로 계산 |
| $Q$ | 화원의 발열속도 [kW] |
| $r$ | 정체점(화원 바로 위의 점)에서의 수평거리 [m] |
| $z_s$ | 화원에서 연기층 하단까지의 높이 [m] (2층 존 모델 등에 의함) |
| $\Delta$H | 단위 발열량 [kJ/kg] |
| $\phi_s$ | 연기층의 단위 질량당 흡수 단면적 [m$^2$/kg] (2층 존 모델 등에 의함) |
| $\Upsilon_s$ | 연료의 단위 질량당 흡수 단면적 [m$^2$/kg] |
| $\chi_c$ | 발열속도 중 대류 성분의 비율 |

## 4. 예제

천장 높이 $H_c$=3 m의 실에서 연기층 온도 $Ts$=323K(500℃), 연기층 하단 높이 $H_c$=2 m, 연기 층의 단위 질량당 흡수 단면적 $\phi_s$=1.2 m$^2$/kg, 발열속도 $Q$=500 kW, 연료의 단위 질량당 발생하는 흡수 단면적 $\gamma_s$=210 m$^2$/kg에서 폴리우레탄 폼(단위 발열량

$H_c$=22700 kJ/kg, 발열속도 중 대류 성분의 비율 $\chi_c$=0.3)이 연소된다. 이때, 정체점에서 $r$=4 m 떨어진 위치에서의 연기층 내 천장류의 연기 농도(광학 농도) $C_s$[m$^{-1}$]를 계산하시오. 천장류의 온도는 3.6절의 예제와 같이 $T_c$=352.6K(79.6℃)로 한다.

$$\Delta T_{Alp} = 5.38\left(\frac{Q^{2/3}}{H_c^{5/3}}\right)\left(\frac{r}{H_c}\right)^{-2/3}$$

$$= 5.38\left(\frac{500^{2/3}}{3.0^{5/3}}\right)/\left(\frac{4.0}{3.0}\right)^{2/3} = 5.38\left(\frac{63.0}{6.24}\right)/1.21 = 44.9\text{K}$$

$$\phi_c(H_c, r) = \left(\frac{\gamma_s c_p}{\chi_c \Delta H}\right)\Delta T_{Alp}(H_c, r)$$

$$= \frac{210\times1.01}{0.3\times22700}\times44.9 = 1.398\,\text{m}^2/\text{kg}$$

$$\phi(H_c, r) = \left\{1-\left(\frac{z_s}{H_c}\right)^{5/3}\right\}\times\phi_s + \phi_c(H_c, r)$$

$$= \left\{1-\left(\frac{2.0}{3.0}\right)^{5/3}\right\}\times1.2 + 1.398 = 1.99\,\text{m}^2/\text{kg}$$

$$C_s(H_c, r) = \rho(H_c, r)\times\varphi(H_c, r) = \frac{353}{352.6}\times1.99 = 1.99\,\text{m}^{-1}$$

## 5. 해설

연기층이 형성되는 공간에서의 천장류 연기 농도는 공간 내에 연기층이 형성되는 상황에서 연기 감지기의 작동시간을 산정할 때 이용된다.

연기층이 형성되는 공간에서의 천장류는 연기층을 연행함으로써 연기층이 연행하지 않는 경우보다 온도가 상승함과 동시에 연기 농도도 증가한다. 식 (3.33)의 우변 제1항은 연기층의 연행에 의한 연기 농도 증가분을 의미한다. 또한 본 절의 계산식도 앞 절의 계산식과 마찬가지로 천장류 부분에서의 연기층 연행을 고려하지 않기 때문에 천장류 온도가 연기층 온도에 가까운 경우나 저하되는 경우에는 적용할 수 없다. 또한 본 절의 검토시에는 연기층 하단 높이나 연기층 온도 등이 필요하기 때문에, 사전에 2층 존 모델 등에 의해 이러한 수치를 산정해 둘 필요가 있다.

## 6. 참고문헌

15) Watanabe J. and Tanaka T.: Prediction of ceiling jet smoke concentration under two layer environment, Fire Science and Technology, Vol.24, No.3, pp.151-164, 2005

# 3.8 천장 하부에 형성된 고온층으로 화재 플룸의 관입

## 1. 계산식 대상

그림 3.9에 나타낸 바와 같이, 천장 아래에 고온층이 형성되어 있는 공간에서 화재가 발생한 경우, 화재 플룸이 고온층으로 관입하는 높이를 계산한다.

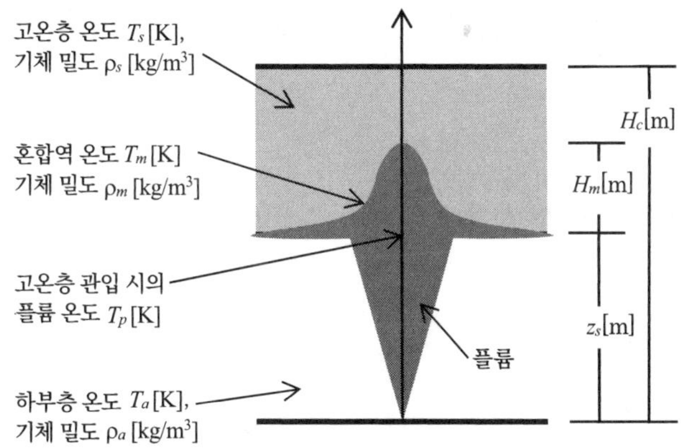


그림 3.9 고온층 화재 플룸 관입

## 2. 계산식[16)]

- 천장 하부에 형성된 고온층으로의 화재 플룸 관입 높이: $H_m$[m]

$$H_m = \left(1 - 0.6\frac{T_s - T_p}{T_p - T_a}\frac{T_a}{T_s}\right) z_s \tag{3.35}$$

- 단 고온층 하단 높이의 화재 플룸 중심 축상의 온도: $T_p$[K]

$$T_p = 24.6\left(\frac{z_s}{Q^{2/5}}\right)^{-5/3} + T_0 \tag{3.36}$$

## 3. 입력값

| | |
|---|---|
| $Q$ | 화원의 발열속도 [kW] |
| $T_a$ | 하부 공기층 온도 [K] (2층 존 모델 등에 의함) |
| $T_s$ | 연기층 온도 [K] (2층 존 모델 등에 의함) |
| $z_s$ | 화원에서 연기층 하단까지의 높이 [m] (2층 존 모델 등에 의함) |

## 4. 예제

천장 높이 $H_c$=10 m의 아트리움 지붕은 유리면으로 되어 있어서 여름에는 온도 성층이 형성된다. 그 결과 바닥에서 6 m까지는 25℃, 그 위부터 천장까지의 4 m는 60℃가 되었다. 이 공간 바닥 위의 쓰레기통에서 출화되어 발열속도가 $Q$=100 kW가 되었다. 이 화재를 아트리움 천장에 설치된 연기 감지기로 감지할 수 있는지를 화재 플륨의 관입 여부로 판단하시오.

- 고온층 하단 높이에서의 화재 플륨 중심 축상의 온도

$$T_p = 24.6\left(\frac{Z_i}{Q^{2/5}}\right)^{-5/3} + T_a$$

$$= 24.6/\left(\frac{6}{100^{2/5}}\right)^{5/3} + (25+273) = 26.8 + 298 = 324.8\text{K}(=51.8^{\circ}\text{C})$$

$$\frac{T_s - T_p}{T_p - T_a}\frac{T_a}{T_s} = \frac{60+273-324.8}{26.8}\frac{25+273}{60+273} = 0.27$$

- 고온층으로의 화재 플륨 관입 높이

$$H_m = \left(1 - 0.6\frac{T_s - T_p}{T_p - T_a}\frac{T_a}{T_s}\right)z_s = (1 - 0.6\times 0.27)\times 6 = 5.03\text{m}$$

플륨의 관입 높이 $H_m$이 연기층 두께(4 m) 이상이 되므로 화재 플륨은 천장면에 도달하여 감지할 수 있다.

## 5. 해설

천장 하부에 형성된 고온층으로의 화재 플륨의 관입은, 여름철 유리로 된 아트리움처럼 공간 상부에 비교적 고온의 층이 형성되어 있는 경우 감지기 등의 작동 여부를 검토할 때 이용된다.

발화 후 초기의 발열속도가 작은 화원의 화재플륨의 온도는 낮기 때문에, 만약 지붕에 대한 햇빛 등의 영향으로 천장 아래에 고온층이 형성되어 있으면 화재 플륨이 고온층의 반발에 의하여 천장까지 도달할 수 없게 되고, 천장면에 설치된 연기 감지기 등에 의한 화재 감지가 방해될 우려가 있다. 화재 플륨은 하부층보다 온도가 높기 때문에 부력을 받아 고온층의 하단까지는 운동 에너지를 증가시킨다. 그러나 고온층보다 화재 플륨의 온도가 더 낮으면, 고온층에 들어갔다가 부의 부력을 받아 서서히 운동 에너지를 잃고 0이 되면 반전되어 하강한다. 화재 플륨이 고온층의 경계면 높이 $z_s$에서 가지는 운동 에너지가 고온층 내에서 작용하는 부의 부력에 의한 에너지와 같아지는 높이가 플륨 관입의 최대 높이 $H_m$이다. 즉,

$$\rho_p \overline{w^2}(z_s) \propto \left(\rho_p - \rho_s\right) g H_m \tag{3.37}$$

여기에 화재 플륨에 관한 일반적 관계

$$w^2\left(z_s\right) / g z_s \propto (T_p - T_a) / T_0 \tag{3.38}$$

을 고려하고, 또한 온도의 대푯값으로서 화재 플륨 중심 축상의 값을 취하면

$$\frac{H_m}{z_s} \propto \frac{T_p - T_a}{T_a} \cdot \frac{\rho_p}{\rho_p - \rho_s} = \left(\frac{T_p - T_a}{T_a}\right) / \left(\frac{T_s - T_p}{T_s}\right) \tag{3.39}$$

가 된다. 실제로는 화재 플륨의 온도나 속도가 수평방향의 분포를 가지므로, 이 관계를 고려하면서 실험값을 회귀한 것이 식 (3.35)이다.

## 6. 참고문헌

16) Watanabe J., Tanaka T.: Experimental Investigation into penetration of a Weak Fire Plume into a Hot Upper Layer, Journal of Fire Sciences, Vol. 22, pp.405-420, 2004.9

# 3.9 보이드 공간 내부의 화재 기류 성상

## 1. 계산식 대상

그림 3.10에 나타낸 바와 같이, 아래에는 급기구가 있고 상단부는 개방된 보이드 공간의 바닥에서 발생한 화재 기류, 또는 바닥에 인접하는 실로부터 개구를 통해 보이드로 화재 기류가 유입될 때 보이드 상단부의 온도를 산출한다. 보이드의 깊이 $H_v$와 보이드의 폭 $D_v$의 비($=H_v/D_v$)가 2.5 이상일 경우에 적용 대상이 되며, 2.5 미만인 경우에는 자유공간의 화재 기류 예측식(3.1절) 또는 분출 열기류 식을 이용한다.

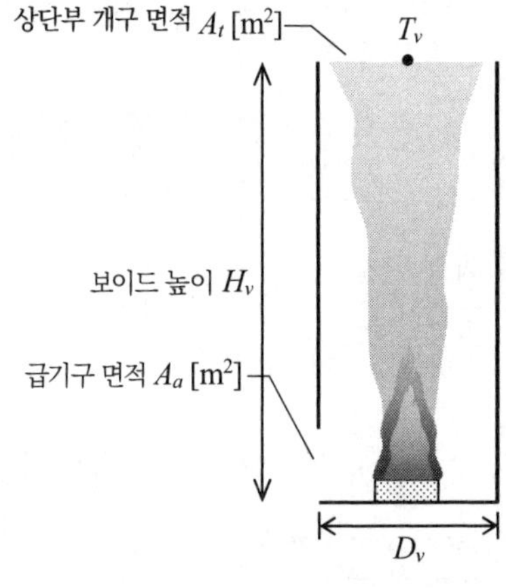


그림 3.10 보이드 내부의 화재 기류

## 2. 계산식[17)]

- 정방형 보이드에 대한 상단부의 평균 온도: $T_v$[K]

$$T_v = 1.67\left(r+1\right)^{-4/3} Q_{D_v}^{*2/3} \left(\frac{H_v}{D_v}\right)^{-1/3} T_0 + T_0 \tag{3.40}$$

- 단, 개구 면적비: $r$(적용 범위는 $0<r<0.25$)

$$r = \frac{A_a}{A_t} \tag{3.41}$$

- 무차원 발열속도: $Q_D^*$

$$Q_{D_v}^* = \frac{Q}{c_p \rho_0 T_0 \sqrt{g} D_v^{5/2}} \left( \approx \frac{Q}{1116 D_v^{5/2}} \right) \tag{3.42}$$

## 3. 입력값

| | |
|---|---|
| $c_p$ | 공기의 비열(=1.01 kJ/(kg·K)) |
| $g$ | 중력 가속도(=9.8 m/s$^2$) |
| $Q$ | 화원의 발열속도, 또는 인접실에서 보이드로 유입되는 열류 [kW] |
| $D_v$ | 정방형 보이드 한 변의 길이 [m] |
| $H_v$ | 보이드의 높이 [m] |
| $T_0$ | 외기 온도 [K] |
| $\rho_0$ | 외기 온도에서 공기의 기체밀도(=353/$T_0$)[kg/m$^3$] |

## 4. 예제

한 변의 길이 5 m, 높이 $H_v$=25 m인 보이드 바닥에 $A_a$=5 m$^2$인 급기구가 있다. 바닥에 발열속도 $Q$=1000 kW인 화원이 설치되었을 때 보이드 상단부의 평균 온도를 계산하시오. 외기 온도는 $T_0$=293K(20℃)로 가정한다.

- 개구 면적비(=바닥 개구 면적/꼭대기 개구 면적)

$$r = \frac{A_a}{A_t} = \frac{5}{5 \times 5} = 0.2$$

- 무차원 발열속도

$$Q_{D_v}^* = \frac{Q}{1116 D_v^{5/2}} = \frac{1000}{1116 \times 5^{5/2}} = 0.016$$

• 보이드 꼭대기의 평균온도

$$T_v = 1.67(r+1)^{-4/3} Q_D^{*2/3} \left(\frac{H_v}{D_v}\right)^{-1/3} T_0 + T_0$$

$$= 1.67(0.2+1)^{-4/3} 0.016^{2/3} \left(\frac{25}{5}\right)^{-1/3} \times 293 + 293 = 307.2\text{K}(=34.2℃)$$

## 5. 해설

보이드 공간 내부의 화재 기류 성상은 보이드의 밑부분이나 그 인접실에서 화재가 발생했을 때 보이드 상단부에서 연기를 배출하는지 검토할 때 이용된다.

건축물에는 중정, 보이드, 선큰가든, 드라이 에리어 등 상단부가 개방된 공간인 경우가 적지 않다. 여기에서는 이들을 보이드 공간이라고 총칭한다. 보이드 공간은 면적이 넓고, 깊이가 얕은 경우에는 외기와 동등한 공간이 될 수 있지만, 좁고 깊은 경우는 마치 수직 통로처럼 건물의 연기 전파 경로가 되어 피난 시에 위험이 될 가능성이 있게 된다. 좁고 깊은 보이드에 화재 연기가 유입됐을 때, 보이드 하부에 급기구가 없는 보이드 공간에서는 플륨으로 연행되는 공기는 모두 상단부로부터 유입되므로 상승하는 연기와 혼합되어 플륨의 확산이 커질 가능성이 있다. 그러나 보이드 바닥에 급기구가 있으면 플륨의 공기 일부가 하부 급기구에서 공급되어 혼합이 완화될 수 있게 되며 그 정도는 급기구의 면적 등에 의존한다.

## 6. 참고문헌

17) 福田晃久, 田中哮義, 若松孝旺 : ボイド空間における煙流動性状その3空間底部に給気口がある場合, 日本建築学会計画系論文集, 第 491号, pp.9-16, 1997年 1月

# 3.10 화재 플룸 선단부의 도달 시간

## 1. 계산식 대상

그림 3.11에 나타낸 바와 같이 자유공간 및 측면 저부에 급기구가 있는 정사각형 보이드 공간 내에서 화재 플룸 선단부가 높이 $z$에 도달할 때까지의 시간 $t(z)$를 계산한다.

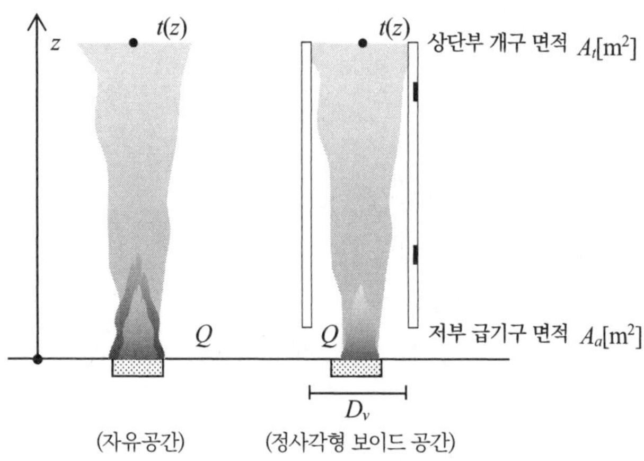


그림 3.11 화재 플룸 선단부의 상승 시간

## 2. 계산식[18)]

1) 자유공간의 경우

$$t(z) = 1.8Q^{-1/3}z^{4/3} \qquad (z / D_v \le 30) \tag{3.43}$$

2) 측면 바닥의 정방형 보이드 공간: 정부가 개방되어 있는 경우

$$t(z) = \sqrt{\frac{D_v}{g}} \times \begin{cases} 0.56Q_{D_v}^{*-1/3}\left(\dfrac{z}{D_v}\right)^{4/3} & \left(\dfrac{z}{D_v} \le 5.0\right) \\ 1.64Q_{D_v}^{*-1/3}\left(\dfrac{z}{D_v}\right)^{2/3} & \left(5.0 < \dfrac{z}{D_v} \le 8.0\right) \end{cases} \tag{3.44}$$

단, 개구비 $A_a/A_t \le 1.1$을 적용 범위로 한다.

3) **측면 바닥의 정방형 보이드 공간: 정부가 폐쇄되어 있는 경우**

$$t(z) = \sqrt{\frac{D_v}{g}} \times \begin{cases} 0.56 Q_{D_v}^{*-1/3} \left(\frac{z}{D_v}\right)^{4/3} & \left(\frac{z}{D_v} \le 2.5\right) \\ 0.30 Q_{D_v}^{*-1/3} \left(\frac{z}{D_v}\right)^{2} & \left(2.5 < \frac{z}{D_v} \le 8.0\right) \end{cases} \tag{3.45}$$

단, 개구비 $A_a/A_t \le 1.1$을 적용 범위로 한다.

- 식 (3.44), (3.55)에서의 무차원 발열속도: $Q_{D_v}^{※}$

$$Q_{D_v}^{*} = \frac{Q}{c_p \rho_0 T_0 \sqrt{g} D_v^{5/2}} \approx \frac{Q}{1116 D_v^{5/2}} \tag{3.46}$$

## 3. 입력값

| | |
|---|---|
| $c_p$ | 공기의 비열($=1.01$ kJ/(kg·K)) |
| $D_v$ | 정방형 보이드의 한 변의 길이 [m] |
| g | 중력 가속도($=9.8$ m/s$^2$) |
| $Q$ | 화원의 발열속도, 또는 인접실에서 보이드로 유입되는 열류 [kW] |
| $T_0$ | 외기 온도 [K] |
| $z$ | 화원으로부터의 높이 [m] |
| $\rho_0$ | 외기 온도에서 공기의 기체밀도($=353/T_0$)[kg/m$^3$] |

## 4. 예제

1) 자유공간에서 발열속도 $Q=1000$ kW인 화원의 플륨 끝이 $z=20$ m에 도달하는 시간 $t(20)$[s]을 계산하시오.

$$t(20) = 1.8\dot{Q}^{-1/3} z^{4/3} = 1.8 \times 1000^{-1/3} \times 20^{4/3} = 9.77\,\mathrm{s}$$

2) 깊이 20 m, 바닥면적 5m×5m, 급기구 2 m$^2$, 정부의 개구부 25 m$^2$인 보이드가 있다. 발열속도 1000 kW인 화원의 플륨 선단부가 $z=20$ m의 위치에 이르는 시간 $t(20)$[s]을 계산하시오.

$z/D_v$=20/5=4에서,

$$Q^*_{D_v} \approx \frac{Q}{1116 D_v^{5/2}} = \frac{1000}{1116 \times 5^{5/2}} = 0.016$$

$$t(z) = \sqrt{\frac{D_v}{g}} \times 0.56 Q^{*-1/3}_{D_v} \left(\frac{z}{D_v}\right)^{4/3} = \sqrt{\frac{5}{9.8}} \times 0.56 \times 0.016^{-1/3} \left(\frac{20}{5}\right)^{4/3} = 10.1\text{s}$$

3) 깊이 20 m, 바닥면적 5m × 5m, 급기구 2 $m^2$이고 정부에 개구부가 없는 보이드가 있다. 발열속도 1000 kW인 화원의 플륨 선단부가 $z$=20 m의 위치에 이르는 시간 $t(20)$ [s]을 계산하시오.

$z/D_v$=20/5=4에서,

$$Q^*_{D_v} \approx \frac{Q}{1116 D_v^{5/2}} = \frac{1000}{1116 \times 5^{5/2}} = 0.016$$

$$t(z) = \sqrt{\frac{D_v}{g}} \times 0.30 Q^{*-1/3}_{D_v} \left(\frac{z}{D_v}\right)^{2} = \sqrt{\frac{5}{9.8}} \times 0.30 \times 0.016^{-1/3} \left(\frac{20}{5}\right)^{2} = 5.4\text{s}$$

## 5. 해설

화재 플륨 선단부의 도달 시간은 천장이 높은 공간에서 감지기의 작동 시간을 산정할 때 이용한다.

가연물이 착화되면 열기류가 생겨 상승을 시작한다. 통상적인 천장 높이의 공간이라면 몇 초만에 플륨의 선단은 천장에 도달하지만, 천장이 높은 공간에서는 감지기의 작동 시간을 산정할 때에 이 도달 시간을 무시할 수 없는 경우가 있으며 이러한 경우에 본 절의 제안식을 이용한다. 본 절의 제안식은 착화 후 발열속도가 바로 일정한 값이 되는 정상화원으로 하여 도출한 것이므로 주의하여야 한다.

## 6. 참고문헌

3.18) 藤田隆史, 山口純一, 田中哮義, 若松孝旺: 火災プルーム先端の上昇時間に関する研究, 日本建築学会計画系論文集, 第502号, pp.1-8, 1997年 12月

# 4장

# 개구 유량

# 4.1 온도차가 없는 경우의 개구 유량

본 절에서는 온도가 동일한 2개 실 사이의 개구부에 대한 질량유량을 구한다.

## 4.1.1 단일 개구의 유속

### 1. 계산식 대상

그림 4.1과 같이 온도가 동일한 두 실 사이에 개구가 하나 있고, 실 $i$의 압력이 실 $j$의 압력보다 높은 경우, 개구를 흐르는 공기의 유속 $v$[m/s]을 구한다.

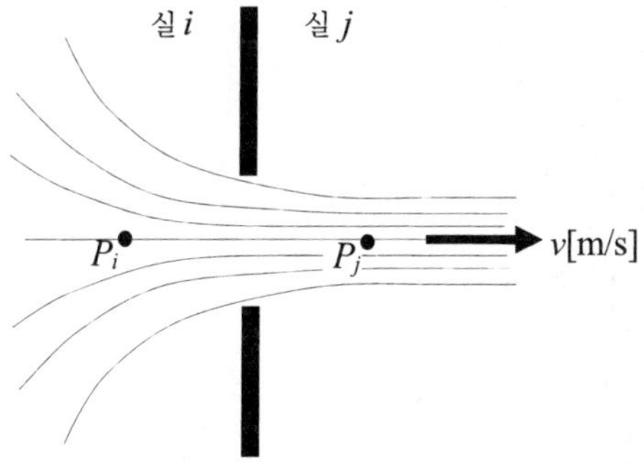


그림 4.1 단일 개구의 유선과 유속

### 2. 계산식

• 단일 개구의 유속: $v$[m/s]

$$v = \sqrt{\frac{2\Delta P}{\rho}} \tag{4.1}$$

### 3. 입력값

$\Delta P$ 실 $i$, $j$ 간의 압력차( $=P_i - P_j$ ) [Pa]

$\rho$ 공기의 기체밀도 [kg/m$^3$]

## 4. 예제

거실 안과 외부 공기의 압력차 $\Delta P=5.0$ Pa이고, 공기의 기체밀도 $\rho=1.18$ kg/m$^3$일 때, 개구 유속 $v$[m/s]를 구하시오.

$$v=\sqrt{\frac{2\Delta p}{\rho}}=\sqrt{\frac{2\times 5.0}{1.18}}=2.91\,\mathrm{m/s}$$

## 5. 해설

실 $i$, $j$의 압력을 각각 $P_i$, $P_j(P_i>P_j)$로 하고, 베르누이 정리를 개구 흐름의 유선에 적용하면 다음과 같다.

$$P_i=P_j+\frac{1}{2}\rho v^2 \tag{4.2}$$

이로부터

$$v=\sqrt{\frac{2(P_i-P_j)}{\rho}} \tag{4.3}$$

가 된다.[1)]

실 $i$와 $j$의 온도가 같을 때에는, 두 실의 기체밀도 $\rho_i$, $\rho_j$도 동일하다. 따라서 압력차는 바닥면으로부터의 높이에 관계 없이 $\Delta P$로 일정하다. $\rho\equiv\rho_i=\rho_j$이므로, 바닥으로부터 높이 $z$[m]로의 압력차는

$$\Delta P(z)\equiv P_i(z)-P_j(z)=\left(P_i(0)-\rho gz\right)-\left(P_j(0)-\rho gz\right)=P_i(0)-P_j(0)\equiv\Delta P \tag{4.4}$$

에 의해 일정해진다. 여기서 $P_i(0)$, $P_j(0)$은 실 $i$와 실 $j$의 바닥면의 압력이다. 식 (4.4)을 식 (4.3)에 사용하면 식 (4.1)을 얻을 수 있다.

## 6. 참고문헌

1) 田中哮義: 改訂版建築火災安全工学入門, pp.14-15, (財)日本建築センター, 2002年

## 4.1.2 단일 개구의 유량

### 1. 계산식 대상

그림 4.2와 같이 2개의 실 문에 개구가 있고, 두 실의 압력이 다른 경우에 개구를 흐르는 공기의 체적유량 $V$[m$^3$/s]와, 질량유량 $m$[kg/s]을 구한다.

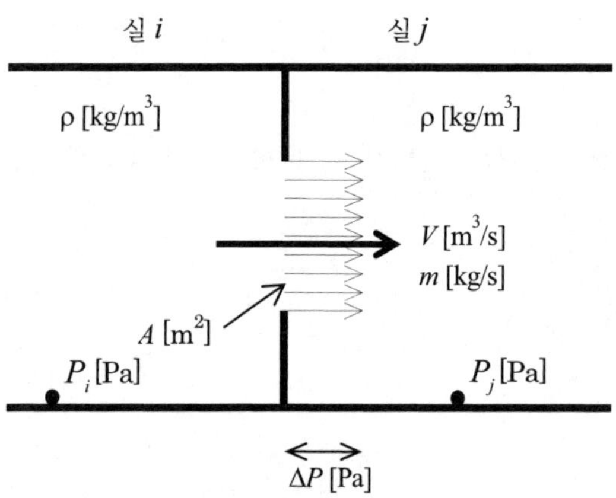


그림 4.2 단일 개구의 유량

### 2. 계산식[2)]

- 체적유량: $V$ [m$^3$/s]

$$V = \alpha A v = \alpha A \sqrt{\frac{2\Delta P}{\rho}} \tag{4.5}$$

- 질량유량: $m$ [kg/s]

$$m = \rho V = \alpha A \sqrt{2\rho\Delta P} \tag{4.6}$$

### 3. 입력값

| | |
|---|---|
| $A$ | 개구 면적 [m$^2$] |
| $P_i$ | 실 $i$의 압력 [Pa] |
| $P_j$ | 실 $j$의 압력 [Pa] |
| $v$ | 개구의 유속 [m/s] |

| | |
|---|---|
| $a$ | 개구의 유량계수 [–] |
| $\Delta P$ | 실 $i$, $j$ 간의 압력차($=P_i-P_j$)[Pa] |
| $\rho$ | 공기의 기체밀도 [$kg/m^3$] |

## 4. 예제

거실과 복도의 압력차 $\Delta P$=5.0 Pa, 공기의 기체밀도 $\rho$=1.18 $kg/m^3$, 문의 개구 면적 $A$=2.0 $m^2$, 개구의 유량계수 $\alpha$=0.7일 때, 개구를 흐르는 공기의 체적유량 $V$ [$m^3/s$] 및 질량유량 $m$[kg/s]을 구하시오.

$$V = \alpha Av = 0.7 \times 2.0 \times \sqrt{\frac{2 \times 5}{1.18}} = 4.08\,\text{m}^3/\text{s}$$

$$m = \rho V = 0.7 \times 2.0\sqrt{2 \times 1.18 \times 5} = 4.81\,\text{kg/s}$$

## 5. 해설

질량유량 $m$[kg/s]를 알고 있는 경우 압력차를 구하고자 하는 경우에는 다음과 같이 구할 수 있다.

$$\Delta P = \frac{1}{2\rho}\left(\frac{m}{\alpha A}\right)^2 \tag{4.7}$$

## 6. 참고문헌

2) 田中哮義 : 改訂版建築火災安全工学入門, pp.14-15, (財)日本建築センター, 2002年

## 4.1.3 병렬 개구의 유량

### 1. 계산식 대상

그림 4.3에 나타내는 것과 같이, 2개의 실 사이에 복수의 병렬 개구가 있고 두 실의 압력이 다른 경우, 실 간 개구를 흐르는 공기의 체적유량의 합계 $V$[m$^3$/s], 질량유량의 합계 $m$[kg/s]를 구한다.

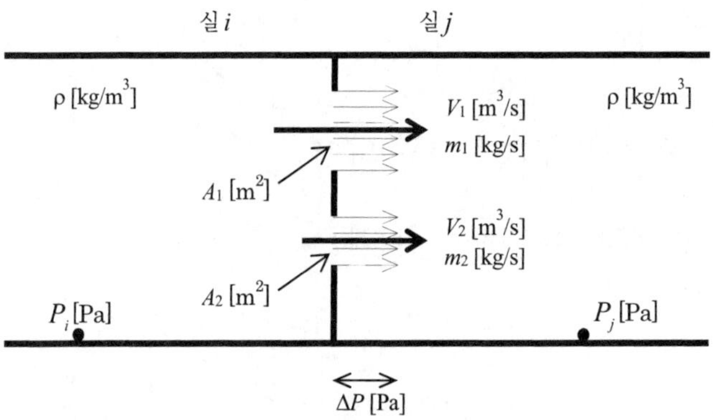


그림 4.3 병렬 개구의 유량

### 2. 계산식

- 합성 유효개구면적: $(\alpha A)_T$ [m$^2$]

$$(\alpha A)_T = \sum_{k=1}^{n} \alpha_k A_k \tag{4.8}$$

- 체적유량의 합계: $V$ [m$^3$/s]

$$V = \sum_k V_k = (\alpha A)_T v = (\alpha A)_T \sqrt{\frac{2\Delta P}{\rho}} \tag{4.9}$$

- 질량유량의 합계: $m$[m$^3$/s]

$$m = \sum_k m_k = (\alpha A)_T \sqrt{2\rho\, \Delta P} \tag{4.10}$$

## 3. 입력값

| | |
|---|---|
| $A_k$ | 개구 $k$의 면적 [m$^2$] |
| $n$ | 개구의 개수 [개] |
| $\alpha_k$ | 개구 $k$의 유량계수 [–] |
| $(aA)_T$ | 합성 유효개구면적 [m$^2$] |
| $\Delta P$ | 2개 실 간의 압력차 [Pa] |
| $\rho$ | 공기의 기체밀도 [kg/m$^3$] |

## 4. 예제

그림 4.4와 같이 거실과 복도 사이에 2개의 문이 병렬로 개방되어 있다. 문의 개구 면적 $A_1$=0.8 m$^2$, $A_2$=2.0 m$^2$, 문 개구의 유량계수 $\alpha$=0.7, 거실과 복도의 압력차 $\Delta P$=5.0 Pa, 공기의 기체밀도 $\rho$=1.18 kg/m$^3$이다. 개구를 흐르는 공기의 체적유량의 합계 $V$ [m$^3$/s]와 질량유량의 합계 $m$[kg/s]을 구하시오.

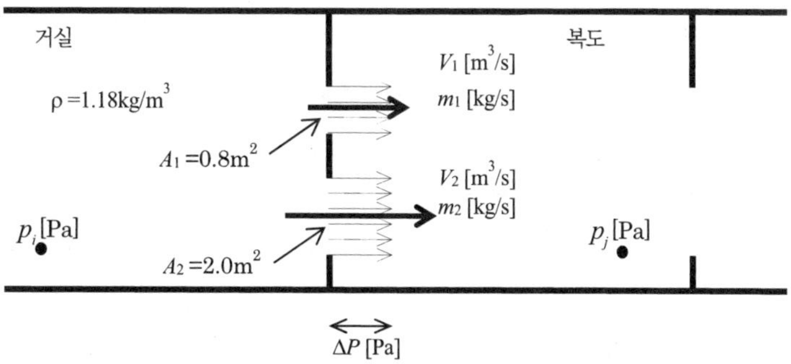


그림 4.4 병렬 개구의 유량의 계산 예제(평면도)

$$(\alpha A)_T = 0.7 \times 0.8 + 0.7 \times 2.0 = 1.96\,\text{m}^2$$

$$V = (\alpha A)_T v = 1.96 \times \sqrt{\frac{2 \times 5.0}{1.18}} = 5.71\,\text{m}^3/\text{s}$$

$$m = \rho V = 1.96 \times \sqrt{2 \times 1.18 \times 5.0} = 6.73\,\text{kg/s}$$

## 5. 해설

병렬 개구에서 각 개구에 가해지는 압력차는 같으므로, 각 개구의 유효 개구 면적을 더하면 된다.[3] 두 실의 온도가 동일한 경우에는 개구의 높이가 달라도 식 (4.8)을 적용할 수 있다.

## 6. 참고문헌


3) 鉾井修一, 池田哲朗, 新田勝道 : エース建築環境工学 11, pp.164-165, 朝倉書店, 2002年


# 4.1.4 직렬 개구에서의 유량

## 1. 계산식 대상

그림 4.5와 같이, 2개의 실을 사이에 둔 실 $i$, $j$의 사이에 복수의 직렬 개구가 있고, 어느 실이나 동일한 온도이다. 실 $i$, $j$의 압력이 다른 경우, 각각의 개구를 흐르는 공기의 질량유량 $m$[kg/s] 및 개구 $k$에서의 압력차 $\Delta P_k$[Pa]를 계산한다.

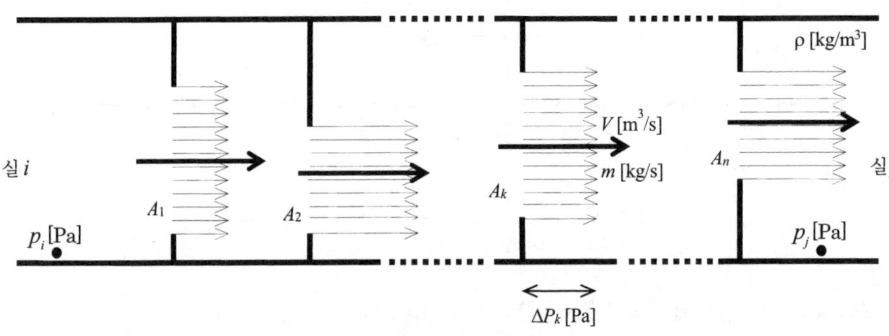


그림 4.5 직렬 개구

## 2. 계산식

- 질량유량: $m$[kg/s]

$$m = (\alpha A)_T \sqrt{2\rho \Delta P} = (\alpha A)_k \sqrt{2\rho \Delta P_k}, \ (k = 1, 2, 3, \cdots, n) \tag{4.11}$$

• 개구 $k$에서의 압력차: $\Delta P_k$[Pa]

$$\Delta P_k = \left( \frac{(\alpha A)_T}{(\alpha A)_k} \right)^2 \Delta P \tag{4.12}$$

• 합성 유효 개구 면적: $(\alpha A)_T$ [$m^2$]

$$(\alpha A)_T = \frac{1}{\sqrt{\frac{1}{(\alpha A_1)^2} + \frac{1}{(\alpha A_2)^2} + \cdots + \frac{1}{(\alpha A_n)^2}}} \tag{4.13}$$

## 3. 입력값

| | |
|---|---|
| $A_k$ | 개구 $k$의 면적 [$m^2$] |
| $n$ | 직렬 개구의 수 [개] |
| $\alpha_k$ | 개구 $k$의 유량계수 [–] |
| $\Delta P$ | 실 $i$와 실 $j$의 압력차 ($=P_i$-$P_j$)[Pa] |
| $\rho$ | 공기의 기체밀도 [kg/$m^3$] |

## 4. 예제

그림 4.6과 같이 복도와 거실 사이에 개방된 문1(개구 면적 $A_1$=2.0 $m^2$), 거실과 외부 사이에 개방된 문2(개구 면적 $A_2$=1.5 $m^2$)가 있고, 복도와 외부 사이의 압력차 $\Delta P$=5.0 Pa이다. 공기의 기체밀도 $\rho$=1.18 kg/$m^3$, 모든 개구의 유량계수 $a_k$=0.7($k$=1, 2)일 때, 각 개구를 흐르는 공기의 질량유량 $m$[kg/s]과 각 개구에서의 압력차 $\Delta P_1$, $\Delta P_2$를 구하시오.

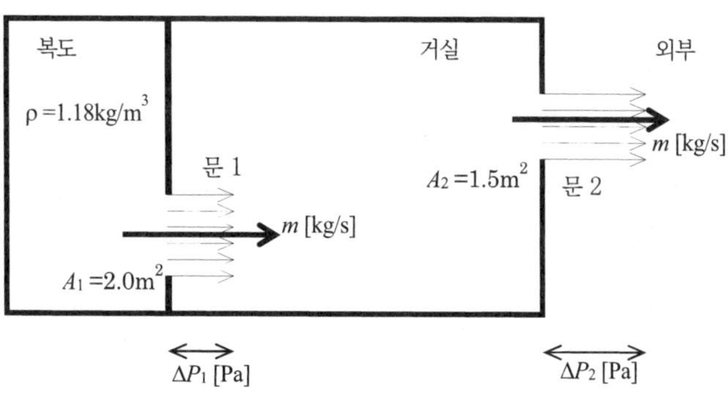


그림 4.6 직렬 개구의 계산 예제

$$(\alpha A)_T = \frac{1}{\sqrt{\dfrac{1}{(0.7\times 2.0)^2} + \dfrac{1}{(0.7\times 1.5)^2}}} = 0.84\,\mathrm{m}^2$$

$$m = (\alpha A)_T \sqrt{2\rho\Delta P} = 0.84\times\sqrt{2\times 1.18\times 5.0} = 2.9\,\mathrm{kg/s}$$

$$\Delta P_1 = \left(\frac{(\alpha A)_T}{\alpha A_1}\right)^2 \Delta P = \left(\frac{0.84}{0.7\times 2.0}\right)^2 \times 5.0 = 1.8\,\mathrm{Pa}$$

$$\Delta P_2 = \left(\frac{(\alpha A)_T}{(\alpha A)_2}\right)^2 \Delta P = \left(\frac{0.84}{0.7\times 1.5}\right)^2 \times 5.0 = 3.2\,\mathrm{Pa}$$

### 5. 해설

직렬 개구에서는 모든 개구의 유량이 같다는 것을 이용하여 유효 개구 면적을 합성할 수 있다.[4)]

### 6. 참고문헌

4) 鉾井修一, 池田哲朗, 新田勝道: エース建築環境工学11, pp.164-165, 朝倉書店, 2002年

## 4.1.5 문의 개방 각도와 유효개구면적

### 1. 계산식 대상

온도가 같은 두 실 사이에 개방 각도 $\theta$가 $0<\theta<90°$인 편개문(한 쪽 방향으로만 열리는 문)이 있다. 이 문이 열리는 부분을 흐름 통로라고 할 때 유효 개구 면적 $\alpha A$ [$\mathrm{m}^2$]을 계산한다. 그림 4.7과 같이 흐름 방향으로 문이 열리는 경우를 순방향, 그림 4.8과 같이 흐름과는 반대 방향으로 문이 열리는 경우가 역방향이다.

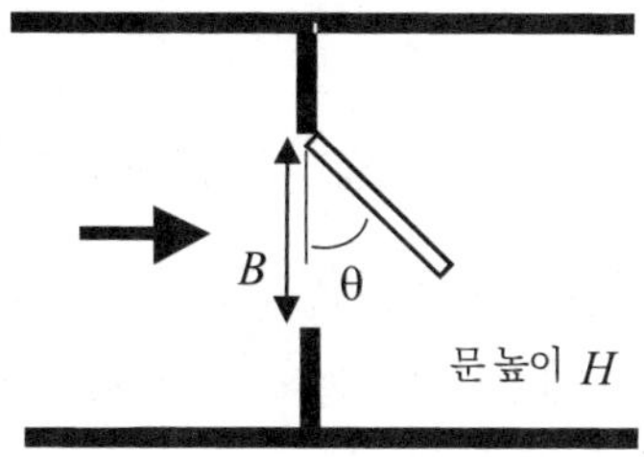


그림 4.7 순방향

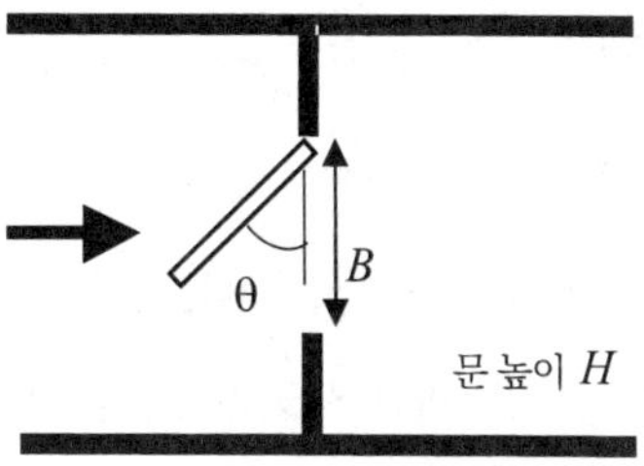


그림 4.8 역방향

## 2. 계산식

유효 개구 면적: $\alpha A$ [m$^2$]

**1) 순방향의 경우**

$$\alpha A = \begin{cases} (-0.0003\theta^2 + 0.017\theta + 0.0071)BH & (0° < \theta < 18°) \\ (0.0061\,\theta + 0.11)BH & (18° \le \theta \le 90°) \end{cases} \tag{4.14}$$

**2) 역방향의 경우**

$$\alpha A = 0.66BH\sin\theta \quad (0° < \theta \le 90°) \tag{4.15}$$

## 3. 입력값

| | |
|---|---|
| $B$ | 개구폭 [m] |
| $H$ | 문의 높이 [m] |
| $\theta$ | 개방 각도 [°] |

## 4. 예제

1) 흐름 방향으로 문이 열리고(순방향), 문의 폭 0.9 m, 문의 높이 2.1 m, 그 각도 30°일 때 유효 개구 면적을 구하시오.

$$\alpha A = (0.0061 \times 30 + 0.11) \times 0.90 \times 2.10 = 0.55\,\text{m}^2$$

2) 흐름과 반대 방향으로 문이 열리고(역방향), 문의 폭 0.9 m, 문의 높이 2.1 m, 그 각도 60°일 때 유효 개구 면적을 구하시오.

$$\alpha A = 0.66 \times 0.9 \times 2.10 \times \sin 60° = 1.08\,\text{m}^2$$

## 5. 해설

폭 1.70 m, 천장 높이 2.70 m의 복도에, 폭 0.80 m, 높이 2.58 m의 문을 설치하여 행해진 실험[5)]에 의해 구해진 계산식이다. 실험값과 계산식의 비교를 그림 4.9에 나타내었다. 순방향의 경우는 개방 각도가 15°를 넘으면 단순 개구의 경우보다 유량이 작아진다. 역방향의 경우는 유량계수를 0.66으로 하고 프레임과 문의 연직거리 $B\sin\theta$를 개구폭으로 한 경우의 유량으로 된다. 문 높이보다 천장이 높으면 그림 4.10과 같이 문 상단이 부채꼴로 열리지만, 이 부분에서 유입되는 유량까지 포함하여 실험식이 작성되었기 때문에 유량 산출 시 다시 가산할 필요는 없다.

또, 평면으로는 거의 같은 실로서, 2. 1m의 문 높이에 대해 복도 천장 높이를 2.17 m와 2.60 m의 두 가지로 실시한 실험[6)]에서는 천장 높이의 영향이 거의 나타나지 않고 있다.

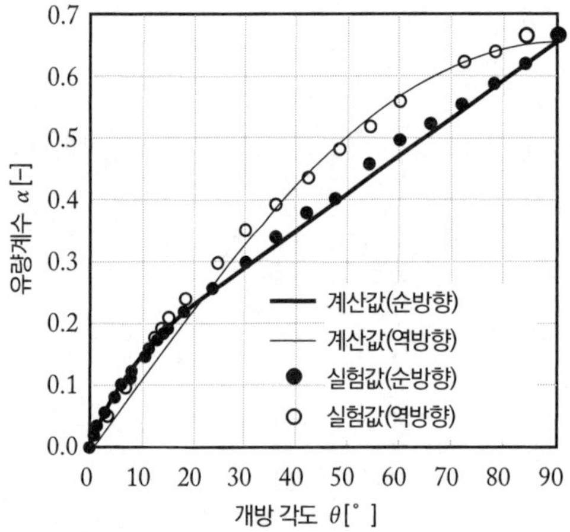


그림 4.9 개방 각도와 유량계수

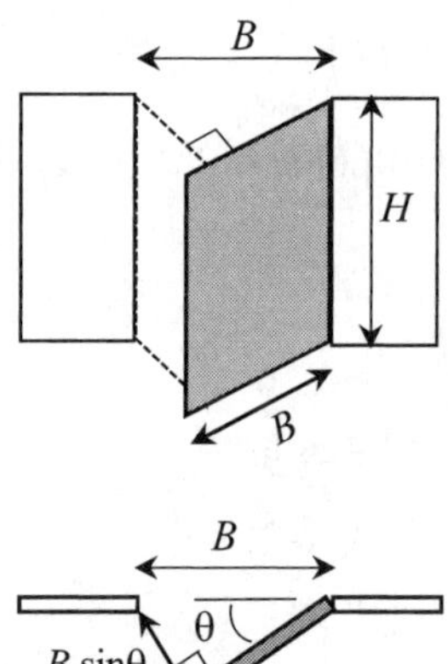


그림 4.10 문 개방 각도와 개구 면적

## 6. 참고문헌

5) 広田正之, 松山賢, 山名俊男, 若松孝旺 : 防排煙時の室間圧力差予測のための中間的開放扉の基本特性, 日本建築学会環境系論文集, 第602号, pp.1-8, 2006年

6) 川村成彦, 阿部伸之, 山田茂, 山田常圭 : 加圧防排煙時の消防活動拠点における扉の流量係数及び開放力に関する実験研究, 日本建築学会大会学術梗概集, pp.209-210, 2004年

# 4.2 온도 차이가 있을 경우의 개구 유량

화재 시 문이나 창문이 개방됨에 따라 개구부를 통과하는 유체의 흐름은 기계 환기의 경우와 같이 건물의 기류 성상을 좌우하는 중요한 요소이며, 또한 화재 성상을 지배하는 중요한 요인 중 하나이다.

본 절은 실 사이에 온도가 다른 경우를 대상으로 한다. 이런 상태에서는 실 사이의 유체의 이동이 부력의 영향을 받으므로 온도가 같은 상태와는 차이가 있다.

## 4.2.1 단일 개구 유량

### 1. 계산식 대상

그림 4.11에 나타낸 바와 같이 두 실의 온도가 다를 때, 문이나 창문 등의 개구부에서 질량유량을 산출한다. 이때는 각 실의 바닥면 압력을 사전에 알고 있어야 한다.

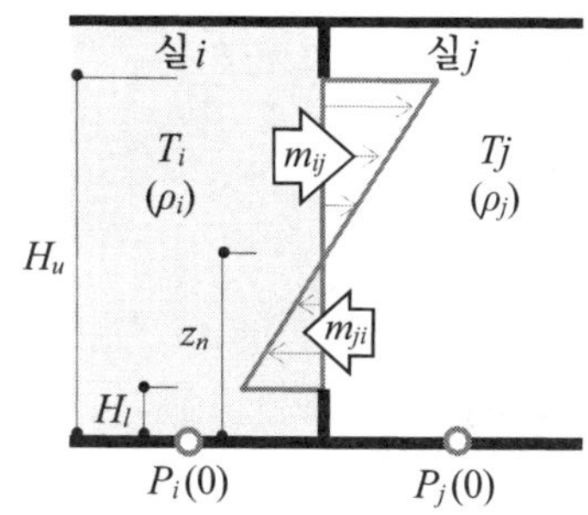


그림 4.11 두 실의 온도가 다를 때 문의 개구량($T_j$<$T_i$의 경우)

### 2. 계산식 ($T_i$>$T_j$($\rho_i$<$\rho_j$)의 경우)

- 중성대 높이: $z_n$[m]

$$z_n = \frac{P_i(0) - P_j(0)}{(\rho_i - \rho_j)g} \tag{4.16}$$

- 개구의 질량유량 $m$[kg/s]

1) **중성대 높이가 개구 하단($H_l$)보다 낮은 위치에 있는 경우**($z_n < H_l$)

실 $i$에서 $j$로의 질량유량: $m_{ij}$[kg/s]

$$m_{ij} = \frac{2}{3}\alpha B\sqrt{2g\rho_i|\rho_i - \rho_j|}\left\{(H_u - z_n)^{3/2} - (H_l - z_n)^{3/2}\right\} \tag{4.17}$$

실 $j$에서 $i$로의 질량유량: $m_{ji}$[kg/s]

$$m_{ji} = 0 \tag{4.18}$$

2) **중성대가 개구 중간에 있는 경우** ($H_l \leqq z_n \leqq H_u$)

실 $i$에서 $j$로의 질량유량: $m_{ij}$[kg/s]

$$m_{ij} = \frac{2}{3}\alpha B\sqrt{2g\rho_i|\rho_i - \rho_j|}(H_u - z_n)^{3/2} \tag{4.19}$$

실 $j$에서 $i$로의 질량유량: $m_{ij}$[kg/s]

$$m_{ji} = \frac{2}{3}\alpha B\sqrt{2g\rho_j|\rho_i - \rho_j|}(z_n - H_l)^{3/2} \tag{4.20}$$

3) **중성대가 개구보다 높은 위치에 있는 경우** ($H_u < z_n$)

실 $i$에서 $j$로의 질량유량: $m_{ij}$[kg/s]

$$m_{ij} = 0 \tag{4.21}$$

실 $j$에서 $i$로의 질량유량: $m_{ij}$[kg/s]

$$m_{ji} = \frac{2}{3}\alpha B\sqrt{2g\rho_j|\rho_i - \rho_j|}\left\{(z_n - H_l)^{3/2} - (z_n - H_u)^{3/2}\right\} \tag{4.22}$$

## 3. 입력값

| | |
|---|---|
| $B$ | 개구폭 [m] |
| $g$ | 중력 가속도(=9.8 m/s$^2$) |

| | |
|---|---|
| $H_l$ | 바닥에서 개구 하단까지의 높이 [m] |
| $H_u$ | 바닥에서 개구 상단까지의 높이 [m] |
| $P_i(0)$ | 바닥면 높이의 실 $i$의 압력 [Pa] |
| $P_j(0)$ | 바닥면 높이의 실 $j$의 압력 [Pa] |
| $\alpha$ | 유량계수 [–] |
| $\rho_i$ | 실 $i$의 기체밀도 [kg/m³] |
| $\rho_j$ | 실 $j$의 기체밀도 [kg/m³] |

## 4. 계산의 예

$T_i$=1000K($\rho_i$=0.35 kg/m³), $T_j$=300K($\rho_j$=1.18 kg/m³), $B$=1 m, $H_u$=2 m, $H_l$=0.5 m, $\alpha$=0.7이다. $z_n$이 0.2, 1.25, 3 m일 때의 질량유량을 각각 구하시오.

1) $z_n$=0.2 m인 **경우**($z_n<H_l$)

$$m_{ij}=\frac{2}{3}\alpha B\sqrt{2g\rho_i|\rho_i-\rho_j|}\left\{(H_u-z_n)^{3/2}-(H_l-z_n)^{3/2}\right\}$$
$$=\frac{2}{3}\times0.7\times1\times\sqrt{2\times9.8\times0.35\times(1.18-0.35)}\left\{(2-0.2)^{3/2}-(0.5-0.2)^{3/2}\right\}$$
$$\cong 2.51kg/s$$

$$m_{ji}=0\,\text{kg/s}$$

2) $z_n$=1.25 m인 **경우**($H_l\le z_n\le H_u$)

$$m_{ij}=\frac{2}{3}\alpha B\sqrt{2g\rho_i|\rho_i-\rho_j|}(H_u-z_n)^{3/2}$$
$$=\frac{2}{3}\times0.7\times1\times\sqrt{2\times9.8\times0.35\times(1.18-0.35)}(2-1.25)^{3/2}=0.72\,\text{kg/s}$$

$$m_{ji}=\frac{2}{3}\times0.7\times1\times\sqrt{2\times9.8\times1.18\times(1.18-0.35)}(1.25-0.5)^{3/2}=1.32\,\text{kg/s}$$

3) $z_n$=3 m인 **경우**($H_u<z_n$)

$$m_{ij}=0$$

$$m_{ji}=\frac{2}{3}\alpha B\sqrt{2g\rho_j|\rho_i-\rho_j|}\left\{(z_n-H_l)^{3/2}-(z_n-H_u)^{3/2}\right\}$$
$$=\frac{2}{3}\times0.7\times1\times\sqrt{2\times9.8\times1.18\times(1.18-0.35)}\{(3-0.5)^{3/2}-(3-2)^{3/2}\}=6.02\,\text{kg/s}$$

## 5. 해설

본 항에서 나타낸 식들은 가와고에(川越邦雄) 등[7]에 의해 도입되었다. 그 후의 연구에서 실용적 타당성도 실험적으로 확인되었다.[8] 그림 4.12에 나타난 것과 같이 중성대 높이에 따라 계산식은 3가지로 분류된다.

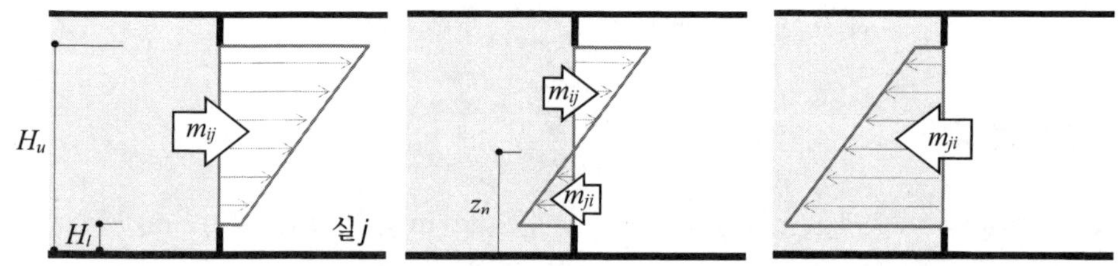


1) $z_n < H_l$　　2) $H_l \leq z_n < H_u$　　3) $H_u \leq z_n$

그림 4.12 압력차 분포와 질량유량

## 6. 참고문헌


7) 川越邦雄 : 耐火構造内の火災性状(その1), 日本火災学会論文集, Vol. 2, No.1, 1952年

8) 田中哮義 : 改訂版建築火災安全工学入門, (財)日本建築センター, pp.16-19, 2002年 1月


# 4.2.2 평균 압력차에 의한 개구 유량

4.2.1절에 나타낸 바와 같이 높이 방향으로 압력 분포가 있는 경우의 개구 유량 계산식은 다소 복잡하나 각 흐름 방향에서 압력차를 수직방향으로 평균한 '평균 압력차'를 이용하면 4.1.2에 나타낸 온도차가 없는 경우의 식을 이용하여 근사적으로 계산이 가능하다.

## 1. 계산식 대상

온도가 다른 두 실 사이의 개구부에서의 바닥면 압력을 알고 있을 때, 개구에서의 질량유량을 그림 4.13에 나타낸 평균 압력차에 따라 근사적으로 구한다.[9]

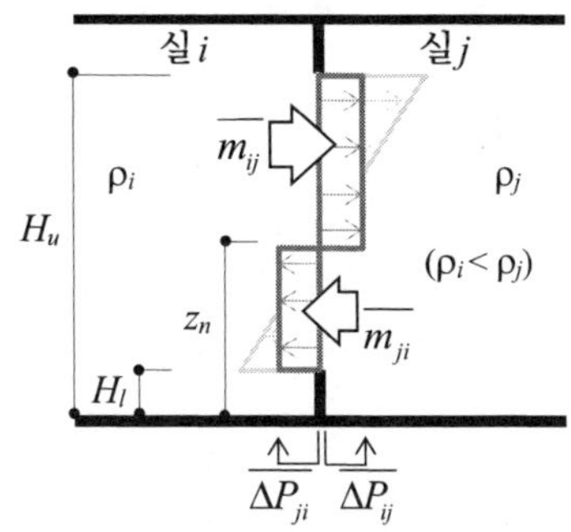


그림 4.13 평균 압력차

## 2. 계산식

- 개구부에서의 질량유량: $\overline{m}$ [kg/s]

$$\overline{m_{ij}} = \alpha A\sqrt{2\rho_i \overline{\Delta P_{ij}}} \tag{4.23}$$

$$\overline{m_{ji}} = \alpha A\sqrt{2\rho_j \overline{\Delta P_{ji}}} \tag{4.24}$$

- 평균 압력차: $\overline{\Delta P}$ [Pa]

1) **중성대 높이 $z_n$이 개구 하단 $H_l$보다 낮은 위치에 있는 경우** ($z_n$<$H_l$)

$$\overline{\Delta P_{ij}} = \Delta\rho g\left(\frac{H_u + H_l}{2} - z_n\right) \tag{4.25}$$

$$\overline{\Delta P_{ji}} = 0 \tag{4.26}$$

2) **중성대가 개구의 중간에 있는 경우** ($H_l \le z_n \le H_u$)

$$\overline{\Delta P_{ij}} = \Delta\rho g\left(\frac{H_u - z_n}{2}\right) \tag{4.27}$$

$$\overline{\Delta P_{ji}} = \Delta\rho g\left(\frac{z_n - H_l}{2}\right) \tag{4.28}$$

3) **중성대가 개구보다 높은 위치에 있는 경우** ($H_u$<$z_n$)

$$\overline{\Delta P_{ij}} = 0 \tag{4.29}$$

$$\overline{\Delta P_{ji}} = \Delta\rho g\left(z_n - \frac{H_u + H_l}{2}\right) \tag{4.30}$$

## 3. 입력값

| | |
|---|---|
| $B$ | 개구폭 [m] |
| $g$ | 중력 가속도(=9.8 m/s$^2$) |
| $H_l$ | 바닥에서 개구 하단까지 높이 [m] |
| $H_u$ | 바닥에서 개구 상단까지 높이 [m] |
| $z_n$ | 중성대 높이 [m], 식 (4.16) 참고 |
| $\alpha$ | 유량계수 [–] |
| $\rho_i$ | 실 $i$의 기체밀도 [kg/m$^3$] |
| $\rho_j$ | 실 $j$의 기체밀도 [kg/m$^3$] |
| $\Delta\rho$ | 실 $i$와 실 $j$의 공기 기체밀도차(=\| $\rho_i$-$\rho_j$ \|)[kg/m$^3$] |

## 4. 예제

4.2.1절의 예제와 동일한 조건($T_i$=1000K($\rho_i$=0.35 kg/m$^3$), $T_j$=300K($\rho_j$=1.18 kg/m$^3$), $B$=1 m, $H_u$=2 m, $H_l$=0.5 m, $\alpha$=0.7)이다. $z_n$이 0.2, 1.25, 3 m일 때의 질량유량을 각각 구하시오.

1) $z_n$=0.2 m**인 경우**($z_n < H_l$)

$$\overline{\Delta P_{ij}} = \Delta\rho g\left(\frac{H_u + H_l}{2} - z_n\right) = (1.18 - 0.35)\times 9.8\times\left(\frac{2+0.5}{2} - 0.2\right) \cong 8.54P_a$$

$$\overline{m_{ij}} = \alpha A\sqrt{2\rho_i\overline{\Delta P_{iji}}} = 0.7\times 1\times(2-0.5)\times\sqrt{2\times 0.35\times 8.54} \cong 2.57\text{kg/s}$$

2) $z_n$=1.25 m**인 경우**($H_l \le z_n \le H_u$)

$$\overline{\Delta P_{ij}} = \Delta\rho g\left(\frac{H_u - z_n}{2}\right) = (1.18 - 0.35)\times 9.8\times\left(\frac{2-1.25}{2}\right) \cong 3.05\text{P}_\text{a}$$

$$\overline{\Delta P_{ji}} = \Delta\rho g\left(\frac{z_n - H_l}{2}\right) = (1.18 - 0.35)\times 9.8\times\left(\frac{1.25-0.5}{2}\right) \cong 3.05\text{P}_\text{a}$$

$$\overline{m_{ij}} = \alpha A\sqrt{2\rho_i \overline{\Delta P_{ij}}} = 0.7\times1\times(2-1.25)\sqrt{2\times0.35\times3.04} = 0.77\ \text{kg/s}$$

$$\overline{m_{ji}} = \alpha A\sqrt{2\rho_j \overline{\Delta P_{ji}}} = 0.7\times1\times(1.25-0.5)\sqrt{2\times1.18\times3.05} \cong 1.41\text{kg/s}$$

3) $z_n$=3 m인 **경우**$(H_u<z_n)$

$$\overline{\Delta P_{ij}} = \Delta\rho g\left(\frac{H_u+H_l}{2}-z_n\right) = (1.18-0.35)\times9.8\times\left(3-\frac{2+0.5}{2}\right) = 14.2\,\text{Pa}$$

$$\overline{m_{ji}} = \alpha A\sqrt{2\rho_j \overline{\Delta P_{ji}}} = 0.7\times1\times(2-0.5)\sqrt{2\times1.18\times14.2} \cong 6.08\text{kg/s}$$

## 5. 해설

그림 4.14와 같이 중성대 높이에 따라 계산식이 세 부분으로 분류된다.

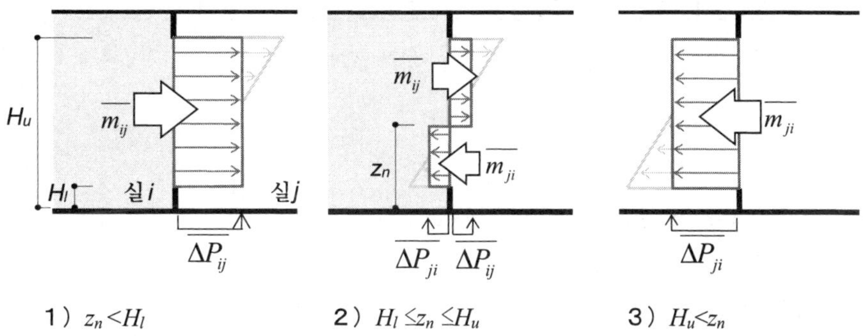


그림 4.14 압력차 분포와 질량유량

4.2.2의 예제와 4.2.1의 예제를 비교하면, 각 흐름 방향에 대해 평균 압력차를 이용했을 경우와 압력차 분포를 생각했을 때의 유량의 오차가 작다. 오차는 최대 6% 정도이며, 중성대 높이가 개구에서 멀어질수록 평균 압력차를 이용했을 때의 오차가 작아진다.[10)]

## 6. 참고문헌


9) 田中哮義 : 改訂版建築火災安全工学入門, (財)日本建築センター, pp.20, 2002年1月

10) 日本建築学会近畿支部加圧防煙システム研究会, 加圧煙制御システムにおける給気量の算定方法 付録-1平均圧力差と近似平均圧力差について, 日本建築学会近畿支部, 1999年9月

## 4.2.3 직렬 개구부를 통과하는 흐름(평균 압력차를 이용하는 경우)

### 1. 계산식 대상

그림 4.15와 같이 건물 내에 존재하는 다수의 개구를 통과하는 기류를 대상으로 한다. 바닥압력이 각각 $P_i$, $P_j$인 2개의 공간(실 $i$와 실 $j$)의 문에 직렬로 복수의 개구($k$=1, 2, …, n)가 있는 경우의 실질 통과 유량을 평균 압력차로 계산한다.[11)]

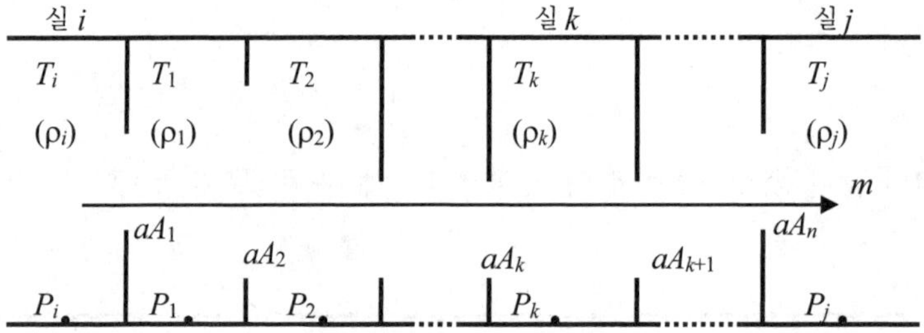


그림 4.15 직렬 개구부를 통과하는 흐름

### 2. 계산식

• 직렬 개구부를 통과하는 질량유량: $m$[kg/s]

$$m = (\alpha A)_T \sqrt{2\rho_i (P_i - P_j)} \tag{4.31}$$

• 합성 유효개구면적: $(\alpha A)_T$ [m$^2$]

$$(\alpha A)_T = \frac{1}{\sqrt{\dfrac{1}{{(\alpha A)_1}^2} + \dfrac{\rho_i}{\rho_1}\dfrac{1}{{(\alpha A)_2}^2} + \cdot\cdot\cdot + \dfrac{\rho_i}{\rho_{n-1}}\dfrac{1}{{(\alpha A)_n}^2}}} \tag{4.32}$$

### 3. 입력값

| | |
|---|---|
| $(\alpha A)_T$ | 전체 개구부의 합성 유효개구면적 [m$^2$] |
| $(\alpha A)_k$ | 실 ($k$-1)과 실 $k$ 사이 개구부의 유효개구면적 [m$^2$] |
| $\rho_i$ | 실 $i$의 공기 기체밀도 [kg/m$^3$] |
| $P_i$ | 실 $i$의 바닥압력 [Pa] |
| $P_j$ | 실 $j$의 바닥압력 [Pa] |

## 4. 예제

그림 4.16과 같이 부속실(실 $i$)과 외기(실 $j$) 사이에 복도(실 1)와 화재실(실 2)이 있으며, 각 실이 직렬 개구로 연결되어 있다. 부속실에 압력을 가해서 바깥 공기와의 압력차를 $P_i - P_j = 10$ Pa로 할 때, 실질 통과 유량 $m_{net}$[kg/s]을 구하시오. 이때 기체밀도는 부속실에서 $\rho_i = 1.18$ kg/m$^3$(온도로 환산한 경우 $T_i = 27$℃), 외기는 $\rho_j = 1.18$ kg/m$^3$($T_j = 27$℃), 복도는 $\rho_1 = 0.54$ kg/m$^3$($T_1 = 377$℃), 화재실은 $\rho_2 = 0.35$ kg/m$^3$($T_2 = 727$℃)이다. 개구 면적은 부속실–복도는 $A_1 = 1.5$ m$^2$, 복도–화재실은 $A_2 = 2.0$ m$^2$, 화재실–복도는 $A_3 = 0.8$ m$^2$이며, 각 개구의 유량계수는 $\alpha = 0.7$로 한다.

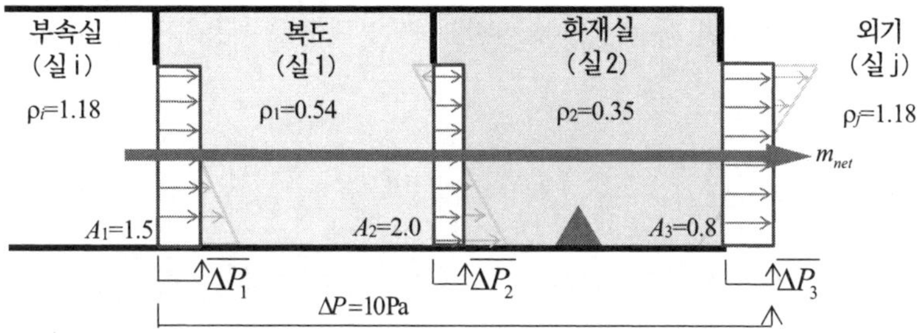


그림 4.16 부속실–외기간 흐름의 예제

$$(\alpha A)_T = \frac{1}{\sqrt{\frac{1.18}{1.18}\frac{1}{(0.7\times1.5)^2} + \frac{1.18}{0.54}\frac{1}{(0.7\times2)^2} + \frac{1.18}{0.35}\frac{1}{(0.7\times0.8)^2}}} \cong 0.28m^2$$

$$m_{net} = 0.28\sqrt{2\times1.18\times10} = 1.36\,\text{kg/s}$$

$m_{net}$을 구한 후 각 개구의 평균 압력차를 다음과 같이 구할 수 있다.

- 부속실–복도 사이의 평균 압력차 $\overline{\Delta P_1}$ [Pa]

$$\overline{\Delta P_1} = \frac{m_{net}^2}{2\rho_i(\alpha A)_1^2} = \frac{1.36^2}{2\times1.18\times(0.7\times1.5)^2} \cong 0.71P_a$$

- 복도–화재실 사이의 평균 압력차 $\overline{\Delta P_2}$ [Pa]

$$\overline{\Delta P_2} = \frac{m_{net}^2}{2\rho_1(\alpha A)_2^2} = \frac{1.36^2}{2\times0.54\times(0.7\times2)^2} = 0.87\,\text{Pa}$$

- 화재실–외기 사이의 평균 압력차 $\overline{\Delta P_3}$ [Pa]

$$\overline{\Delta P_3} = \frac{m_{net}^2}{2\rho_2(\alpha A)_3^2} = \frac{1.36^2}{2\times0.35\times(0.7\times0.8)^2} \cong 8.43P_a$$

## 5. 해설

온도차가 있는 복수의 실 사이의 개구를 통과하는 흐름을 계산할 경우에는 식 (4.17)~식 (4.22)을 연립해서 수치적으로 풀어야 한다. 그러나 그림 4.17과 같이 각 개구구 중심의 높이가 크게 변하지 않으면 개구 전면에 걸친 평균 압력차를 이용해서 실 $i$에서 $j$로 흐르는 순유량을

$$m_{ij} = (\alpha A)_i \sqrt{2\rho_i \overline{\Delta P_{ij}}} \tag{4.33}$$

와 같이 근사할 수 있다. 이때 중성대가 개구 높이 안에 위치하는 경우에는, 실 $i$에서 실 $j$로의 흐름과 실 $i$로부터 $j$로의 흐름이 병행하는데, 그 차이가 $m_{ij}$로 주어진다.[12), 13)]

식 (4.33)은 등온의 경우와 같은 형태이므로, 이를 각 개구에 이용하면 유효 개구 면적을 합성할 수 있으며, 순 개구 유량을 간편하게 계산할 수 있다. 식 (4.31)을 변형하면 예제에 나타내는 바와 같이 유량을 사용하여 각 개구부에서의 평균 압력차를 산출할 수 있다.

또한 예제에서 각 개구의 높이 치수를 2 m, 순 통과 유량을 1.36 kg/s로 하고, 부속실–외기문의 압력 차를 식 (4.17)~식 (4.22)에 의해 구하면 6.23 Pa로 예제의 10 Pa와 그다지 다르지 않다. 단, 각 개구부의 중심 높이가 크게 다를 경우(구성 공간 내에 수직관통구가 있을 경우 등)에는 오차가 커질 우려가 있으므로 높이를 보정할 필요가 있다.[14), 15)]

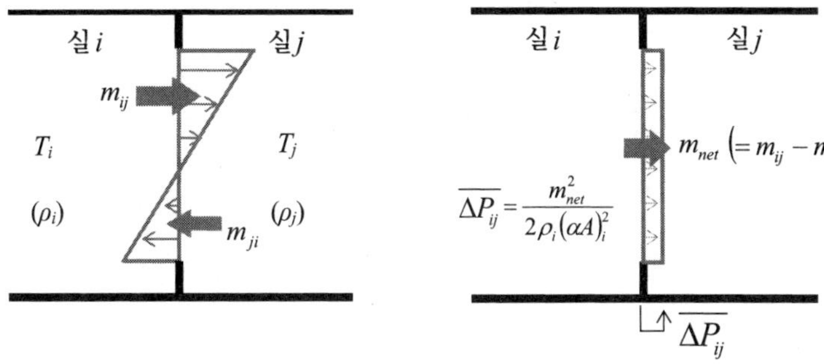


(a) 바닥 압력차의 경우 (b) 평균 압력차의 경우

그림 4.17 개구 전면에 걸친 평균 압력차

## 6. 참고문헌

11) 田中哮義: 改訂版建築火災安全工学入門, (財)日本建築センター, pp.24-25, 2002年 1月

12) 久次米真美子, 松下敬幸, 田中略義:附室加圧システムにおける給気量の手計算方法, 日本建築学会計画系論文集, 第531号, pp.1-8, 2000年 5月

13) 日本建築学会近畿支部加圧防煙システム研究会, 加圧煙制御システムにおける給気量の算定方法付録-1平均圧力差と近似平均圧力差について, 日本建築学会近畿支部, 1999年 9月

14) 田中哮義 : 改訂版建築火災安全工学入門, (財)日本建築センター, pp.267, 2002年 1月

15) 岸上昌史, 松下敬幸, 藤田浩司, 高田暁 : 加圧煙制御における常温換気計算法に基づく給気量算定法および空気逃し関口部の設置高さの影響, 日本建築学会環境系論文集, 第673号, pp.115-120, 2012年 3月

# 5장

# 열이동

# 5.1 복사 열전달

복사는 전자파에 의한 에너지의 이동이며, 열원과 수열체 사이에 열을 매개하는 물질이 없으므로 진공이라고 하더라도 열이 전달된다. 열원으로부터 사출되는 복사열은 절대 온도의 네제곱에 비례하므로 화재 시와 같은 높은 온도 환경에서는 다른 형태의 열이동보다 중요하다.

## 5.1.1 고체 표면으로부터의 복사열

### 1. 계산식 대상

고체 표면으로부터의 복사열 $E$[kW/m$^2$]를 구한다.

### 2. 계산식

- 고체 표면으로부터의 복사열: $E$[kW/m$^2$]

$$E = \varepsilon \sigma T^4 \tag{5.1}$$

### 3. 입력값

$T$ 절대 온도 [K]

$\varepsilon$ 복사율 [–] (표 5.1에 따름)

$\sigma$ Stefan-Boltzmann 정수( $=5.67 \times 10^{-11}$ kW/(m$^2 \cdot$K$^4$))

### 4. 예제

온도 $T_f$=727℃(1000K)일 때, 내화벽돌 표면으로부터의 복사열 $E$[kW/m$^2$]를 구하시오.

$$E = \varepsilon \sigma T^4 = 0.75 \times 5.67 \times 10^{-11} \times 1000^4 = 42.5\text{kW/m}^2$$

표 5.1 대표적인 재료들의 복사율[1),2)]

| 재 료 | 측정 온도 [℃] | 복사율 |
|---|---|---|
| 스테인리스강 | 100 | 0.074 |
| 연마된 철 | 425 ~ 1025 | 0.14 ~ 0.38 |
| 도자기 | 45 | 0.88 |
| 시멘트 | 44 | 0.93 |
| 석 고 | 10 ~ 90 | 0.91 |
| 벽 돌 | 20 | 0.93 |
| 내화벽돌 | 1000 | 0.75 |
| 베니어 판 | 42 | 0.84 |
| 목 재 | 20 | 0.9 |

### 5. 해설

고체 표면으로부터의 복사열(단위 면적당, 단위 시간당 복사되는 열량)은 Stefan-Boltzmann의 법칙으로 계산한다. 식 (5.1)의 관계는 처음에 Stefan에 의해 실험적으로 구해지고, 이어서 Boltzmann에 의해 이론적으로 정리된 것이다. 실제 고체 표면에서의 복사열은 흑체로부터의 복사열보다 작기 때문에, 흑체로부터의 복사열과의 비율인 복사율 $\varepsilon$를 곱한다.

### 6. 참고문헌

1) Welty, J. R., Wicks, C. E., Wilson, R. E. and Rorrer, G.: Fundamentals of Momentum, Heat and Mass Transfer, 5th edn., John Wiley & Sons, Inc., 2008
2) 山口典男 : 各種素材の遠赤外線放射率の特徴, 長崎県窯業技術センター研究報告, 2014年

## 5.1.2 기체 체적으로부터의 복사열

### 1. 계산식 대상

그림 5.1에 나타낸 것과 바와 실 상부에 축적된 연기층 등의 기체 체적으로부터의 복사열 $E$[kW/m$^2$]를, 복사하는 매질인 $CO_2$, $H_2O$ 등 분자구조가 비대칭적인 가스와 그을음 등

의 농도 및 평균 광로 길이에 따라 구한다.

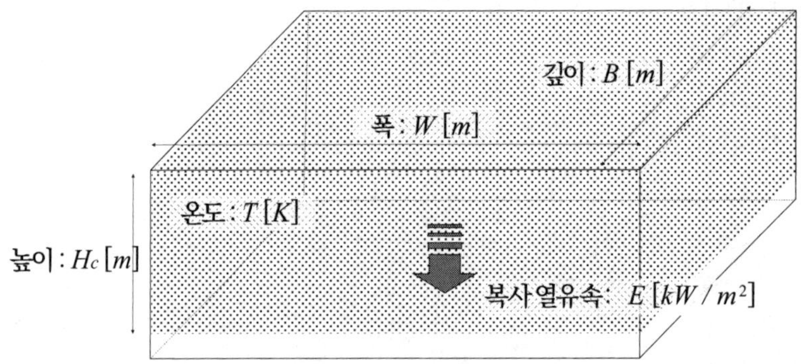


그림 5.1 실 상부에 축적된 기체 체적으로부터의 복사열

## 2. 계산식

- 기체 체적으로부터 복사되는 열유속: $E\,[\mathrm{kW/m^2}]$

$$E = \varepsilon \sigma T^4 \tag{5.2}$$

- 복사율: $\varepsilon\,[-]$

$$\varepsilon = 1 - e^{-\kappa L} \tag{5.3}$$

- 평균 광로 길이: $L$ (표 5.3을 사용)

$$L = 3.6\frac{V}{A} \tag{5.4}$$

## 3. 입력값

$A$ 기체 체적의 표면적 $[\mathrm{m^2}]$

$T$ 절대 온도 [K]

$V$ 기체 체적의 부피 $[\mathrm{m^3}]$

$K$ 복사 흡수계수(표 5.2) $[\mathrm{m^{-1}}]$

$\sigma$ Stefan-Boltzmann 상수 $(=5.67\times10^{-11}\ \mathrm{kW/(m^2\cdot K^4)})$

## 4. 예제

폭 $W$=15 m, 깊이 $B$=5 m, 높이 $H_c$=2.5 m인 실에 연기가 가득 차 있다. 온도가

$T_f$=727°C(1000K)이고, 복사 흡수계수가 목재를 연소시킨 화염과 같은 $k$=0.93 $m^{-1}$일 때 기체 체적으로부터의 복사열 $E$[kW/$m^2$]를 구하시오.

- 기체의 부피(=화재실 부피)

$$V = W \times B \times H_c = 15 \times 5 \times 2.5 = 187.5\,\mathrm{m}^3$$

- 기체의 표면적(=화재실 내표면적)

$$A = 2(W \times B + W \times H_c + B \times H_c) = 2(15 \times 5 + 15 \times 2.5 + 5 \times 2.5) = 250\,\mathrm{m}^2$$

- 기체 체적의 평균 광로 길이:

$$L = 3.6\frac{V}{A} = 3.6\frac{187.5}{250} = 2.7\,\mathrm{m}$$ (참고로 표 5.3을 사용하면 $L$=1$D$= 1×2.5=2.5 m)

- 기체 체적의 복사율:

$$\varepsilon = 1 - e^{-\kappa L} = 1 - e^{-0.93 \times 2.7} = 0.92$$

- 기체 체적의 복사열:

$$E = \varepsilon \sigma T^4 = 0.92 \times 5.67 \times 10^{-11} \times 1000^4 = 52.2\,\mathrm{kW/m^2}$$

## 5. 해설

대기의 주성분인 $O_2$, $N_2$는 분자구조가 대칭이기 때문에 화재 온도의 범위에서는 열에너지를 복사하지도, 흡수하지도 않는다. 그러나 연소로 발생하는 $CO_2$, $H_2O$, CO 등과 같이 분자구조가 비대칭적인 분자 또는 그을음과 같은 고체 입자는 모두 유력한 복사 흡수 물질이다. 이들을 포함한 화염의 복사 흡수계수는 표 5.2의 값이 실험적으로 제시되고 있다.

그림 5.2에 나타낸 바와 같이 임의의 형상인 기체 체적에서 미소 표면적으로의 복사열은 기체 체적의 두께 및 그 방향에 따라 각각 다르다. 따라서 미소 표면적을 중심으로 하는 반구면을 생각하여 전단의 임의형상 기체 체적에서 미소 면적 요소에 도달하는 복사열과 동일한 복사열을 주는 반경 $L$을 복사의 평균 광로 길이로 정의한다. 기존 연구에서 계산이 이루어지고 있는 전형적인 기체 체적의 형상에 대한 평균 광로 길이를 표 5.3에 나타내었다. 또 기타 형상에 대해서도 식 (5.4)로 근사할 수 있는 것으로 알려져 있다.[5)]

표 5.2 복사 흡수계수의 예[3),4)]

| 연소물 | 복사 흡수계수 [$m^{-1}$] | 그을음이 되는 탄소의 비율 [%] |
|---|---|---|
| 아크릴 수지 | 0.94 ~ 1.3 | 0.30 ~ 4.0 |
| 폴리프로필렌 | 1.3 ~ 1.8 | 5.4 ~ 5.5 |
| 폴리우레탄 | 1.3 | 5.7 |
| 폴리스타이렌 | 5.3 ~ 5.6 | 18 ~ 20.8 |
| 에탄올 | 0.33 | 1.9 |
| 아세톤 | 0.47 | 2.2 |
| 옥테인 | 1.3 | 6.3 |
| 목재 | 0.93 | 3.5 |

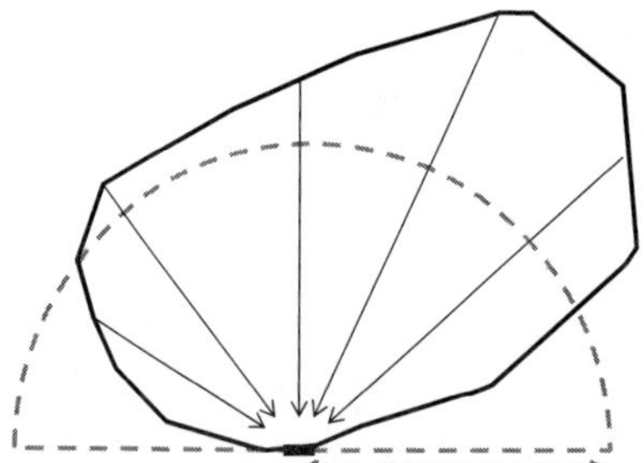


그림 5.2 임의 형상의 기체 체적과 동일한 복사열을 주는 반구의 상정

표 5.3 평균 광로 길이의 예[5),6)]

| 형 상 | | 수 열 면 | 평균 광로 길이 [m] |
|---|---|---|---|
| 원주 | 높이 = 직경($D$) | 바닥면의 중심 | 0.71$D$ ($D$: 직경) |
| | | 전체 면 | 0.60$D$ ($D$: 직경) |
| | 높이 = 반경 (0.5$D$) | 밑면 | 0.43$D$ ($D$: 직경) |
| | | 측면 | 0.46$D$ ($D$: 직경) |
| | | 전체 면 | 0.45$D$ ($D$: 직경) |
| 직방체 | 1: 1: 4 | 1 X 4 평면 | 0.82$D$ ($D$: 최소변) |
| | | 1 X 1 평면 | 0.71$D$ ($D$: 최소변) |
| | | 전체 면 | 0.81$D$ ($D$: 최소변) |
| | 1 ; 2: 6 | 2 X 6 평면 | 1$D$ ($D$: 최소변) |
| | | 1 X 6 평면 | 1.05$D$ ($D$: 최소변) |
| | | 1 X 2 평면 | 1$D$ ($D$: 최소변) |
| | | 전체 면 | 1.02$D$ ($D$: 최소변) |

## 6. 참고문헌


3) de Ris, J.N.: Fire radiation – a review, Proceedings of the Combustion Institute, 17, pp.1003-1016, 1979

4) Bard, Sand Pagni, P.J.: Spatial Variation of Soot Volume Fractions in Pool Fire Diffusion Flames, Fire Safety Science 1, pp.361-369, 1986

5) Siegel, R. and Howell, J. R.: Thermal Radiation Heat Transfer, McGraw-Hill, p.548, 1972

6) Hottel, H.C. and Sarofim, A.F.: Radiative Transfer, McGraw-Hill, p.277, 1967


# 5.1.3 형태계수

고체 표면 및 기체 체적이 사출하는 에너지는 5.1.1절 ~ 5.1.2절에서 주어지는데, 그 복사가 다른 고체 표면에 도달하는 비율은 복사면과 수열면 두 개의 면의 크기와 방향, 거리와 같은 기하학적 관계로 결정된다. 이것을 형태계수라고 부른다. 화재 안전 설계에서는 화염이나 화재실 등의 복사면에서 떨어진 거리에 있는 가연물에 대한 착화를 예측할 때, 수열면을 미소 면적 요소로 가정하여 형태계수를 산출한다.

## 5.1.3.1 입체각 투사 법칙에 의한 형태계수의 산출

### 1. 계산식 대상

복사면 $A_2\,[\mathrm{m}^2]$에서 미소 면적 요소 $dA_1\,[\mathrm{m}^2]$로의 형태계수 $F_{12}$에 대하여 일단 복사면 $A_2\,[\mathrm{m}^2]$을 미소 면적 요소 $dA_1\,[\mathrm{m}^2]$을 중심으로 하는 가상의 반구(반지름 $r$)의 표면상에 투영한 $A_s\,[\mathrm{m}^2]$를 상정한다. 또 같은 반구의 바닥에 투사 그림자 면적 $A_b\,[\mathrm{m}^2]$가 그 반구의 바닥면 전체에서 차지하는 비율을 이용하여 산출하는 입체각 투사 법칙을 이용하여 형태계수를 구한다.

### 2. 계산식

- 형태계수: $F_{12}\,[-]$

$$F_{12} = \frac{A_b}{\pi r^2} \tag{5.5}$$

## 2. 입력값

$A_b$ 복사면을 가상의 반구 표면에 투영한 면을 바닥 위로 투영한 면적[m$^2$]

$r$ 가상 반구의 반경(=1 m)

π 원주율(=3.14)

## 4. 계산 예

그림 5.3과 같이 미소 면적 요소의 바로 위 거리 $S$=3.5 m에 반경 $R$=0.8 m의 원형 복사면이 있다. 이때 입체각 투사 법칙을 이용하여 원형 복사면에서 미소 면적 요소로의 형태계수 $F_{12}$[–]을 구하시오.

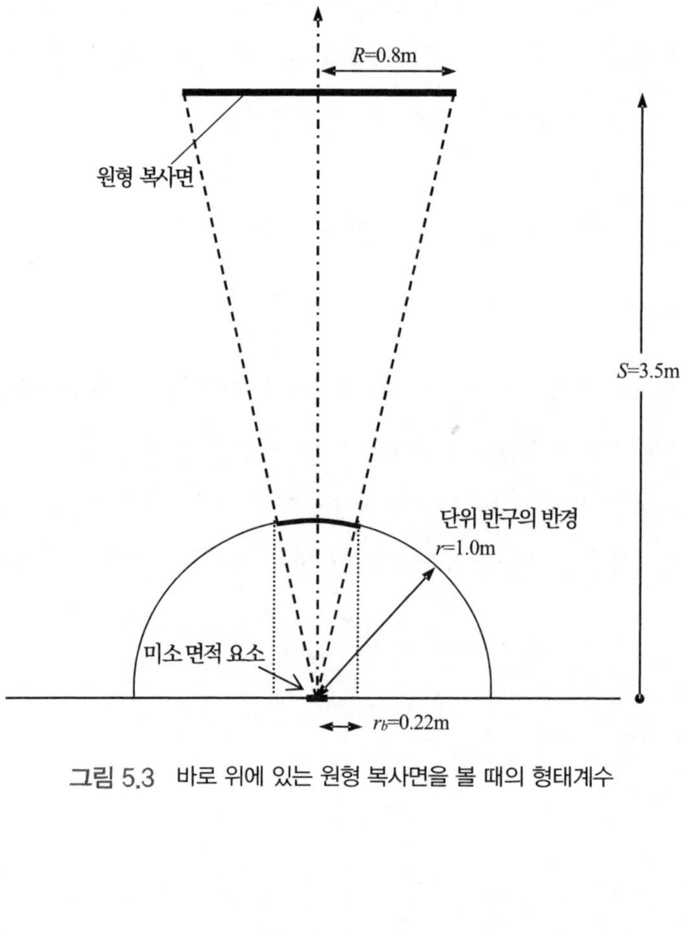


그림 5.3 바로 위에 있는 원형 복사면을 볼 때의 형태계수

- 단위 반구의 밑면 위에 투영된 복사면의 반경:

$$r_b = r\frac{R}{\sqrt{R^2+S^2}} = 1.0\times\frac{0.8}{\sqrt{0.8^2+3.5^2}} = 0.22\,\mathrm{m}$$

- 단위 반구의 밑면 위에 정사영된 복사면의 면적:

$$A_b = \pi {r_b}^2 = 3.14\times 0.22^2 = 0.16\,\mathrm{m}^2$$

- 형태계수:

$$F_{12} = \frac{A_b}{\pi r^2} = \frac{0.16}{3.14\times 1^2} = 0.0509$$

## 5. 해설

복사면에서 미소 면적 요소로의 형태계수는 그림 5.4와 같이 복사면을 반구면상에 투영하고 그 투영면을 바닥에 다시 정사영한 면적이 반구의 바닥 전체에서 차지하는 비율로 나타난다. 이 입체각 투사 법칙을 이용하여 각종 형상에 대해서 복사면 형태계수를 다음 식으로 구할 수 있다.[7)]

$$F_{12} = \int_{A_2} \frac{\cos\beta_1 \cos\beta_2}{\pi r^2} dA_2 \tag{5.6}$$

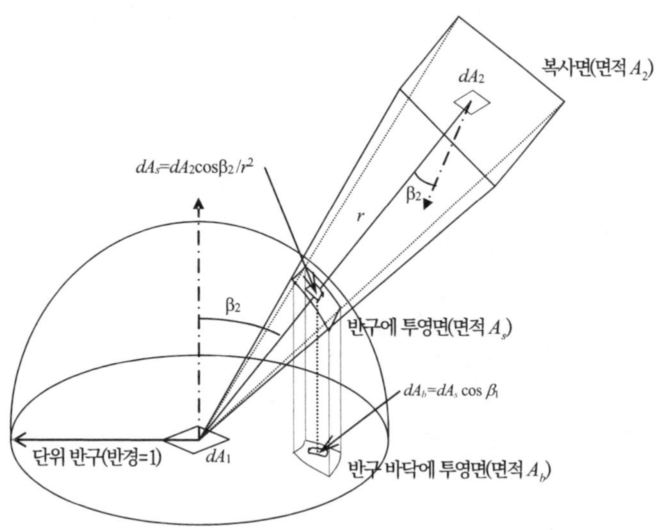


그림 5.4 입체각 투사법으로 구한 미소 면적 요소에 대한 형태계수

## 6. 참고문헌

7) 田中哮義 : 改訂版 建築火災安全工学入門, (財)日本建築センター, pp.79-80, 2002年 1月

## 5.1.3.2 직사각형 복사면에 평행 또는 수직인 미세 면적 요소에 대한 형태계수

### 1. 계산식 대상

그림 5.5에서 나타낸 바와 같이, 미소 면적 요소 $dA$에 평행하거나 수직인 복사면의 형태계수 $F_{dA-1}$을 구한다.

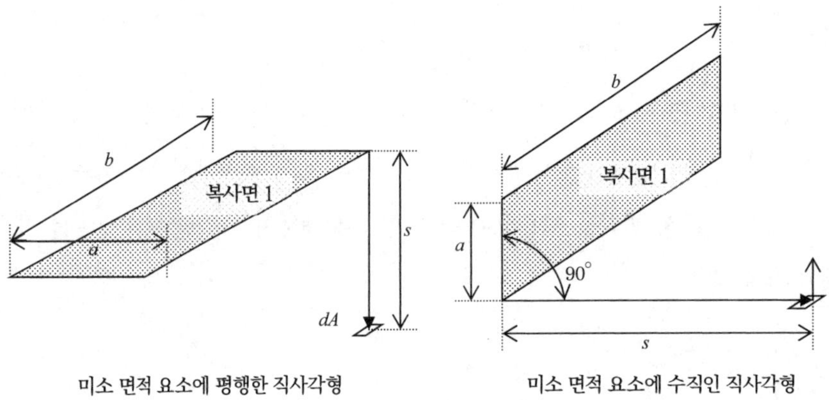


그림 5.5 미소 면적 요소에 평행하거나 수직인 직사각형 복사면의 형태계수

### 2. 계산식

- 복사면 1에서 미소 면적 요소 $dA$로의 형태계수: $F_{dA-1}$ [−]

1) **수열면과 평행한 직사각형의 경우:**

$$F_{dA-1} = \frac{1}{2\pi}\left( \frac{X}{\sqrt{1+X^2}} \tan^{-1} \frac{Y}{\sqrt{1+X^2}} + \frac{Y}{\sqrt{1+Y^2}} \tan^{-1} \frac{X}{\sqrt{1+Y^2}} \right) \tag{5.7}$$

2) **수열면에 수직인 직사각형의 경우:**

$$F_{dA-1} = \frac{1}{2\pi}\left( \tan^{-1} Y - \frac{1}{\sqrt{1+X^2}} \tan^{-1} \frac{Y}{\sqrt{1+X^2}} \right) \tag{5.8}$$

## 3. 입력값

| | |
|---|---|
| $a$ | 직사각형 복사면의 높이 [m] |
| $b$ | 직사각형 복사면의 폭 [m] |
| $s$ | 수열면과 복사면의 거리 [m] |
| $X$ | $a/s$ |
| $Y$ | $b/s$ |
| $\pi$ | 원주율(=3.14) [–] |

## 4. 예제

그림 5.6에 나타내는 바와 같이, 한 폭 $a$=4 m, 높이 b=1.5 m인 화재실 개구부에서 수평거리 $s$=5 m 떨어진 위치에 평행하게 대치되는 미소 면적 요소에서 본 경우에 대한 형태계수 $F_{dA\text{-}1}$를 구하시오.

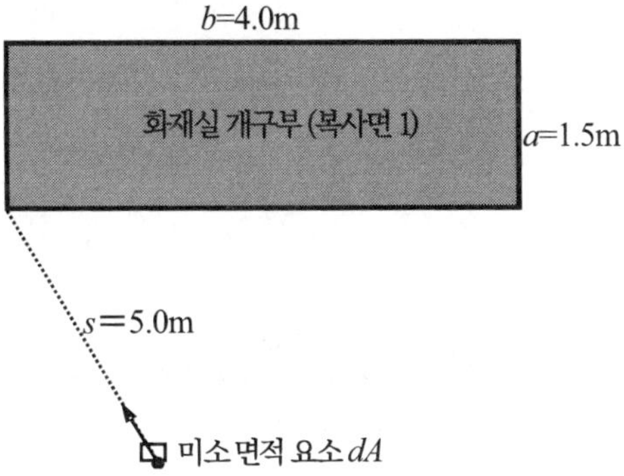


그림 5.6 복사면과 평행한 미소 면적 요소에 대한 형태계수

$$X = a/s = 1.5/5 = 0.3$$

$$Y = b/s = 4/5 = 0.8$$

$$F_{dA-1} = \frac{1}{2\pi}\left(\frac{X}{\sqrt{1+X^2}}\tan^{-1}\frac{Y}{\sqrt{1+X^2}} + \frac{Y}{\sqrt{1+Y^2}}\tan^{-1}\frac{X}{\sqrt{1+Y^2}}\right) \tag{5.8}$$

$$= \frac{1}{2\pi}\left(\frac{0.3}{\sqrt{1+0.3^2}}\tan^{-1}\frac{0.8}{\sqrt{1+0.3^2}} + \frac{0.8}{\sqrt{1+0.8^2}}\tan^{-1}\frac{0.3}{\sqrt{1+0.8^2}}\right)$$

$$= 0.0528$$

## 5. 해설

입체각 투사 법칙에 따른 형태계수의 계산은 일반적으로 상당히 번거롭기 때문에, 대표적인 기하학 형상에 대하여 이미 알고 있는 계산식을 안전 측으로 근사해서 이용하는 경우가 대부분이다. 특히 빈번히 사용되는 것은 복사면을 직사각형으로 근사하여 수열면을 미소 면적 요소로 하는 방법이다.[8)]

## 6. 참고문헌

8) 日本火災学会編 : 火災便覧(第3版), 1997年, 共立出版

# 5.1.3.3 마주보는 타원에 평행한 미소면에 대한 형태계수

## 1. 계산식 대상

그림 5.7에 나타난 것과 같이, 중심이 수선 위에 있고, 타원 복사면과 평행하게 마주보는 미소 수열면 $dA$[m$^2$]로의 형태계수 $F_{dA\text{-}1}$을 구한다.

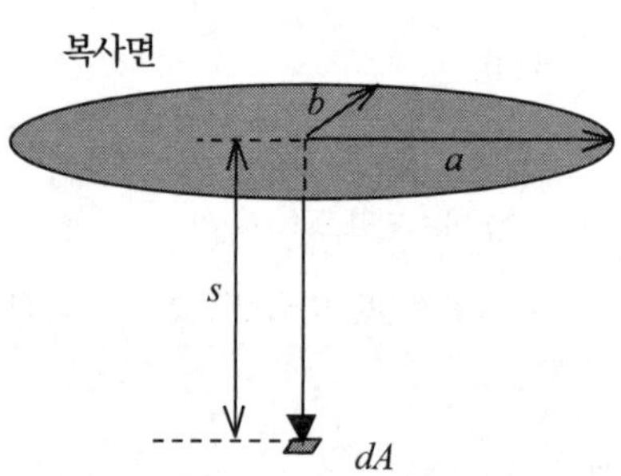


그림 5.7 마주보는 타원 복사면의 형태계수

## 2. 계산식

- 형태계수: $F_{dA\text{-}1}$ [−]

$$F_{dA-1} = \frac{XY}{\sqrt{\left(1+X^2\right)\left(1+Y^2\right)}} \tag{5.9}$$

## 3. 입력값

| | |
|---|---|
| $a$ | 타원의 긴 직경 [m] |
| $b$ | 타원의 짧은 직경 [m] |
| $S$ | 미소 면적 요소와 복사면의 거리 [m] |
| $X$ | $a/s$ |
| $Y$ | $b/s$ |

## 4. 예제

앞 항의 예제에서와 마찬가지로, 폭 $a$=4 m, 높이 $b$=1.5 m의 화재실 개구부가 미소 면적 요소와 수평거리 $s$=5 m 떨어진 위치에 평행하여 대치하고 있는 것으로 간주한다. 그림 5.8에 나타낸 바와 같이, 타원의 1/4로서 미소 면적 요소에서 보았을 때의 형태계수 $F_{dA\text{-}1}$ [–]을 구하시오.

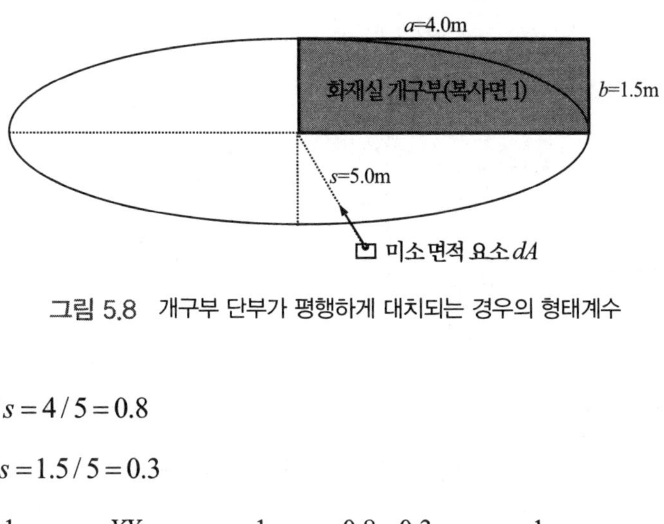


그림 5.8 개구부 단부가 평행하게 대치되는 경우의 형태계수

$$X = b/s = 4/5 = 0.8$$

$$Y = a/s = 1.5/5 = 0.3$$

$$F_{dA-1} = \frac{1}{4}\frac{XY}{\sqrt{(1+X^2)(1+Y^2)}} = \frac{1}{4}\frac{0.8\times0.3}{\sqrt{(1+0.8^2)(1+0.3^2)}} = \frac{1}{4}\times0.180 = 0.0450$$

## 5. 해설

타원에 근사하면 타원의 바깥쪽에 위치하는 가장자리 부분만 작은 값이 되지만, 계산이 간편하므로 실무적인 문제에서는 이것으로 충분한 경우가 많다.

## 6. 참고문헌


9) 田中哮義 : 改訂版 建築火災安全工学入門, (財)日本建築センター, pp.79, 2002年 1月


## 5.1.3.4 분할한 복사면에서의 형태계수

### 1. 계산식 대상

복사 수열면인 미소 면적 요소에서 복사면을 향한 수선의 교점이 복사면의 모서리가 아니라 내부 혹은 외부가 되는 경우, 복사면을 분할하여 각 면에 대한 형태계수를 합한다. 또는 수선의 교점보다 대상이 되는 복사면까지를 포함하는 면에 대한 형태계수를 산출하고 그중 존재하지 않는 복사면의 형태계수를 제외하고 본래의 복사면의 형태계수 $F$[−]를 구하는 방법이다. 그림 5.9는 형태계수의 합 또는 차를 이용하는 예이다.

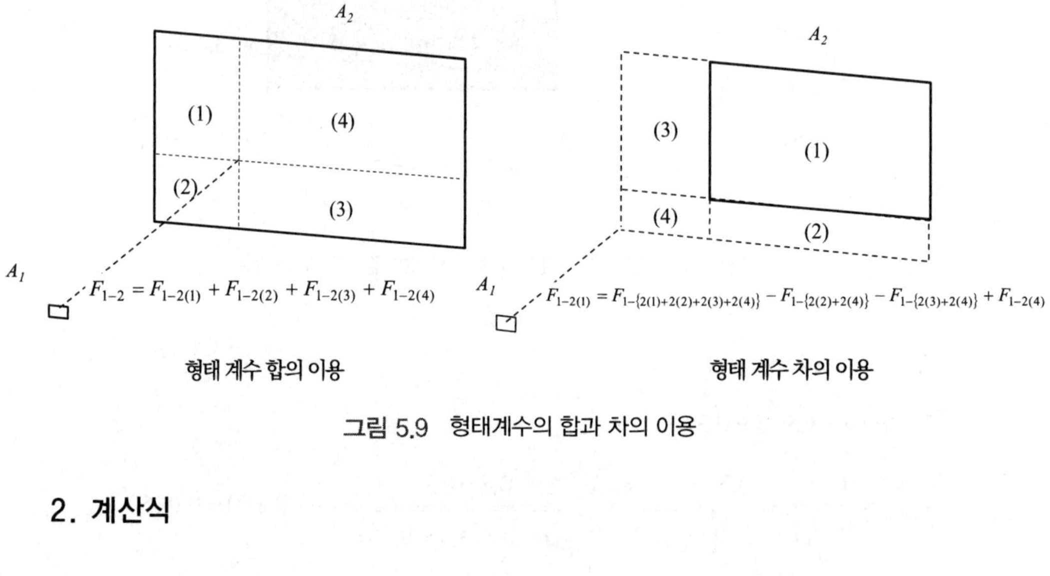


형태 계수 합의 이용　　　　　형태 계수 차의 이용

그림 5.9 형태계수의 합과 차의 이용

### 2. 계산식

**1) 미소 면적 요소에서 복사면을 향한 수직의 교점이 내부에 있는 경우**

- 합으로 얻을 수 있는, 분할 전 본래의 복사면에 대한 형태계수: $F_{1\text{-}2}$[−]

$$F_{1-2} = F_{1-2(1)} + F_{1-2(2)} + F_{1-2(3)} + F_{1-2(4)} \tag{5.10}$$

2) **미소 면적 요소에서 복사면을 향한 수직의 교점이 외부에 있는 경우**

- 차로 얻을 수 있는, 포함 전 원래의 복사면에 대한 형태계수: $F_{1\text{-}2(2)}$[–]

$$F_{1-2(1)} = F_{1-\{2(1)+2(2)+2(3)+2(4)\}} - F_{1-\{2(2)+2(4)\}} - F_{1-\{2(3)+2(4)\}} + F_{1-2(4)} \quad (5.11)$$

## 3. 입력값

| | |
|---|---|
| $F_{1\text{-}2(1)}$, $F_{1\text{-}2(2)}$, $F_{1\text{-}2(3)}$, $F_{1\text{-}2(4)}$ | 수직의 교점으로 분할된 각 면에 대한 형태계수 [–] |
| $F_{1-\{2(1)+2(2)+2(3)+2(4)\}}$ | 수직 교점에서 대상이 되는 복사면까지를 포함하는 면에 대한 형태계수 [–] |
| $F_{1\text{-}2(2)}$, $F_{1\text{-}2(3)}$, $F_{1\text{-}2(4)}$ | 위에서 포함한 면 중 실재하지 않는 면으로부터의 형태계수 [–] |

## 4. 예제

그림 5.10에 나타낸 것과 바와 같이 폭 $a$=4 m, 높이 $b$=1.5 m인 화재실 개구부로부터 수평거리 $s$=2 m 떨어진 곳에 평행으로 대치되는 미소 면적 요소가 있다. 여기로부터 본 형태계수 $F_{dA\text{-}A}$를 구하시오. 단, 미소 면적 요소로부터 수선이 개구부와 교차하는 교점이, 수평 방향은 개구부 중심($a$=2 m), 연직 방향은 개구부 하단으로부터 0.5 m($b_1$=1 m, $b_2$=0.5 m)에 있는 것으로 한다.

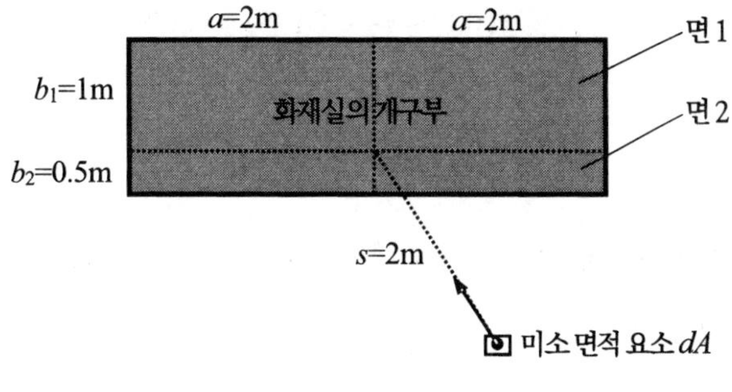


그림 5.10 개구부가 평행하게 대치되는 경우의 형태계수

• 면 1의 형태계수 :

$X_1 = b_1 / s = 1/2 = 0.5$

$Y_1 = a / s = 2/2 = 1.0$

$$F_{dA-1} = \frac{1}{2\pi}\left(\frac{X}{\sqrt{1+X^2}}\tan^{-1}\frac{Y}{\sqrt{1+X^2}} + \frac{Y}{\sqrt{1+Y^2}}\tan^{-1}\frac{X}{\sqrt{1+Y^2}}\right)$$

$$= \frac{1}{2\pi}\left(\frac{0.5}{\sqrt{1+0.5^2}}\tan^{-1}\frac{1.0}{\sqrt{1+0.5^2}} + \frac{1.0}{\sqrt{1+1.0^2}}\tan^{-1}\frac{0.5}{\sqrt{1+1.0^2}}\right) = 0.0902$$

• 면 2의 형태계수 :

$X_2 = b_2 / s = 0.5/2 = 0.25$

$Y_2 = a / s = 2/2 = 1.0$

$$F_{dA-2} = \frac{1}{2\pi}\left(\frac{X}{\sqrt{1+X^2}}\tan^{-1}\frac{Y}{\sqrt{1+X^2}} + \frac{Y}{\sqrt{1+Y^2}}\tan^{-1}\frac{X}{\sqrt{1+Y^2}}\right)$$

$$= \frac{1}{2\pi}\left(\frac{0.25}{\sqrt{1+0.25^2}}\tan^{-1}\frac{1.0}{\sqrt{1+0.25^2}} + \frac{1.0}{\sqrt{1+1.0^2}}\tan^{-1}\frac{0.25}{\sqrt{1+1.0^2}}\right) = 0.0494$$

• 화재실 개구부의 형태계수 :

좌우 대칭이므로 한쪽의 형태계수에 2를 곱한다.

$F_{dA-A} = 2(F_{dA-1} + F_{dA-2}) = 2 \times (0.0902 + 0.0494) = 0.279$

## 5. 해설

면 1의 면 2에 관한 형태계수를 $F_{1\text{-}2}$라고 하고, 면 2가 2(1)와 2(2), ···2($n$)로 나누어 질 때 다음 관계가 성립한다.

$$F_{1\text{-}2} = F_{1\text{-}2(1)} + F_{1\text{-}2(2)} + \dots F_{1\text{-}2(n)}$$

이 관계에 기존의 형태계수의 계산식을 대입함으로써 직접 계산이 어려운 형태계수를 얻을 수 있는 경우도 있다.[10)]

## 6. 참고문헌

10) 日本火災学会編 : 火災便覧(第3版), 1997年, 共立出版

# 5.1.4 복사 실드에 의한 복사열 차폐

온도가 다른 두 면이 복사 열전달을 할 때, 그 중간에 얇은 철판 등을 삽입하면 복사열이 표면에서 흡수된 후에 재복사를 한다. 그러므로 철판이 없는 경우에 비하여 2면 간의 복사 열전달을 줄일 수 있다. 이러한 기능을 하는 얇은 면을 일반적으로 복사 실드라고 한다. 셔터 등을 통한 복사 열전달이 여기에 해당된다.

## 1. 계산식 대상

그림 5.11에 나타낸 것과 같이, 복사 실드를 통한 비가열면에 대한 순 복사 열전달 유속과 비가열면의 온도를 계산한다. 표면의 복사율은 1로 한다.

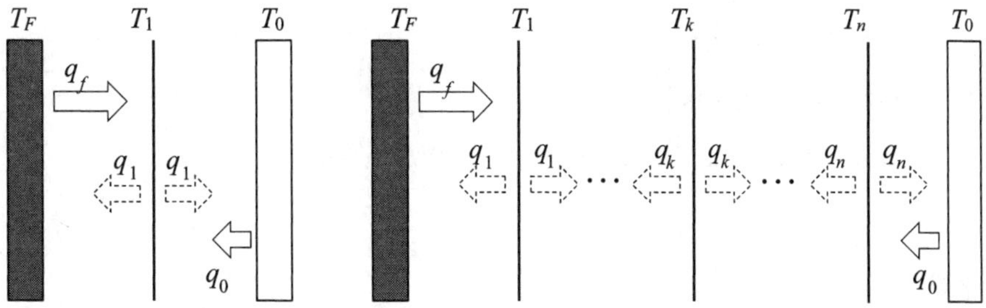


그림 5.11 복사 실드(왼쪽: 복사 실드가 1매일 때 오른쪽: *n*장일 때)

## 2. 계산식[11)]

1) **복사 실드가 1매인 경우**

- 복사 실드의 온도: $T_1$[K]

$$T_1 = \left( \frac{T_f^{\ 4} + T_0^{\ 4}}{2} \right)^{1/4} \approx 0.84\left(T_f^{\ 4} + T_0^{\ 4}\right)^{1/4} \tag{5.12}$$

• 비가열면으로 순 복사 열유속: $q_{net}$[kW/m²]

$$q_{net} = q_1 - q_0 = \frac{q_f - q_0}{2} \tag{5.13}$$

2) **복사 실드가 $n$매인 경우**

• $k$번째 실드의 온도: $T_k$[K]

$$T_k = \left( \frac{\{(n+1)-k\}T_f^{\,4} + kT_0^{\,4}}{n+1} \right)^{1/4} \tag{5.14}$$

• 비가열면으로의 순 복사 열유속: $q_{net}$[kW/m²]

$$q_{net} = \frac{q_f - q_0}{n+1} \tag{5.15}$$

## 3. 입력값

| | |
|---|---|
| $q_f$ | 가열면에서의 복사 열유속 [kW/m²] |
| $q_0$ | 비가열면에서의 복사 열유속 [kW/m²] |
| $n$ | 복사 실드의 매수 |
| $T_f$ | 가열면의 온도 [K] |
| $T_0$ | 비가열면의 온도 [K] |
| $\sigma$ | Stefan-Boltzmann 상수( $=5.67\times10^{-11}$ kW/(m²·K⁴)) |

## 4. 예제

그림 5.12와 같이 온도 $T_f$=1000K인 화재실과 $T_0$=300K(=27℃)의 비화재실이 셔터로 구분되어 있다. 이 셔터를 통한 순 복사 열유속 $q_{net}$[kW/m²] 및 셔터의 온도 $T_1$[K]를 구하시오. 단, 화재실 및 비화재실로부터 셔터가 받는 열은 복사 열전달뿐이며, 화재실 및 비화재실 내의 기체 체적은 흑체라고 가정한다.

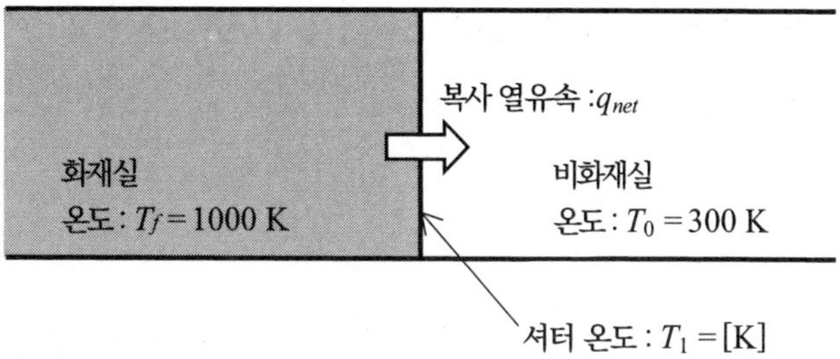


그림 5.12 복사 실드로서의 셔터

- 복사 열유속:

$$q_{net} = q_1 - q_0 = \frac{q_F - q_0}{2} = \frac{5.67\times10^{-11}\times(1000^4 - 300^4)}{2} = 28.1\text{kW/m}^2$$

- 셔터 온도:

$$T_1 = (\frac{T_f^4 + T_0^4}{2})^{1/4} = (\frac{1000^4 + 300^4}{2})^{1/4} = 842\,\text{K}(=569^\circ\text{C})$$

### 5. 해설

각 실드에 입사한 복사열류는 표면에서 모두 흡수되고, 그 후에 양면에서 균등하게 사출된다고 가정하면, 각 실드의 열수지에서 식 (5.14)~식 (5.15)이 유도된다. 이때, 대류 열전달은 무시한다. 식 (5.15)보다 복사 실드가 하나씩 늘어날 때마다 비가열면으로의 순 복사 열유속은 화재실로부터의 직접 복사보다 1/2, 1/3로 감소한다.

### 6. 참고문헌


11) 田中哮義 : 改訂版 建築火災安全工学入門, (財)日本建築センター, pp.93-95, 2002年 1月


## 5.1.5 복사를 받는 박판의 온도

화염이나 화재구획의 개구부 등에서 복사를 받는 박판(얇은 판자)을 고려한다. 여기서 박판이란 표면에 가해진 열이 내부로 전도되는 시간을 무시할 수 있고 신속하게 일정한 온도가 되는 판을 의미한다.

## 1. 계산식 대상

그림 5.13과 같이 수열면으로 박판을 상정하고, 복사면에서의 복사열에 의한 온도 상승을 박판 이면의 단열 여부에 따라 산정한다. 이때 그림 5.13과 같이, 박판 표면에서 본 복사면의 형태계수를 $F$, 복사면에서 사출되는 복사 열유속을 $E_f(=\varepsilon_f\sigma T_f^4)$[kW/m²], 그 외의 부분은 $T_0$[K]의 흑체로 간주하여 판으로의 유입 열유속 $q_{in}$[kW/m²]을 구한다. 박판의 온도 $T$[K]는 뒷면의 단열 여부에 따라 계산된다. 단, 박판에서 주변 공기로의 대류에 의한 열손실은 무시한다.

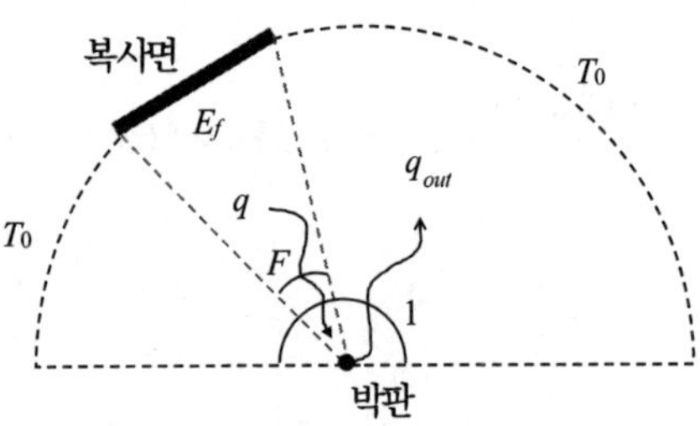


그림 5.13 복사를 받는 박판의 온도

## 2. 계산식

- 박판의 온도: $T$[K]

**1) 뒷면이 단열되어 있는 경우**

$$T=\left\{\frac{1}{\sigma}E_fF+T_0^4(1-F)\right\}^{1/4}=\left\{\varepsilon_fT_f^4F+T_0^4(1-F)\right\}^{1/4} \tag{5.16}$$

**2) 뒷면이 단열되지 않은 경우**

$$T=\left\{\frac{\varepsilon_fT_f^4F+T_0^4(1-F)}{2}\right\}^{1/4} \tag{5.17}$$

## 3. 입력값

$E_f$ 　복사면에서의 복사열 [kW/m²]

$F$ 　가열면에서 박판으로의 형태계수 [–]

$T_f$ 　가열면의 표면 온도 [K]

$T_0$ 　가열면 이외의 물체의 표면 온도(≒ 주변 공기 온도)[K]

$\varepsilon_f$ 　가열면의 복사율 [–]

$\sigma$ 　Stefan-Boltzmann 상수 [kW/(m²·K⁴)]

## 4. 예제[12)]

그림 5.14에 나타낸 바와 같이 폭 $a$=4 m, 높이 $b$=1.5 m, $T_f$=1000K(=727℃)의 화재실 개구부에서, 수평거리 $s$=5 m 떨어진 위치에 평행하게 대치되는 박판으로 열이 유입되고 있다. 이때의 유입 열유속 $q_{in}$[kW/m²] 및 박판의 온도 $T$[K]를 구하시오. 복사면의 복사율 $\varepsilon_f$=1.0[–], 외기 온도 $T_0$=27℃(=300K)이며 박판의 뒷면은 단열되어 있다. 단, 화재실 개구부의 형태계수는 5.1.3.2의 예제와 같이 $F$=0.0528로 계산한다.

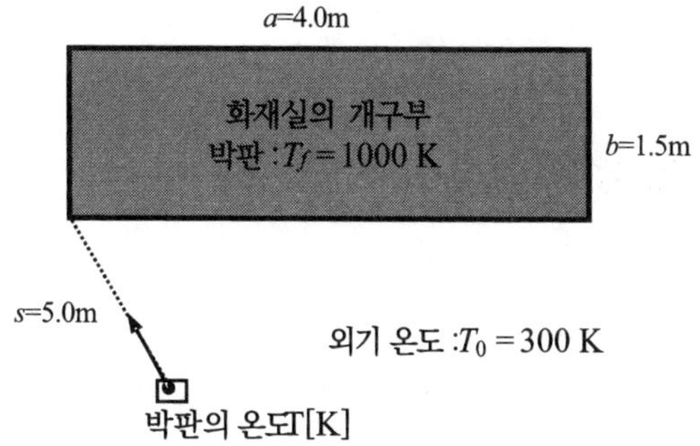


그림 5.14 　뒷면이 단열된 박판이 개구부에서 복사를 받을 때의 온도

- 화재실의 개구부에서의 복사열:

$$E_f = \varepsilon_f \sigma T_f^{\ 4} = 1.0 \times 5.67 \times 10^{-11} \times 1000^4 = 56.70\,\text{kW/m}^2$$

- 박판에 유입되는 복사 열유속:

$$q_{in} = E_f F + \sigma T_0^{\ 4}(1-F)$$
$$= 56.7 \times 0.0528 + 5.67 \times 10^{-11} \times 300^4 \times (1-0.0528) = 3.49\,\text{kW/m}^2$$

• 뒷면이 단열되어 있는 박판의 온도:

$$T = \left\{\varepsilon_f T_f^4 F + T_0^4 (1-F)\right\}^{1/4}$$
$$= \left\{1.0 \times 1000^4 \times 0.0528 + 300^4 \times (1-0.0528)\right\}^{1/4} = 496\mathrm{K}(223^\circ\mathrm{C})$$

## 5. 해설

박판의 온도를 구하는 식 (5.16), 식 (5.17)은 박판으로의 유입 열유속과 박판으로부터의 유출 열유속의 열평형식에 의해 도출된다. 모든 유입 열유속은 $q_{in} = E_f F + \sigma T_\infty^4 (1-F)$로 나타나지만 박판 뒷면이 단열되어 있는 경우에는 표면으로부터의 유출로 생각하여 $q_{out} = \varepsilon\sigma T^4$, 단열되어 있지 않은 경우는 뒷면에서도 같은 열류가 유출된다고 생각하여 $q_{out} = 2\varepsilon\sigma T^4$로 변한다. 따라서 구하고자 하는 박판의 온도 역시 달라진다.

## 6. 참고문헌

12) 田中哮義: 改訂版 建築火災安全工学入門, (財)日本建築センター, pp.292, 2002年 1月

# 5.1.6 화염에서의 복사 열유속

## 1. 계산식 대상

연소물 주변에 있는 가연물에 대한 연소 여부를 판별하기 위해서는 화염에서 수열면으로의 복사 열유속 및 연기층이나 천장류에서 수열면으로의 복사 열유속을 구할 필요가 있다. 본 절에서는 그중 그림 5.15에 나타난 바와 같이 연소물 상층에 생긴 화염으로부터 주변 가연물로의 복사 열유속을 구한다.

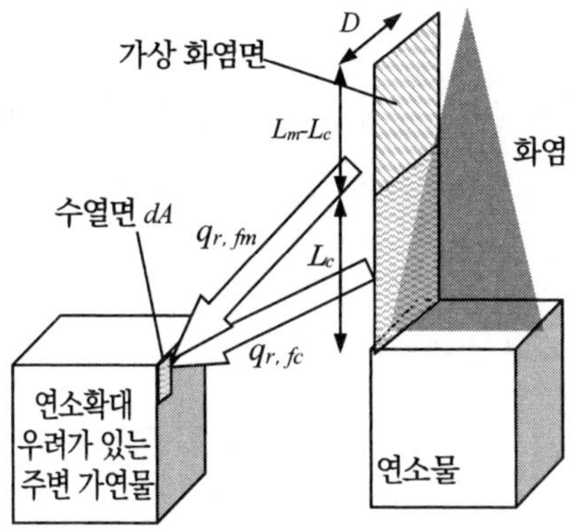


그림 5.15 연소물의 화염으로부터 주변 가연물로의 복사 열유속

## 2. 계산식[13)]

- 연속 화염 구역에서 수열면으로의 복사 열유속: $q_{r,fc}$ [kW/m$^2$]

$$q_{r,fc} = F_{fc-dA}\,\varepsilon_f\,\sigma T_{fc}^4 \tag{5.18}$$

- 평균 화염높이까지의 간헐 화염 구역에서 수열면으로의 복사 열유속: $q_{r,m}$ [kW/m$^2$]]

$$q_{r,fm} = F_{fm-dA}\,\varepsilon_f\,\sigma T_{fm}^4 \tag{5.19}$$

## 3. 입력값

| | |
|---|---|
| $F_{fc\text{-}dA}$ | 연속 화염높이까지의 화염 전면의 가상 화염면을 수열면에서 보았을 때의 형태계수(5.1.2.2 참고) |
| $F_{fi\text{-}dA}$ | 연속 화염높이에서 평균 화염높이까지의 화염 전면의 가상 화염면을 수열면에서 보았다고 했을 때 형태계수(5.1.2.2 참고) |
| $L_c$ | 연속 화염높이 [m] (식 (2.3)으로 계산) |
| $L_m$ | 평균 화염높이 [m](식 (2.1)로 계산) |
| $T_{fc}$ | 연속 화염역 평균 온도(1093K(820℃)) |
| $T_{fm}$ | 평균 화염높이까지의 간헐 화염역 평균온도(976K(703℃)) |
| $\varepsilon_f$ | 화염의 복사율(1.0으로 가정) |
| $\sigma$ | Stefan-Boltzmann 계수($=5.67\times10^{-11}$ kW/(m$^2\cdot$K$^4$)) |

## 4. 예제

그림 5.16에서 나타낸 바와 같이, 정상적인 화원(발열속도=1000kW)이 실의 바닥에서 0.5 m 높은 곳에 설치되어 있다. 화염의 폭(가상 화염면의 폭) $D$=1 m로 하고, 마찬가지로 바닥으로부터 0.5 m 높은 곳에 연소 판정을 위한 수열면을 연직으로 배치한다(주변 가연물). 화원에서 수열면까지의 수평거리 $r$=2 m일 때, 수열면이 화염으로부터 받는 복사열유속을 구하시오.

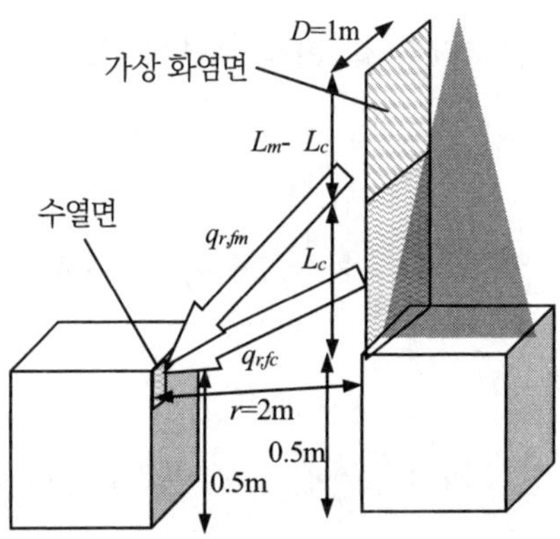


그림 5.16 화염에서의 복사의 계산 예

- 무차원 발열속도

$$Q_D^* = \frac{Q}{1116D^{5/2}} = \frac{1000}{1116 \times 1.0^{5/2}} = 0.896$$

- 연속 화염높이

$$L_C = 1.8 Q_D^{*2/5} D = 1.8 \times 0.896^{2/5} \times 1 = 1.72\text{m}$$

- 평균 화염높이

$$L_m = 3.3 Q_D^{*2/3} D = 3.3 \times 0.896^{2/3} \times 1 = 3.07\text{m}$$

- 연속 화염높이까지의 가상 화염면을 수열면에서 본 형태계수

$X = D/r = 1/2 = 0.5$, $Y = L_c/r = 1.72 / 2 = 0.86$ 이므로

$$F_{fc-dA} = \frac{1}{2\pi}\left(\frac{X}{\sqrt{1+X^2}}\tan^{-1}\frac{Y}{\sqrt{1+X^2}} + \frac{Y}{\sqrt{1+Y^2}}\tan^{-1}\frac{X}{\sqrt{1+Y^2}}\right)$$
$$= \frac{1}{2\pi}\left(\frac{0.5}{\sqrt{1+0.5^2}}\tan^{-1}\frac{0.86}{\sqrt{1+0.5^2}} + \frac{0.86}{\sqrt{1+0.86^2}}\tan^{-1}\frac{0.5}{\sqrt{1+0.86^2}}\right)$$
$$= 0.084$$

- 평균 화염높이까지의 가상 화염면 전체를 수열면에서 본 형태계수

$X = D/r = 1/2 = 0.5$, $Y = L_m/r = 3.07/2 = 1.54$ 이므로

$$F_{(fc+fm)-dA} = \frac{1}{2\pi}\left(\frac{X}{\sqrt{1+X^2}}\tan^{-1}\frac{Y}{\sqrt{1+X^2}} + \frac{Y}{\sqrt{1+Y^2}}\tan^{-1}\frac{X}{\sqrt{1+Y^2}}\right)$$
$$= \frac{1}{2\pi}\left(\frac{0.5}{\sqrt{1+0.5^2}}\tan^{-1}\frac{1.54}{\sqrt{1+0.5^2}} + \frac{1.54}{\sqrt{1+1.54^2}}\tan^{-1}\frac{0.5}{\sqrt{1+1.54^2}}\right)$$
$$= 0.103$$

- 연속 화염높이에서 평균 화염높이까지의 가상 화염면을 수열면에서 보았을 때의 형태계수

$$F_{fm-dA} = F_{(fc+fm)-dA} - F_{fc-dA} = 0.103 - 0.084 = 0.019$$

- 수열면이 받는 복사 열유속의 합계

$$q_{r,d} = F_{fc-dA}\varepsilon_f \sigma T_{fc}^4 + F_{fm-dA}\varepsilon_f \sigma T_{fm}^4$$
$$= 0.084 \times 1 \times (5.67 \times 10^{-11}) \times (820+273)^4 + 0.019 \times 1 \times (5.67 \times 10^{-11}) \times (703+273)^4$$
$$= 6.8 + 0.98 = 7.78\,\text{kW/m}^2$$

## 5. 해설

화염으로부터의 복사열을 계산할 때는 연속 화염 영역과 간헐 화염 영역에서의 화염 온도의 차이를 고려하여 복사면을 설정한다. 연속 화염 영역은 온도가 일정하므로 1093K의 복사면으로 가정한다. 간헐 화염 영역에서는 높이에 따라 온도가 감쇠한다. 그중 연속 화염높이(=간헐 화염 영역의 하단)에서 평균 화염높이까지의 간헐 화염 영역을 또 하나의 복사면으로 하였다. 그 복사면의 온도는 연속 화염높이에서의 온도와 평균 화염높이에서

의 온도를 4승 평균하여 976K로 하였으나, 평균 화염보다 윗부분에서 나오는 복사열은 약하기 때문에 일반적인 계산으로는 무시할 수 있다.

또한, 본 절에서는 가상 화염면을 직사각형으로 설정하였다. 이것을 원통의 측면으로 하는 경우도 있으나, 직사각형이 계산이 쉬우며 복사량이 커짐에 따라 안전측으로 상정할 것이다.

## 6. 참고문헌

13) 日本建築学会編 : 建築物の火災荷重および設計火災性状指針(案), 2013年

# 5.2 벽체로의 대류 열전달

화재실 등에서는 고온의 기류로부터 벽체(벽, 천장, 바닥, 창호 등)와의 사이에는 복사 열전달과 함께 대류 열전달도 발생하기 때문에 일반적으로 연기의 온도를 산출하려면 연기에서 벽체으로의 대류 열전달도 고려할 필요가 있다. 대류 열전달이란 유체와 고체 간의 열이동을 말하며, 전열량은 유체와 고체의 온도차와 대류 열전달율의 곱으로 표현할 수 있다. 대류 열전달율은 연기의 유속이나 온도 흐름의 성상 등에 의존하므로 실험적으로 얻은 값을 이용하는 경우가 많다. 5.2.1 및 5.2.3에서는 연기 온도를 이미 알고 있는 경우, 5.2.2에서는 풍속을 이미 알고 있는 경우를 나타낸다. 벽체 표면 온도가 미지의 경우에는 복사와 벽 내부로의 전도열류와 연립하여 계산할 필요가 있다.

## 5.2.1 벽체 표면 온도가 알려진 경우의 대류 열전달

### 1. 계산식 대상

대류 열전달에 의한 연기 등의 고온 기체에서 벽체로의 단위 면적당 열전달량(=열유속) $q_c$[kW/m$^2$]을 구한다. 대류 열전달률 $h_c$[kW/(m$^2$·K)]이 연기 온도나 흐름의 특성에 의존하기는 하지만, 벽체 표면 온도를 알 수 있다면 실험 등을 통해 얻어진 경험식으로 구할 수 있다.

### 2. 계산식

- 대류 열유속: $q_c$[kW/m$^2$]

$$q_c = h_c\left(T_s - T_w\right) \tag{5.20}$$

• 대류 열전달률: $h_c$ [kW/ (m$^2$·K)]

$$h_c = \begin{cases} 5\times10^{-3} & (T_h \le 300) \\ (0.02T_h - 1)\times10^{-3} & (300 < T_h \le 800) \\ 15\times10^{-3} & (800 < T_h) \end{cases} \tag{5.21}$$

$$T_h = \frac{T_s + T_w}{2} \tag{5.22}$$

## 3. 입력값

$T_h$ 연기와 벽체 표면의 평균 온도 [K]

$T_s$ 연기 온도 [K]

$T_w$ 벽체 표면 온도 [K]

## 4. 예제

화재실의 연기 온도 $T_s$=200℃(473K), 벽체 표면 온도 $T_w$=100℃(373K)일 때, 대류 열전달에 의한 열유속을 구하시오.

$$T_h = \frac{T_s + T_w}{2} = (473+373)/2 = 423\text{K}$$

$$h_c = (0.02T_h - 1)\times10^{-3} = (0.02\times423 - 1)\times10^{-3} = 7.46\times10^{-3}\ \text{kW/(m}^2\cdot\text{K)}$$

$$q_c = h_c(T_s - T_w) = 7.46\times10^{-3}\ \{(200+273)-(100+273)\} = 0.746\ \text{kW/m}^2$$

## 5. 해설

기계공학 등의 열전달 서적에서는 자연대류와 강제대류를 구별하며, 층류와 난류도 구별하여 설명되는 경우가 많다. 체계적인 대류 열전달의 설명은 열전달 전문서적[14)]에서 자세히 설명한다. 한편, 화재실의 연기는 주로 큰 온도차(밀도차)에 의한 자연대류이지만, 화재 후 플륨이 천장에 충돌하여 방향을 바꾼 직후에는 강제대류에 가까운 흐름이 나타난다. 또한, 통상의 화재로 생기는 화염은 난류 확산 화염으로, 화재 플륨 자체가 큰 난류 성상이므로 플륨 하부의 기류도 역시 난류가 되는 경우가 많다. 결국 화재실은 온도나 기류 속도가 동일하지 않아 특정한 대류로 결정하기는 어렵다. 따라서 실무적인 방법으로 다

나카(田中) 등에 의한 2층 존 연기 유동 모델[15)]에서 이용되고 있는 대류 열전달식을 사용하였다. 이 방정식은 실 주변 벽으로의 평균 열전달량을 추정하기 위한 것이다. 화재 플륨 주변의 벽체에 대한 대류 열전달은 3장의 방법을 참조한다.

### 6. 참고 문헌


14) 日本機械学会編, 伝熱工学科資料, 改訂第5版, 2009年

15) 田中哮義, 中村和人 : <二層ゾーンの概念に基づく>建物内煙流動予測計算モデル, 建築研究 報告 No.1 23, 建設省建築研究所, 1989年


## 5.2.2 풍속이 알려진 경우의 대류 열전달

### 1. 계산식 대상

기체 온도가 비교적 높지 않고 풍속이 주어진 경우에는 강제 대류 열전달률을 이용한다. 이것은 예를 들면 덕트를 흐르는 연기로부터 덕트 주변 벽체로의 열전달량을 산출하는 데 사용할 수 있다.

### 2. 계산식

- 연기로부터 벽체 표면으로의 대류 열유속: $q_c$ [kW/m$^2$]

$$q_c = h_c \left( T_s - T_w \right) \tag{5.23}$$

- 대류 열전달률: $h_c$ [kW/m$^2$]

$$h_c = \begin{cases} (5.8 + 3.9v) \times 10^{-3} & (v \le 5) \\ 7.1 v^{0.78} \times 10^{-3} & (v > 5) \end{cases} \tag{5.24}$$

### 3. 입력값

$T_s$ 연기 평균 온도 [K] 또는 [°C]

$T_w$ 벽체 표면 온도 [K] 또는 [°C]

$v$ 벽체 표면 주변의 풍속 [m/s]

### 4. 예제

배연 샤프트를 흐르는 연기의 풍속 $v$=10 m/s, 평균 온도 $T_s$=50℃이고, 샤프트의 벽체 면적 $A$=100m$^2$, 샤프트 벽체의 표면 온도 $T_w$=30℃(평균)이다. 연기에서 샤프트 벽체로의 열전달량 $Q$[kW]를 구하시오.

$$Q = A\, q''_c = A\, h_c\,(T_s - T_w) = 100 \times (7.1 \times 10^{0.78} \times 10^{-3}) \times (50 - 30) = 85.6 \quad [\mathrm{kW}]$$

### 5. 해설

식 (5.24)는 Jürges 식이라고 불리며, 강제대류일 때의 대류 열전달률로서 건축 환경 공학 등에서 폭넓게 활용되고 있다.[16)]

### 6. 참고문헌

16) Jürges W.: Der Wanneubertragung aneiner ebenen Wand, Beiheft zum Gesundheits-Ingenieur 1924; 19: 1

## 5.2.3 복사와 대류를 합한 열전달

### 1. 계산식 대상

화재가 진전되면 연기는 고온이 되며, 벽체로의 열전달은 대류 열전달과 함께 복사 열전달의 영향도 커진다. 복사 열전달을 포함한 벽체로의 열유속은 다음과 같은 대류 열전달률 $h_T$[kW/m$^2$·K]를 이용하여 계산한다.

### 2. 계산식

- 연기에서 벽체 표면으로의 열유속: $q$[kW/m$^2$]

$$q = h_T\left(T_s - T_w\right) \tag{5.25}$$

• 종합 열전달률: $h_T$[kW/m$^2$·K]

$$h_T = \frac{1}{1/\varepsilon_s + 1/\varepsilon_w - 1}\sigma\left(T_s^2 + T_w^2\right)\left(T_s + T_w\right) + h_c \tag{5.26}$$

## 3. 입력값

| | |
|---|---|
| $h_c$ | 대류 열전달률 [kW/m$^2$] (식 (5.21) 혹은 식 (5.24)) |
| $T_s$ | 연기 온도 [K] 또는 [℃] |
| $T_w$ | 벽체 표면 온도 [K] 또는 [℃] |
| $\varepsilon_s$ | 연기의 복사율 [−] (일반적으로는 1로 설정) |
| $\varepsilon_w$ | 벽체 표면의 복사율 [−] |
| $\sigma$ | Stefan-Boltzmann 계수 ($=5.67\times10^{-11}$ kW/(m$^2$·K$^4$)) |

## 4. 예제

화재실의 기체 온도 $T_s$=200℃, 벽의 표면 온도 $T_w$=100℃로부터 종합 열전달률 $h_T$를 구하시오. 연기 및 벽체 표면은 흑체로서 복사율은 1로 설정한다. 대류 열전달률 $h_c$는 5.2.1의 예제에서 $7.46\times10^{-3}$ kW/(m$^2$·K)로 한다.

$$\begin{aligned} h_T &= \frac{1}{1/\varepsilon_s + 1/\varepsilon_w - 1}\sigma\left(T_s^2 + T_w^2\right)\left(T_s + T_w\right) + h_c \\ &= \frac{1}{1/1+1/1-1}\times(5.67\times10^{-11})\times\{(200+273)^2+(100+273)^2\}\times\{(200+273)+(100+273)\} \\ &\quad +(7.46\times10^{-3}) \\ &= 24.9\times10^{-3}\ \text{kW/(m}^2\cdot\text{K)} \end{aligned}$$

이때 연기에서 벽체 표면으로의 열유속은 다음과 같다.

$$q = h_T\left(T_s - T_w\right) = 24.9\times10^{-3}\left(200-100\right) = 2.49\,\text{kW/m}^2$$

## 5. 해설

식 (5.25) 및 식 (5.26)은 복사 열유속과 대류 열유속을 합산한 열유속이다. 다음 식의 우변 제1항을 인수분해하면 이 식들이 유도된다.

$$q_r + q_c = \varepsilon_{eff}\sigma\left(T_s^4 - T_w^4\right) + h_c\left(T_s - T_w\right) \tag{5.27}$$

여기서 $q_r$은 복사 열유속 [kW/m$^2$], $q_c$는 대류 열유속 [W/m$^2$]이다. 또한, 연기층과 고체 표면의 상호 복사를 고려한 종합 복사율은 다음과 같다.

$$\varepsilon_{eff} = \frac{1}{1/\varepsilon_s + 1/\varepsilon_w - 1} \tag{5.28}$$

## 5.2.4 실효 열전달률에 따른 열전달

### 1. 계산식 대상

최성기 화재의 경우, 연기와 벽체 표면 간의 종합 열전달률이 커지므로, 연기 온도와 벽체 표면 온도가 거의 같아진다. 이때는, 전술한 대류 열전달률이나 종합 열전달률과 표면 온도를 사용하는 대신에 실효 열전달률인 $h_e$[kW/m$^2\cdot$K]를 이용해 열유속을 계산할 수도 있다.

### 2. 계산식

- 벽체 표면에서 흡수되는 열유속: $q$[kW/m$^2$]

$$q = h_e\left(T_s - T_0\right) \tag{5.29}$$

- 실효 열전달률: $h_e$[kW/m$^2\cdot$K]

$$h_e = \begin{cases} \sqrt{\dfrac{k\rho c}{\pi t}} & \left(t \le \dfrac{\delta^2}{\pi\alpha_h}\right) \\ \dfrac{k}{\delta} & \left(\dfrac{\delta^2}{\pi\alpha_h} < t\right) \end{cases} \tag{5.30}$$

## 3. 입력값

| | |
|---|---|
| $c$ | 벽체 재료의 비열 [kJ/(kg·K)] |
| $k$ | 벽체 재료의 열전도율 [kW/(m·K)] |
| $t$ | 화재 개시부터의 시간 [s] |
| $T_s$ | 연기 온도(정확하게는 벽체 표면 온도)[K] 또는 [℃] |
| $T_0$ | 초기 온도(또는 실외 온도)[K] 또는 [℃] |
| $a_h(=k/\rho c)$ | 벽체 재료의 열확산계수 [m²/s] |
| $\delta$ | 벽체의 두께 [m] |
| $\rho$ | 벽체 재료의 밀도 [kg/m³] |

## 4. 예제

화재 개시부터 $t$=1시간(=3600 s) 후의 실효 열전달률을 구하시오. 이때 벽체 재료는 콘크리트로 두께 $\delta$=10 cm, 열전도율 $1.51\times10^{-3}$ kW/(m·K), 밀도 2200 kg/m³, 비열 0.88 kJ/(kg·K)이다.

$\alpha_h = 1.51\times10^{-3} / 2200 / 0.88 = 0.78\times10^{-6}$ m²/s

$\delta^2 / \pi\alpha_h = 0.1^2/(3.14\cdot0.78\times10^{-6}) = 4083 > 3600$s이므로 식 (5.30)의 제1식을 이용한다.

$$h_e = \sqrt{\frac{k\rho c}{\pi t}} = \sqrt{\frac{1.51\times10^{-3}\times2200\times0.88}{3.14\times3600}} = 0.016\,\text{kW/(m}^2\cdot\text{K)}$$

## 5. 해설

이 절의 방법은 벽체 표면 온도가 시간이 지나도 일정하다는 근사를 통해 구성된다. 그러나 일반적으로는 벽체 표면 온도는 시간이 지남에 따라 상승한다. 부득이 현재값을 시각 0부터 사용한다고 하면, 열유속을 매우 적게 산출하게 된다. 또 많은 경우에 벽체 표면 온도가 불분명하여 연기 온도와 같다고 가정하지만, 이때는 표면에서의 열전달 저항을 무시하게 되므로, 특히 낮은 온도에서의 열유동을 과대하게 산출하게 된다. 이처럼 이 절의 식들을 실제 적용할 때에는 주의하여야 한다. 그러나 최성기 화재에서 온도변화가 비교적 완만한 경우에는 오차는 매우 적다.

또 기존의 다른 예측식에서는, 문헌[17)]에 나타낸 바와 같이 다음 식이 이용되기도 한다.

두 식으로 구성되지만 $t=\delta^2/4a_h$일 때의 실효 열전달률 $h_k$의 값이 불연속이 되므로 이용 시 주의하여야 한다.[18)]

$$h_k = \begin{cases} \dfrac{k}{\delta} & \left(t > \dfrac{\delta^2}{4\alpha_h}\right) \\ \left(\dfrac{k\rho c}{t}\right)^{1/2} & \left(t \leq \dfrac{\delta^2}{4\alpha_h}\right) \end{cases} \tag{5.31}$$

### 6. 참고문헌


17) McCaffery B.J. et al.: Estimating Room Temperatures and Likelihood of Flashover Using Fire Test Data Correlations, Fire Technology, Vol. 17, No.2, pp.98-119, 1981

18) 鈴木圭一, 原田和典 : McCaffey らの実効熱伝達率についての考察, 日本建築学会大会梗概集(防火), pp.249-250, 2017.7


## 5.2.5 화원 근처 천장류로부터 천장면으로 열전달

### 1. 계산식 대상

그림 5.17에 나타난 바와 같이, 화원 바로 위의 천장에 화염 또는 화재 플륨이 충돌하고 있을 때, 천장면에 입사하는 열유속 $q$를 계산한다. 화원 바로 위의 비교적 가까운 범위($r/H_c \leq 0.2$)를 정체 영역, 그 이외를 천장류 영역으로 하고, 각각의 영역마다 계산식을 구분한다.

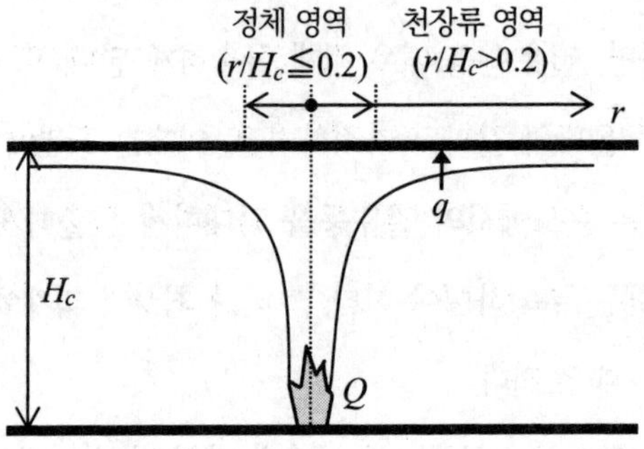


그림 5.17 화염, 천장류로부터 천장으로의 열전달

## 2. 계산식

**천장에의 입사 열유속: $q$**

- 정체 영역($r/H_c \le 0.2$)

$$q = 0.34\frac{Q}{H_c^{\ 2}} \tag{5.32}$$

- 천장류 영역($r/H_c > 0.2$)

$$q = 0.04\frac{Q}{H_c^2}\left(\frac{r}{H_c}\right)^{-4/3} \tag{5.33}$$

## 3. 입력값

$H_c$ 화원면에서 천장까지의 높이 [m]

$Q$ 화원의 발열속도 [kW]

$r$ 화원으로부터의 수평 거리 [m]

## 4. 예제

화원 바로 위로부터의 수평거리 $r$=0.5 m 및 3 m의 천장면에 입사하는 열유속을 구하시오. 단 발열속도는 1000 kW, 화원면에서 천장면까지의 높이는 3 m이다.

$r$=0.5일 때 $r/H_c = 0.5/3 \le 0.2$가 된다. 따라서, 정체 영역의 식을 이용한다.

$$q = 0.34\frac{Q}{H_c^2} = 0.34\frac{1000}{3^2} = 37.8\,\text{kW/m}^2$$

$r$=3일 때 $r/H_c = 3/3 > 0.2$가 된다. 따라서 천장류 영역의 식을 이용한다.

$$q = 0.04\frac{Q}{H_c^2}\left(\frac{r}{H_c}\right)^{-4/3} = 0.04\left(\frac{1000}{3^2}\right)\left(\frac{3}{3}\right)^{-4/3} = 4.4\,\text{kW/m}^2$$

## 5. 해설

문헌[19),20)]에는 식 (5.33)의 우변에서 지수가 −4/3이 아닌 −1/3으로 표기되어 있다. 그러나 기재되어 있는 그래프의 기울기와 맞지 않으므로 여기에서는 그래프의 기울기가 맞도록 $-4/3$으로 계산한다.

또한, 식 (5.32)는 문헌[19]에서는 다음 식 (5.34)와 같이 제시되고 있지만, 레이놀즈수 $Ra$에 폭이 있기 때문에 바로 결정할 수 없다. 여기에서는 실용성을 중시하고, 식 (5.33)과 $r/H_c=0.2$에서의 연속성을 고려하여 식 (5.32)와 같이 계수를 결정한 것이다.

$$q\frac{H_c^2}{Q}=31.2Pr^{-3/5}Ra^{-1/6},\ (r/H_c\le 0.2) \tag{5.34}$$

$Ra = g\beta QH_c/\rho c_p \nu$($g$: 중력 가속도 [m/s$^2$], $\beta$: 부피 팽창률 [K$^{-1}$], $Q$: 발열속도 [kW],
$H_c$: 천장 높이 [m], $\rho$: 공기의 기체밀도 [kg/m$^3$], $c_p$: 공기의 비열 [kJ/(kg·K)],
$\nu$: 공기의 동점성 계수 [m$^2$/s]), 적용 범위: $10^9 < Ra < 10^{14}$,
$Pr(=0.7)$: 공기의 프랜탈 수

식의 적용 범위는, 천장이 없는 상태에서의 화염높이가 천장 높이의 1.5배 이내로 되어 있으며, 어느 정도 화염이 천장에 접해 있는 상태에서도 사용할 수 있다고 되어있다. 발열 속도가 큰 경우에는 적용 범위 내에 있는지 확인할 필요가 있다($0.2Q^{2/5}\leqq 1.5H_c$임을 확인).

정체 영역이란 화재 플륨이 천장에 충돌하여 기류의 변화가 큰 범위이고, 그 내부와 외부에서 기류 온도, 유속 등의 특성이 변화하기 때문에 예측식 등을 구별하여 사용하는 경우가 많다. 논문에 따라 이의 정의와 범위가 약간씩 상이하다.

## 6. 참고문헌

19) You, H.Z and Feath, G.M: Ceiling Heat Transfer during Fire Plume and Fire Impingement, Fire and Materials, Vol.3, No.3, pp.140, 147, 1979

20) You, H.Z and Feath, G.M: An Investigation of Fire Impingement on A Horizontal Ceiling, NBS-GCR-80-251, 20p, 1979

# 5.3 벽체의 온도 상승

벽체의 표면이 복사열과 대류열을 받아 뜨거워지면, 표면으로부터 뒷면을 향하는 온도 기울기에 따라 내부로 열이 전달된다. 이것을 열전도라고 한다. 본 절에서는 열전도를 받는 벽체의 내부 온도에 대하여, 벽체에 수직 방향만의 열전달을 가정한 1차원의 계산식을 나타낸다. 일정한 가열이 충분히 장시간 계속되었을 경우에는 정상 상태($t>\delta^2/\pi a_h$, 5.2.4절 참조), 가열 개시부터의 시간이 짧은 경우에는 비정상 상태의 계산식을 이용한다.

또한 정상적인 계산 방식을 사용하는 경우가 연기로부터의 열전달량이 적고 연기 온도는 높게 산정된다.

## 5.3.1 단층 벽에 대한 정상 상태에서의 온도 상승

### 1. 계산식 대상

그림 5.18에 나타낸 바와 같이, 단일재료로 구성된 벽(단층벽)이 일정한 정상 가열을 받아 정상 상태가 된 경우에 표면에서 $x$[m] 깊이의 온도 $T$[K]를 산정한다.

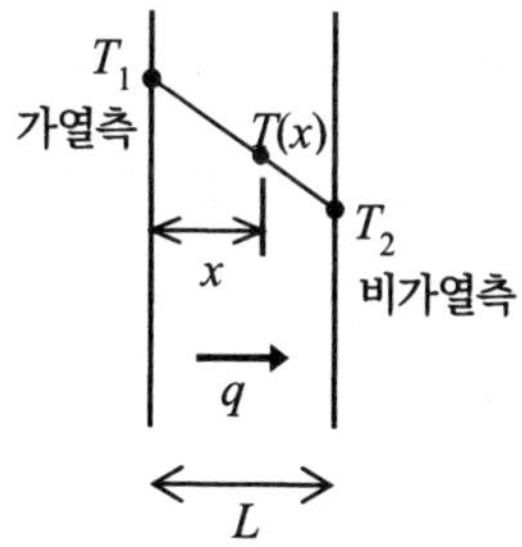


그림 5.18 단층벽의 정상 열전도

## 2. 계산식

- 표면에서 깊이 $x$[m]에서의 온도: $T(x)$[K] 또는 [℃]

$$T(x)=T_1-\left(T_1-T_2\right)\frac{x}{L} \tag{5.35}$$

## 3. 입력값

$L$ 단층 벽의 두께 [m]

$T_1$ 단층벽 표면(가열측)의 온도 [K](또는 [℃])

$T_2$ 단층벽 뒷면(비가열측)의 온도 [K](또는 [℃])

$x$ 단층벽 표면(가열측)으로부터의 거리 [m]

## 4. 예제

두께 10 cm의 콘크리트 벽에서 표면 온도 $T_1$=300℃일 때, 온도 $T_2$=20℃의 정상 상태에서 표면으로부터 2 cm 위치의 온도를 구하시오.

$$T(0.02)=300-(300\text{-}20)\times 0.02/0.10=244^{\circ}\mathrm{C}$$

## 5. 해설

재료 표면에서 내부를 향해 좌표축 $x$를 취한 1차원 비정상 열전도 방정식은 다음과 같다.[21)]

$$\rho c\frac{\partial T}{\partial t}=\frac{\partial}{\partial x}\left(k\frac{\partial T}{\partial x}\right) \tag{5.36}$$

여기서 $k$, $c$, $\rho$는 각각 벽체 재료의 열전도율[kW/(m·K)], 비열[kJ/(kg·K)] 및 밀도[kg/m$^3$]이다. 이 식을 차분법 등으로 순차 해석하면 임의의 시간과 깊이에서의 온도를 얻을 수 있다. 정상의 경우에는 벽체를 관류하는 열유속 $q_{cv}$[kW/m$^2$]는 식 (5.37)과 같이 구할 수 있다. 이때 벽체 표면으로 유입되는 열유속, 벽 내부를 관류하는 열유속, 벽체 뒷면에서 외기로 유출되는 열유속은 동일하게 된다

$$q_{CV} = -k\frac{dT}{dx} = \frac{k}{L}(T_1 - T_2) \tag{5.37}$$

## 6. 참고문헌


21) 田中哮義: 改訂版 建築火災安全工学入門, (財)日本建築センター, pp.32-34, 2002年 1月


## 5.3.2 다층벽에 대한 정상 상태에서의 온도분포

### 1. 계산식 대상

그림 5.19와 같이 $n$층의 재료로 된 벽체(다층벽)가 일정한 가열을 받아 정상 상태가 되었다. 이때 $i$-1번째와 $i$번째 층의 경계 온도 $T_i$([K] 또는 [℃])를 산정한다.

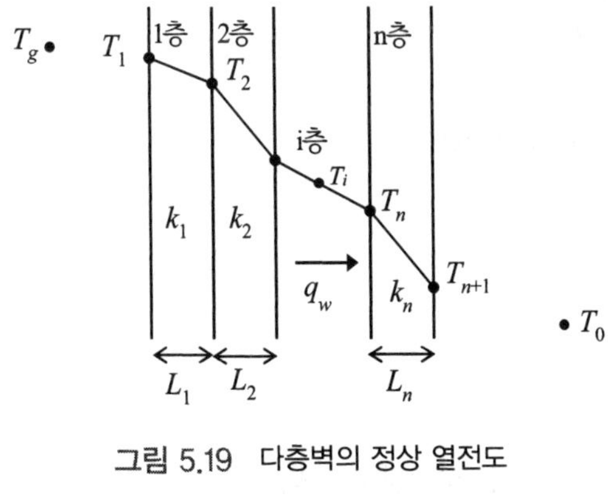


그림 5.19 다층벽의 정상 열전도

### 2. 계산식

1) **표면과 뒷면의 온도가 알려진 경우**

- $i$-1번째와 $i$번째 층의 경계 온도: $T_i$[K] 또는 [℃]

$$T_i = T_1 - \frac{\frac{L_1}{k_1} + \frac{L_2}{k_2} + \cdots + \frac{L_{i-1}}{k_{i-1}}}{R_w}(T_1 - T_{n+1}) \tag{5.38}$$

- 벽체 표면부터 뒷면까지의 열관류 저항: $R_w$ [$m^2 \cdot K/kW$]

$$R_w = \frac{L_1}{k_1} + \frac{L_2}{k_2} + \cdots \frac{L_n}{k_n} \tag{5.39}$$

- 벽체 열관류: $q_w$ [$kW/m^2$]

$$q_w = \frac{T_1 - T_{n+1}}{R_w} \tag{5.40}$$

2) **표면과 뒷면에 접하는 기체의 온도가 알려진 경우**

- i-1번째와 i번째 층의 경계 온도: $T_i$[K](또는 [℃])

$$T_i = T_g - \frac{\frac{1}{h_{T,1}} + \frac{L_1}{k_1} + \frac{L_2}{k_2} + \cdots + \frac{L_{i-1}}{k_{i-1}}}{R_{tot}}\left(T_g - T_0\right) \tag{5.41}$$

- 가열측 공기에서 비가열측 공기까지의 열관류 저항: $R_w$ [$m^2 \cdot K/kW$]

$$R_{tot} = \frac{1}{h_{T,1}} + \frac{L_1}{k_1} + \frac{L_2}{k_2} + \cdots \frac{L_n}{k_n} + \frac{1}{h_{T,n+1}} \tag{5.42}$$

- 벽체 관류열류: $q_w$ [$kW/m^2$]

$$q_w = \frac{T_g - T_0}{R_{tot}} \tag{5.43}$$

## 3. 입력값

| | |
|---|---|
| $h_{T,1}$ | 벽체 표면측 종합 열전달률 [$kW/(m^2 \cdot K)$] |
| $h_{T,n+1}$ | 벽체 뒷면 측 종합 열전달률 [$kW/(m^2 \cdot K)$] |
| $K_i$ | 벽체 표면에서 i번째 평판의 열전도율 [$kW/(m \cdot K)$] |
| $L_i$ | 벽체 표면에서 i번째 평판의 두께 [m] |
| $T_g$ | 벽체 표면에 접하는 기체 온도 [K](또는 [℃]) |
| $T_{g+1}$ | 벽체 뒷면 온도 (다층벽일 경우)[K](또는 [℃]) |
| $T_0$ | 벽체 뒷면에 접하는 기체 온도 [K](또는 [℃]) |
| $T_1$ | 벽체 표면의 온도 [K](또는 [℃]) |

## 4. 예제

그림 5.20에 나타낸 바와 같이, 가열측은 석고보드(두께 2 cm, 열전도율 $0.16 \times 10^{-3}$ kW/(m·K)), 비가열 측은 콘크리트(두께 10 cm, 열전도율 $1.51 \times 10^{-3}$ kW/(m·K))로 구성된 벽이 있다. 가열측 기체 온도 $T_g$=300℃, 비가열측 기체 온도 $T_0$=20℃일 때, 정상 상태에서 벽을 관류하는 열유속 및 화재실쪽 표면으로부터 2 cm 위치의 온도를 구하라. 단, 가열측의 종합 열전달률은 5.2.3절의 예제에서의 값, 비가열측의 종합 열전달률은 0.01 kW/($m^2$·K)로 한다.

- 열관류 저항 :

$$R_{tot} = \frac{1}{h_{T,1}} + \frac{L_1}{k_1} + \frac{L_2}{k_2} + \frac{1}{h_{T,n+1}}$$

$$= \frac{1}{24.9 \times 10^{-3}} + \frac{0.02}{0.16 \times 10^{-3}} + \frac{0.1}{1.51 \times 10^{-3}} + \frac{1}{10 \times 10^{-3}} = 331\,\mathrm{m^2 \cdot K/kW}$$

- 표면으로부터 2 cm 위치의 온도 :

$$T_1 = T_g - \frac{\dfrac{1}{h_{T,1}} + \dfrac{L_1}{k_1}}{R_{tot}} \left(T_g - T_0\right)$$

$$= 300 - \frac{\dfrac{1}{24.9 \times 10^{-3}} + \dfrac{0.02}{0.16 \times 10^{-3}}}{331} (300 - 20) = 160^\circ \mathrm{C}$$

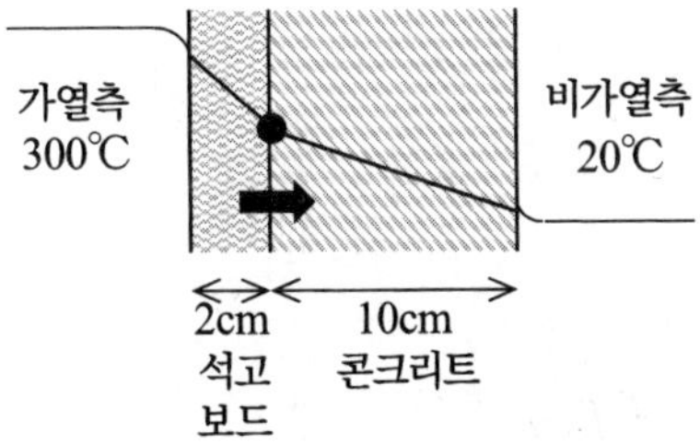


그림 5.20 다층벽에 대한 계산 예

## 5. 해설

이 절에서 나타낸 계산식은 일반 벽체에 대한 정상 열전도 계산이다.[22)]

## 6. 참고문헌

22) 田中哮義: 改訂版 建築火災安全工学入門, (財)日本建築センター, pp.34-39, 2002年 1月

## 5.3.3 표면 온도가 순간적으로 상승했을 때 열적으로 두꺼운 벽에서의 온도 분포

### 1. 계산식 대상

그림 5.21에 나타낸 바와 같이 열적으로 두꺼운 벽은, 초기온도 $T_0$의 표면이 $t=0$에서 $T_w$로 상승하고, 그 후에는 일정한 값을 유지하는 경우의 벽체 내부의 온도 분포를 나타낸다. 적용 범위는 벽이 열침투 깊이 $2\sqrt{\alpha_h t}$보다도 두꺼운 것으로 한다.

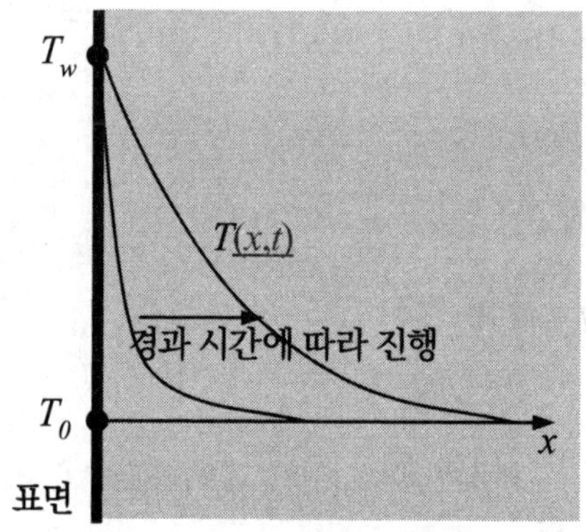


그림 5.21 반무한 고체의 온도 분포

### 2. 계산식

• 온도 분포:

$$T(x,t) = (T_w - T_0)\text{erfc}\left(\frac{x}{2\sqrt{\alpha_h t}}\right) + T_0 \tag{5.44}$$

• 여오차함수:

$$\text{erfc}(\xi) = 1 - \frac{2}{\sqrt{\pi}}\int_0^{\xi} \exp(-x^2)dx \tag{5.45}$$

## 3. 입력값

$c$ 벽체 재료의 비열 [kJ/(kg·K)]

$k$ 벽체 재료의 열전도율 [kW/(m·K)]

$t$ 경과 시간 [s]

$T_w$ 벽 표면의 온도 [K] 또는 [℃]

$T_0$ 벽의 초기 온도 [K] 또는 [℃]

$x$ 표면으로부터의 거리 [m]

$\rho$ 벽체 재료의 밀도 [kg/m³]

$a_h$ 열확산계수$(\equiv k/c\rho)$[m²/s]

## 4. 예제

초기 상태에서 $T_0$=20℃(293K)였던 벽의 표면 온도가, 시각 0에서 $T_w$=300℃(573K)로 상승하고 그 후 일정하게 유지되었다. 표면으로부터 거리 $x$=10 cm에서의 $t$=30분의 온도를 구하시오. 벽 재료의 열확산계수는 $0.78\times10^{-6}$ m²/s로 한다.

$$T(x,t) = (T_w - T_0)\mathrm{erfc}\left(\frac{x}{2\sqrt{\alpha_h t}}\right) + T_0$$

$$= (300-20)\mathrm{erfc}\left(\frac{0.1}{2\sqrt{0.78\times10^{-6}\times1800}}\right) + 20$$

$$= 36.6\ ^\circ\mathrm{C}$$

## 5. 해설

열이 벽체의 뒷면에 도달하지 않은 시간 내에서의 온도 분포는 여오차함수(erfc)를 사용하여 계산할 수 있다. 열이 전달되는 범위(열침투 깊이)를 $\delta=2\sqrt{\alpha_h t}$로 하여[23)] 벽체의 두께가 이 이상이면 본 절의 계산식을 사용할 수 있다.

## 6. 참고문헌

23) Drysdale D.: An introduction to fire dynamics, 3rd edition, Willey, 2011

## 5.3.4 표면에서 일정한 열유속을 받는 열적으로 두꺼운 벽에서의 온도 분포

### 1. 계산식 대상

열적으로 두꺼운 벽 표면에 일정한 열유속을 받을 때의 벽 표면 및 내부 온도를 계산한다.[24)]

### 2. 계산식

- 온도 분포: $T(x, t)$

$$T(x,t) = 2q\sqrt{\frac{t}{k\rho c}}\left[\frac{\exp\left(-\left(x/2\sqrt{\alpha_h t}\right)^2\right)}{\sqrt{\pi}} - \frac{x}{2\sqrt{\alpha_h t}}\,\text{erfc}\left(\frac{x}{2\sqrt{\alpha_h t}}\right)\right] + T_0 \qquad (5.46)$$

- 표면 온도: $T_w(t)$ ($\equiv$T(0,$t$))

$$T_w(t) = 2q\sqrt{\frac{t}{\pi k\rho c}} + T_0 \qquad (5.47)$$

### 3. 입력값

| | |
|---|---|
| $c$ | 벽 재료의 비열 [kJ/(kg·K)] |
| $k$ | 벽 재료의 열전도율 [kW/(m·K)] |
| $q$ | 벽체 표면에서 흡수하는 열유속 [kW/m$^2$] |
| $t$ | 경과 시간 [s] |
| $T_0$ | 벽의 초기 온도 [K] 또는 [℃] |
| $x$ | 표면으로부터의 거리 [m] |
| $a_h$ | 열확산계수($\equiv k/c\rho$)[m$^2$/s] |
| $\rho$ | 벽 재료의 밀도 [kg/m$^3$] |

### 4. 예제

표면에 $q$=10 kW/m$^2$의 복사열을 받는 벽의 표면 온도를 계산하시오. 초기 온도 $T_0$=20°C, 경과 시간 $t$=300초, 벽 재료의 열전도율 $k$=1.51×10$^{-3}$ kW/(m·K), 밀도 $\rho$=2200 kg/

$m^3$, 비열 $c$=0.88 kJ/(kg·K)로 한다.

$$T_w = 2q\sqrt{\frac{t}{\pi k \rho c}} + T_0 = 2\times 10.0 \times \sqrt{\frac{300}{3.14\times(1.51\times 10^{-3})\times 2200\times 0.88}} + 293 = 410\mathrm{K}(=134\,^{\circ}\mathrm{C})$$

## 5. 해설

이 계산법은 화염과 근접하여 강한 복사에 의해 열유속을 받는 벽 등에 적용될 수 있다. 이는 대류에 의한 공기로의 열 손실을 무시하기 때문에 표면 온도가 더 높게 계산될 수 있다.

## 6. 참고문헌


24) 田中哮義: 改訂版 建築火災安全工学入門, (財)日本建築センター, p.43, 2002年 1月


# 5.3.5 일정한 온도의 기체로부터 대류열을 받는 열적으로 두꺼운 벽에서의 온도 분포

## 1. 계산식 대상

열적으로 두꺼운 벽이 온도 $T_g$[K]의 기체로부터의 대류열을 받는 경우, 벽체 내부의 온도 분포 및 표면 온도를 계산한다. 단, 복사는 무시한다.

## 2. 계산식

- 온도 분포: $T(x, t)$

$$T(x,t) = (T_g - T_0)\left\{\mathrm{erfc}\left(\frac{x}{2\sqrt{\alpha_h t}}\right) - \exp\left(\frac{h_c x}{k} + \frac{h_c^2 \alpha_h t}{k^2}\right)\mathrm{erfc}\left(\frac{x}{2\sqrt{\alpha_h t}} + \frac{h_c\sqrt{\alpha_h t}}{k}\right)\right\} + T_0 \quad (5.48)$$

- 표면 온도: $T_w(t)\ (\equiv T(0,t))$

$$T_w(t) = (T_g - T_0)\left\{1 - \exp\left(\frac{h_c^2 \alpha_h t}{k^2}\right)\mathrm{erfc}\left(\frac{h_c\sqrt{\alpha_h t}}{k}\right)\right\} + T_0 \quad (5.49)$$

## 3. 입력값

| | |
|---|---|
| $c$ | 벽 재료의 비열 [kJ/(kg·K)] |
| $h_c$ | 대류 열전달률 [kW/(m$^2$·K)] |
| $k$ | 벽 재료의 열전도율 [kW/(m·K)] |
| $t$ | 경과 시간 [s] |
| $T_0$ | 벽의 초기 온도 [K](또는 [℃]) |
| $T_g$ | 표면쪽의 기체 온도 [K](또는 [℃]) |
| $x$ | 표면으로부터의 거리 [m] |
| $\alpha_h$ | 열확산계수($\equiv k/c\rho$)[m$^2$/s] |
| $\rho$ | 벽 재료의 밀도 [kg/m$^3$] |

## 4. 예제

가열측의 기체 온도 $T_g$=200℃(473K)일 때의 표면 온도를 계산하시오. 벽의 초기 온도 $T_0$=20℃(293K), 경과 시간 $t$=3600 s, 벽 재료의 열전도율 $k=1.51\times10^{-3}$ kW/(m·K), 밀도 $\rho$=2200 kg/m$^3$, 비열 $c$=0.88 kJ/(kg·K), 대류 열전달률 $h_c$=0.008 kW/(m$^2$·K)로 한다.

$$\alpha_h = \frac{1.51\times10^{-3}}{2200\times0.88} = 0.78\times10^{-6}\ \mathrm{m^2/s}$$

$$\frac{h_c\sqrt{\alpha_h t}}{k} = \frac{0.008\times\sqrt{(0.78\times10^{-6})\times3600}}{1.51\times10^{-3}} = 0.281$$

$$T_w = (T_g - T_0)\left\{1-\exp\left(\frac{h_c^2\alpha_h t}{k^2}\right)\mathrm{erfc}\left(\frac{h_c\sqrt{\alpha_h t}}{k}\right)\right\} + T_0$$

$$= (200-20)\{1-\exp(0.281^2)\,\mathrm{erfc}(0.281)\} + 20 = 65.4\ \mathrm{°C}$$

## 5. 해설

이 계산식은 연기가 접촉하는 벽 등에 적용될 수 있다. 복사열의 영향이 있을 때는 5.3.6절을 따른다.

## 6. 참고문헌

25) 田中哮義: 改訂版 建築火災安全工学入門, (財)日本建築センター, pp.43-45, 2002年 1月

# 5.3.6 복사 열유속을 받고 대류열 손실이 있는 열적으로 두꺼운 벽의 표면 온도

## 1. 계산식 대상

그림 5.22에 나타낸 바와 같이, 열적으로 두꺼운 벽의 표면이 일정한 열유속을 받고, 대류 열전달에 의해 주변 공기로 열이 손실될 때의 표면 온도 $T_w$를 구한다.

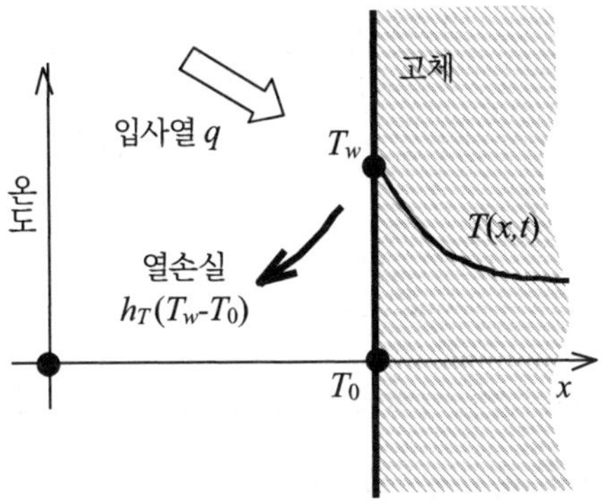


그림 5.22 일정한 열유속을 받는 표면에서 열전달 손실이 있는 경우

## 2. 계산식

- 벽 표면 온도: $T_w$ [K] 또는 [℃]

$$T_w = \frac{\varepsilon q}{h_T} \frac{1}{\dfrac{\sqrt{k\rho c}}{1.18 h_T} \dfrac{1}{\sqrt{t}} + 1} + T_0 \tag{5.50}$$

## 3. 입력값

| | |
|---|---|
| $c$ | 벽 재료의 비열 [kJ/(kg·K)] |
| $h_T$ | 종합 열전달률 [kW/(m²·K)] |
| $q$ | 복사 열유속 [kW/m²] |
| $k$ | 벽 재료의 열전도율 [kW/(m·K)] |
| $T_0$ | 벽의 초기 온도 [K] 또는 [℃] |
| $\varepsilon$ | 벽 표면의 복사율 [–] |
| $\rho$ | 벽 재료의 밀도 [kg/m³] |

## 4. 예제

벽이 $q=10\ \mathrm{kW/m^2}$의 복사열을 받고 있을 때, $t=600\ \mathrm{s}$에서의 표면 온도를 계산하시오. 초기 온도 $T_0=20°\mathrm{C}(293\mathrm{K})$, 종합 열전달율 $h_T=0.01\ \mathrm{kW/(m^2 \cdot K)}$, 벽체 재료의 열전도율 $k=1.51\times10^{-3}\ \mathrm{kW/(m \cdot K)}$, 밀도 $\rho=2200\ \mathrm{kg/m^3}$, 비열 $c=0.88\ \mathrm{kJ/(kg \cdot K)}$이다. 벽체 표면의 복사율 $\varepsilon=1$이다.

$$k\rho c = 1.51\times10^{-3}\times2200\times0.88 = 2.92\ \mathrm{kW^2 \cdot s/(m^4 \cdot K^2)}$$

$$T_w = \frac{\varepsilon q}{h_T}\frac{1}{\dfrac{\sqrt{k\rho c}}{1.18h_T}\dfrac{1}{\sqrt{t}}+1}+T_0 = \frac{1.0\times10.0}{0.01}\frac{1}{\dfrac{\sqrt{2.92}}{1.18\times0.01}\dfrac{1}{\sqrt{600}}+1}+20 = 110.0\ °\mathrm{C}$$

## 5. 해설

이 계산식은 화염 등으로부터 복사열을 받아 예열되는 벽의 표면 온도 등에 적용할 수 있다. 시간이 충분히 경과하면 온도는 다음과 같다.

$$T_w = \frac{\varepsilon q}{h_T}\frac{1}{\dfrac{\sqrt{k\rho c}}{1.18h_T}\dfrac{1}{\sqrt{t}}+1}+T_0 \rightarrow \frac{\varepsilon q}{h_T}+T_0\ (t\rightarrow\infty) \tag{5.51}$$

이것이 재료의 착화 온도 이하이면 그 재료는 착화되지 않는다.

## 6. 참고문헌

26) 田中哮義: 改訂版 建築火災安全工学入門, (財)日本建築センター, pp.43-45, 2002年 1月

# 6장

# 최성기 화재

# 본 장의 개요

실과 같이, 구획된 공간 내의 화재는 실 화재 혹은 구획 화재라고 칭한다. 실 화재의 성상은 가연물의 특성뿐만 아니라 실의 형상, 치수, 벽체의 열특성 및 개구 치수 등의 건축 조건에 따라서도 달라진다.

실내의 화재 온도는 그림 6.1에 나타난 바와 같은 추이를 나타낸다. 본 장에서는 이 중 플래시오버와 그 후의 최성기의 화재 성상을 다룬다.

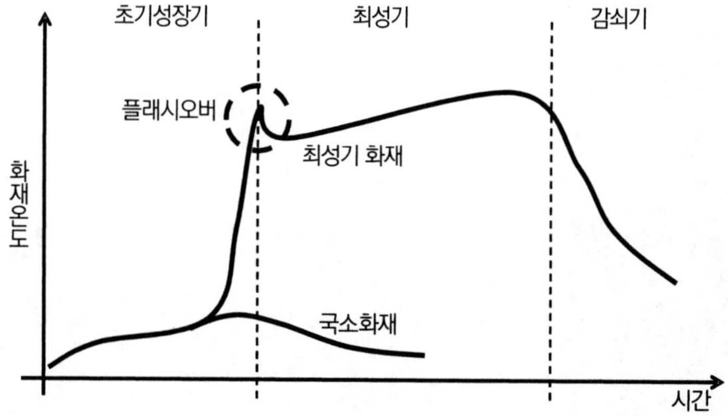


그림 6.1 실 화재의 온도 추이

# 6.1 플래시오버

## 1. 계산식 대상

실의 플래시오버 발생을 위한 한계 발열속도(플래시오버 발생에 필요한 최소한의 발열속도)를 구한다.

## 2. 계산식

- 플래시오버 발생 한계 발열속도: $Q_{FO}$ [kW]

$$Q_{FO} = 610\{(h_k A_T)(A\sqrt{H})\}^{1/2} \tag{6.1}$$

$$h_k = \begin{cases} \dfrac{k}{\delta} & \left(t_c > \dfrac{\delta^2}{4\alpha_h}\right) \\ \left(\dfrac{k\rho c}{t_c}\right)^{1/2} & \left(t_c \le \dfrac{\delta^2}{4\alpha_h}\right) \end{cases} \tag{6.2}$$

단, 적용 범위는 다음과 같다.

$$7.9 \le A_T\sqrt{k\rho c} \big/ A\sqrt{H} \le 200 \tag{6.3}$$

$$\sqrt{k\rho c} \ge 0.4 \tag{6.4}$$

## 3. 입력값

| | |
|---|---|
| $A$ | 실의 개구 면적 [m$^2$] |
| $A_T$ | 실내 표면적 [m$^2$] |
| $c$ | 벽체 재료의 비열 [kJ/(kg·K)] |

$h_k$ 실효 열전달률 [kW/(m$^2$·K)]
(이번 절에서는 McCaffery의 실효 열전달률을 사용할 필요가 있으므로 실효 열전달률 $h_k$을 식 (6.2)로 정의하고 있다. 단, 5.2.4절 등 다른 부분에서는, 식 (6.2)를 다시 $\sqrt{\pi}$로 나눈 것을 실효 열전달률로 정의하고, 기호 $h_e$를 사용한다.)

$k$ 벽체 재료의 열전도율 [kW/(m·K)]

$H$ 실의 개구 높이 [m]

$t_c$ 특성 시간(=1000 s)

$a_h$ 벽체 재료의 열확산계수($\equiv k/c\rho$)[m$^2$/s]

$\delta$ 벽체 재료의 두께 [m]

$\rho$ 벽체 재료의 밀도 [kg/m$^3$]

참고로, 대표적인 벽재료의 열관성을 표 6.1에 나타내었다.

표 6.1 대표적인 벽재료의 열관성[1)]

| 재료 | 열관성 $\sqrt{k\rho c}$ [kW · s$^{1/2}$/(m$^2$ · K)] | 열확산계수 $a_h$[m$^2$/s] |
|---|---|---|
| 일반 콘크리트 | 1.71 | $0.78\times10^{-6}$ |
| 석고보드 | 0.4 | $0.17\times10^{-6}$ |
| 규산-칼슘판 | 0.26 | $0.23\times10^{-6}$ |
| 기포 콘크리트판 | 0.26 | $0.21\times10^{-6}$ |

## 4. 예제

그림 6.2에 나타낸 공간에서의 플래시오버 발생을 위한 한계 발열속도 $Q_{FO}$[kW]을 구하시오. 각 재료의 물성값은 다음과 같다.

- 일반 콘크리트: $\sqrt{k\rho c}_{RC} = 1.71\ \mathrm{kW \cdot s^{1/2}/(m^2 \cdot K)}$,
  $\alpha_{h,RC} = 0.78\times10^{-6}\ \mathrm{m^2/s}$, $\delta_{RC}$=0.2m
- 석고보드: $\sqrt{k\rho c}_{PB} = 0.4\mathrm{kW \cdot s^{1/2}/(m^2 \cdot K)}$, $\alpha_{h,PB} = 0.17\times10^{-6}\mathrm{m^2/s}$, $\delta_{PB}$=0.05m

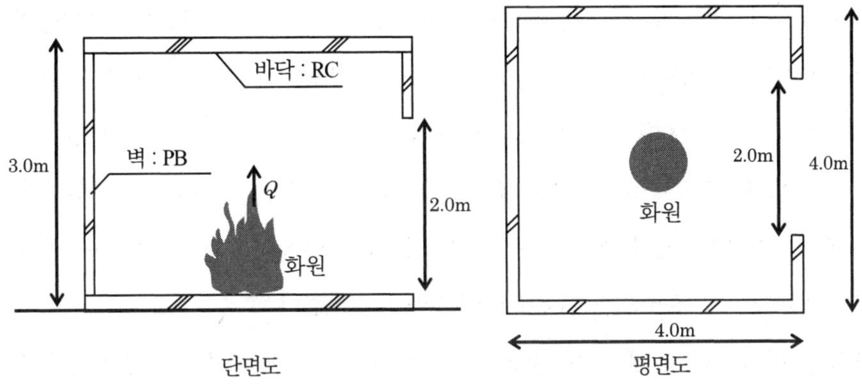


그림 6.2 플래시오버 발생을 위한 한계 발열속도 계산 예

- 실내 표면적:

$$A_T = 16 + 16 + (4.0 + 4.0) \times 2 \times 3.0 - 2.0 \times 2.0 = 76\,\mathrm{m}^2$$

- 실효 열전달률:

바닥과 벽의 재질이 다르므로, 각 부위의 실효 열전달률을 면적에 따라 나누어야 한다. 바닥재 및 벽재의 실효 열전달률은

$$\frac{\delta_{RC}^2}{4\alpha_{h,RC}} = 12821 \text{으로부터, } h_{k,RC} = \left(\frac{k\rho c_{RC}}{t_c}\right)^{1/2} = \left(\frac{1.71^2}{1000}\right)^{1/2} = 0.054\,\mathrm{kW/(m^2 \cdot K)},$$

$$\frac{\delta_{PB}^2}{4\alpha_{h,PB}} = 3676 \text{ 으로부터, } h_{kPB} = \left(\frac{k\rho c_{PB}}{t_c}\right)^{1/2} = \left(\frac{0.4^2}{1000}\right)^{1/2} = 0.012\,\mathrm{kW/(m^2 \cdot K)}$$

이다. 표면적의 비율에 따라 평균하면 다음 식이 된다.

$$h_k = \frac{A_1 + A_2}{A_T} h_{k,RC} + \frac{A_3}{A_T} h_{k,PB} = \frac{16+16}{76} \times 0.054 + \frac{44}{76} \times 0.012 = 0.03\,\mathrm{kW/(m^2 \cdot K)}$$

위 두 값으로부터 플래시오버 발생 한계 발열속도는 다음과 같다.

$$Q_{FO} = 610\left\{(h_k A_T)\left(A\sqrt{H}\right)\right\}^{1/2} = 610\left\{(0.03 \times 76)\left(4\sqrt{2}\right)\right\}^{1/2} = 2191\,\mathrm{kW}$$

## 5. 해설

플래시오버가 발생하기 위해서는 바닥면으로부터 20 $\mathrm{kW/m^2}$의 복사 열유속이 필요하다고 알려져 있다.[2)] 이 값은 대부분의 가연물에 착화시킬 수 있는 입사열이다. 한편, 플래시오버의 발생조건을 화재실 내의 가연물의 발열속도로 나타내는 방법도 있다. 화재실 내의 연기층 온도가 500~600℃에 달하고, 바닥면에 입사하는 복사열류가 20 kW/$m^2$ 정도 될 때의 발열속도를 플래시오버 발생 한계 발열속도라고 부른다. 실무에서는 열유속이 아닌 발열속도로 나타내는 것이 편리하므로, 실제 대규모 실험이나 모형실험을 여러 번 실시하여 구한, McCaffery 등에 의한 관계식이 널리 이용되어 왔다.[3)]

李 등은 여러 가지 플래시오버 발생 한계 발열속도에 대한 계산식과 과거 실험 결과를 비교했다.[4)] 그중 식 (6.1)에 대해서 정리한 결과를 그림 6.3에 나타내었다. McCaffery 등의 원저[3)]와 같이 특성 시간을 $t_c$=1000 s라고 하면, 과거의 실제 대규모 실험과 비교하여 대체로 안전하다고 예측할 수 있다. 실험과의 비교를 통해 식 (6.1)의 적용 범위는 $7.9 \leq A_T\sqrt{k\rho c}/A\sqrt{H} < 200$, $\sqrt{k\rho c} \geq 0.4$로 한다. 벽체의 열관성 $\sqrt{k\rho c}$이 0.4 kW·$s^{1/2}$($m^2$·K) 미만인 실에서는 $Q_{FO}$가 매우 작은 값이 되므로, 식 (6.1)의 적용 범위에서 벗어나는 것으로 한다.

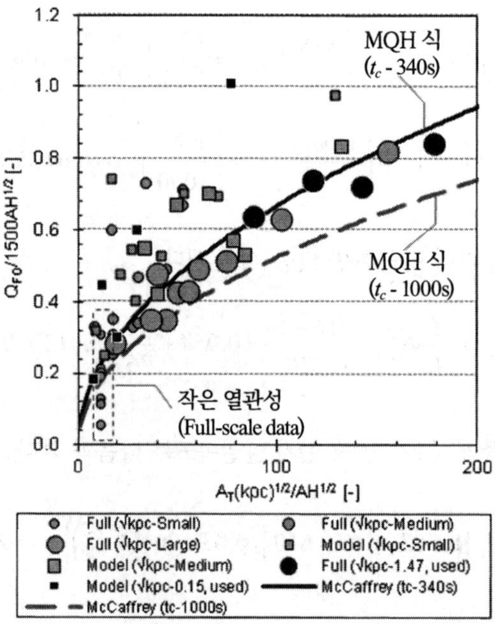


그림 6.3 McCaffery식과 실대 실험 결과와의 비교

## 6. 참고문헌


1) 田中哮義 : 改訂版 建築物の火災安全工学入門, (財)日本建築センター, pp.351, 2002年 1月

2) Waterman, T.E.: Room Flashover-criteria and Synthesis, Fire Technology, Vol.4, 1968

3) B.J. McCaffery, J.G. Quintiere, and M.F. Harkleroad: Estimating Room Fire Temperatures and the Likelihood of Flashover Using Fire Test Data Correlations, Fire Technology, 17, 2, pp. 98 - 119, 1981

4) SungChan Lee and Kazunori Harada: A Validation Study of Existing Formulas for Determining the Critical Heat Release Rate for Flashover, Chapter 64, Fire Science and Technology 2015 – the Proceedings of 10th Asia-Oceania Symposium on Fire Science and Technology, Springer, pp. 631-638, 2016.10

# 6.2 최성기 화재의 구획화재 성상

## 6.2.1 연소속도와 화재 지속시간

### 1. 계산식 대상

최성기 화재 시의 질량 연소속도 $m_b$[kg/s] 및 최성기 화재 시의 지속시간 $t_D$[min]를 계산한다.

### 2. 계산식

• 질량 연소속도: $m_b$[kg/s]

$$\text{목재: } \frac{m_b}{A_{fuel}} = \begin{cases} 0.1\chi & (\chi \le 0.07) \\ 0.007 & (0.07 < \chi \le 0.1) \\ 0.12\chi e^{-11\chi} + 0.003 & (0.1 < \chi) \end{cases} \tag{6.5}$$

$$\text{메탄올: } \frac{m_b}{A_{fuel}} = \begin{cases} 0.1\chi & (\chi \le 0.26) \\ 0.026 & (0.26 < \chi \le 0.66) \\ 0.0063\chi e^{-1.29\chi} + 0.024 & (0.66 < \chi) \end{cases} \tag{6.6}$$

$$\text{PMMA: } \frac{m_b}{A_{fuel}} = \begin{cases} 0.1\chi & (\chi \le 0.58) \\ 0.058 & (0.58 < \chi \le 1.49) \\ 0.054\chi e^{-0.67\chi} + 0.028 & (1.49 < \chi) \end{cases} \tag{6.7}$$

• 연소형 지배인자: $\chi$[$m^{1/2}$]

$$\chi \equiv \frac{A\sqrt{H}}{A_{fuel}} \tag{6.8}$$

• 최성기 화재의 지속시간: $t_D$[min]

$$t_D = \frac{G}{60 m_b} \tag{6.9}$$

## 3. 입력값

| | |
|---|---|
| $A$ | 실의 개구 면적 [m$^2$] |
| $A_{fuel}$ | 가연물 표면적 (1.4.3절 참조) [m$^2$] |
| $G$ | 화재실 내의 총 가연물량 [kg] |
| $H$ | 실의 개구 높이 [m] |

## 4. 예제

그림 6.4와 같이 바닥 면적 500m$^2$, 개구 치수 W 25.0m × H 2.0m, 총 가연물량(목재로 가정) $G$=17500kg, 가연물 표면적 $A_{fuel}$=882m$^2$인 실에서 질량 연소속도 $m_b$[kg/s] 및 최성기 화재 지속시간 $t_D$[min]를 구하시오.

$$\chi \equiv A\sqrt{H}/A_{fuel} = 50\sqrt{2}/882 = 0.080\,\mathrm{m}^{1/2}$$

$$m_b = 0.007A_{fuel} = 0.007 \times 882 = 6.174\,\mathrm{kg/s}$$

$$t_D = G/(60m_b) = 17500/(60 \times 6.174) = 47.2\,\mathrm{min}$$

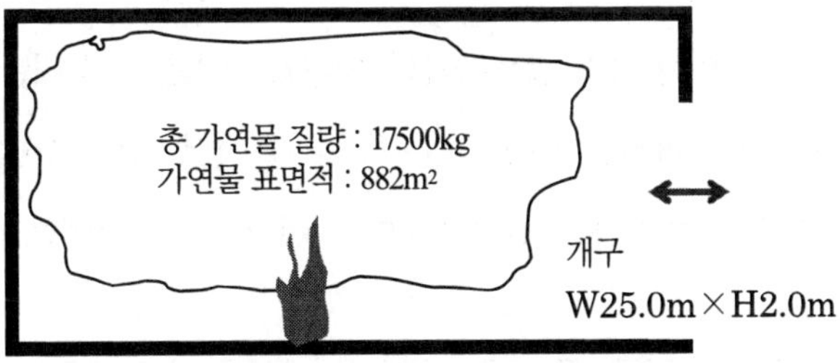


그림 6.4 최성기 화재의 연소속도와 지속시간의 계산 예제

## 5. 해설

최성기의 화재실 내에서는 그림 6.5와 같이, 실내의 가연물로부터 열분해 가스가 발생하고, 개구 상부에서는 고온의 연기가 유출되며, 하부에서는 외기가 유입된다. 연소속도는 실로의 공기 유입량에 따라 변화한다. 열분해 가스의 발생 속도보다 공기 공급이 적다면, 연소는 공기의 공급 속도에 종속된다. 이를 환기 지배 화재라고 한다. 열분해 가스의 발생 속도에 대해 공기가 충분히 공급될 때는 연소속도는 열분해 가스의 발생 속도에 종속된다. 이를 연료 지배 화재라고 한다.

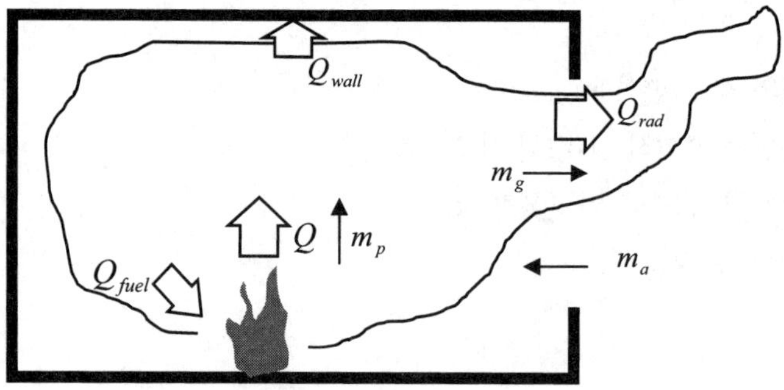


그림 6.5 실내의 열량수지

카와고에(川越) 및 세키네(関根)[5]는 목재를 연료로 한 화재실험에서 환기 지배 화재에 대해서 연소속도 $m_b$[kg/s]와 개구인자 $A\sqrt{H}$[m$^{5/2}$] 사이에 다음과 같은 비례 관계를 얻었다.

$$m_b \approx 0.1A\sqrt{H} \tag{6.10}$$

식 (6.10)은 환기 지배 화재에 대응하는 것이며, 개구 인자 $A\sqrt{H}$가 큰 연료 지배 화재에서는 연소속도와 개구 인자의 비례 관계가 성립되지 않는다. 그래서 연소형 지배인자 $\chi(\equiv A\sqrt{H}/A_{fuel})$(환기량과 열분해 가스 발생량과의 상대적 크기를 나타내는 인자)를 이용하여 단위 면적당 연소속도를 나타낸 것이 그림 6.6이다. 목재에서는 $\chi \leq 0.07$일 때 환기 지배 화재, $\chi > 0.07$일 때 연료 지배 화재가 된다. 문헌[6)~8)]에 기재된 목재(연소열 16000kJ/kg)

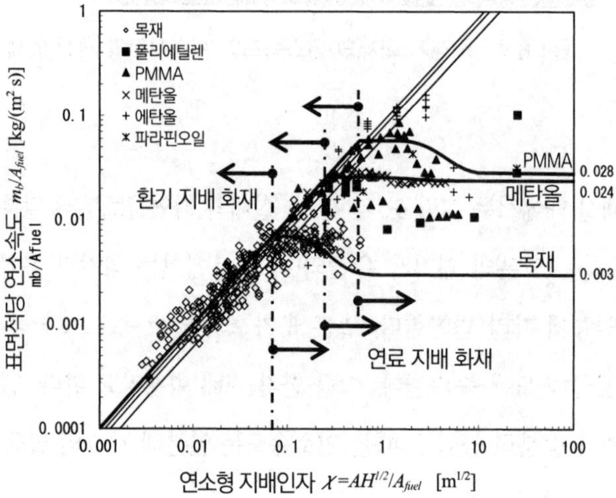


그림 6.6 연소형 지배인자와 연소 속도의 관계[9)]

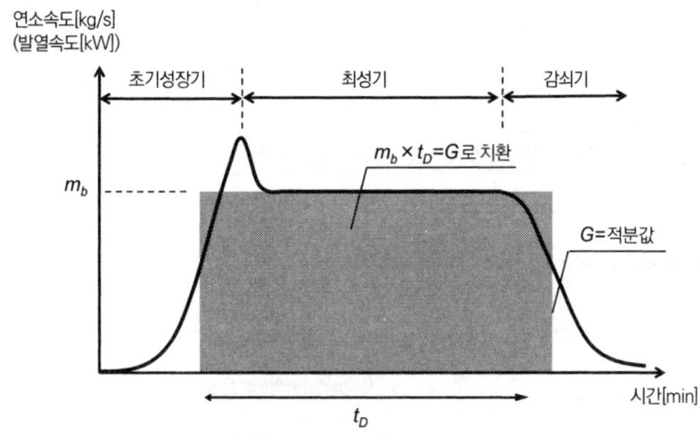


그림 6.7 화재 지속시간 $T_p$

의 연소속도식 (6.5)와 더불어, 그림 6.6의 데이터에서 메탄올(연소열 19800kJ/kg)과 PMMA(연소열 24900 kJ/kg)에 대해서 연소속도식을 작성한 것이 식 (6.6) 및 (6.9)이다.

그림 6.7은 화재 지속시간 산출의 개념도를 나타낸다. 실내의 화재 성장 추이는 그림 6.1과 같이 초기 성장기에는 서서히 연소속도가 상승하다가, 최성기 화재 시에는 연소속도를 거의 일정한 값 $m_b$으로 근사할 수 있다. 화재 지속시간 $t_D$는 식 (6.9)에 따라 화재실 내의 총 가연물량 $G$를 정상 연소속도 $m_b$로 나누어 구한다.

## 6. 참고문헌


5) 川越, 関根 : 壁体の熱伝導の違いによるコンクリート造建築物内の火災温度曲線の推定, 日本火災 学会論文集, Vol.13, No.1, 1963年 10月

6) 国土交通省住宅局建築指導課他編集 : 2001年版 耐火性能検証法の解説及び計算例と解説, 井上書院, 2001年 3月

7) 大宮 喜文, 佐藤 雅史, 田中 哮義, 若松 孝旺 : 換気支配型火災時の可燃物への入射熱流束と燃焼速度, 日本建築学会構造系論文集, 第472号, pp.169-176, 1995年 6月

8) 大宮 喜文, 佐藤 雅史, 田中 哮義, 若松 孝旺 : 区画内における可燃物の燃焼速度と噴出火炎の発生限界, 日本建築学会構造系論文集, 第469号, pp.149-158, 1995年 3月

9) 原田和典 : 建築火災のメカニズムと火災安全設計, pp.77, 財団法人日本建築センター, 2007年 12月

## 6.2.2 개구부를 지나는 공기의 질량유량

### 1. 계산식 대상

그림 6.8에 나타낸 실에서 개구를 통해 실로 유입되는 공기의 질량유량을 구한다.

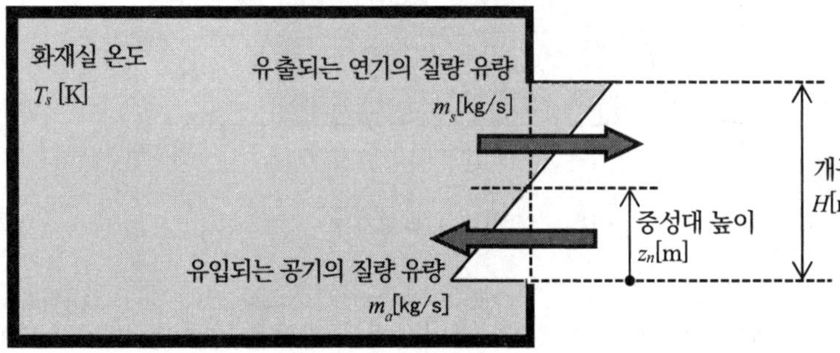


그림 6.8 개구부를 지나는 공기의 질량유량

### 2. 계산식

실로 유입되는 공기의 질량유량: $m_a$[kg/s]

$$m_a = 0.52A\sqrt{H} \tag{6.11}$$

### 3. 입력값

$A$ 개구 면적 [m$^2$]

$H$ 개구 높이 [m]

### 4. 예제

치수 W 4.0m×H 1.0m 의 개구를 통해 실로 유입되는 공기의 질량유량 $m_a$[kg/s]를 구하시오.

$$m_a = 0.52A\sqrt{H} = 0.52\times(4\times1)\sqrt{1} = 2.1\text{kg/s}$$

### 5. 해설

화재실의 개구부에서 유입되는 공기의 질량유량 $m_a$ 및 유출되는 연기의 질량유량 $m_s$는

제4장의 결과를 이용하여 각각 다음과 같이 계산된다.[10)]

$$m_a = \frac{2}{3}\alpha B\sqrt{2g\rho_0\Delta\rho}\,z_n^{3/2} \tag{6.12}$$

$$m_s = \frac{2}{3}\alpha B\sqrt{2g\rho_s\Delta\rho}\,(H - z_n)^{3/2} \tag{6.13}$$

여기서, $\Delta\rho \equiv \rho_0 - \rho_s$[kg/m$^3$], $B$: 개구폭[m], $H$: 개구 높이[m], $\rho_0$: 외기의 기체밀도[kg/m$^3$], $\rho_s$: 화재실 가스의 밀도[kg/m$^3$], $z_n$: 개구 하단부터 중성대까지의 높이[m]이다.

공기가 실로 유입되는 흐름과, 열분해 가스가 혼합해서 화학 반응한 후에 개구 상부에서 연기로 유출되는 흐름이 동시에 두 방향으로 일어난다. 질량 수지는 다음 식과 같다.

$$m_p + m_a = m_s \tag{6.14}$$

일반적으로, 개구 유량에 비해 열분해 가스의 발생 속도는 작으므로

$$m_a = m_s \tag{6.15}$$

을 얻는다. 이 관계는 식 (6.12) 및 식 (6.13)에 의해,

$$\frac{z_n}{H} = \frac{1}{1+(\rho_0/\rho_s)^{1/3}} = \frac{1}{1+(T_s/T_0)^{1/3}} \tag{6.16}$$

가 된다. 따라서,

$$\begin{aligned} m_a(=m_s) &= \frac{2}{3}\alpha BH^{3/2}\rho_0\sqrt{2g}\left[\frac{1-\rho_s/\rho_0}{\left\{1+(\rho_0/\rho_s)^{1/3}\right\}^3}\right]^{1/2} \\ &= \frac{2}{3}\alpha BH^{3/2}\rho_0\sqrt{2g}\left[\frac{1-T_0/T_s}{\left\{1+(T_s/T_0)^{1/3}\right\}^3}\right]^{1/2} \end{aligned} \tag{6.17}$$

식 (6.17)의 [ ] 안은 실내 가스 온도의 함수이나, 약 400℃(=673K) 이상에서는 온도에 관계 없이 거의 일정하다. 구체적으로 수치를 대입하여 식 (6.17)의 계수를 구하면

$$m_a(=m_s) = (0.5 \sim 0.52)A\sqrt{H} \tag{6.18}$$

가 된다. 여기에서 $A(=BH)$는 개구 면적 [m$^2$]이다. 또, 유량계수로 $\alpha = 0.7$을 이용하였다.

### 6. 참고문헌

10) Nakaya, I, Tanaka, T., and Yoshida, M.: Doorway Flow Induced by a Propane Fire, Fire Safety Journal, Vol.10, pp.185-195, 1986

## 6.2.3 화재실 내부의 발열속도

### 1. 계산식 대상

연료 지배 화재 및 환기 지배 화재(6.2.1의 해설 참조)의 발열속도를 산정한다.

### 2. 계산식

발열속도: $Q$ [kW]

환기 지배 화재: $Q = 1500 A\sqrt{H}$ $(\chi \leq 0.07)$ (6.19)

연료 지배 화재: $Q = \Delta H\, m_b$ $(0.07 < \chi)$ (6.20)

연소형 지배인자: $\chi = \dfrac{A\sqrt{H}}{A_{fuel}}$ (6.21)

### 3. 입력값

| | |
|---|---|
| $A$ | 실의 개구 면적 [$m^2$] |
| $A_{fuel}$ | 가연물 표면적 [$m^2$] |
| $H$ | 실의 개구 높이 [m] |
| $m_b$ | 질량 연소속도 (6.2.1 참조)[kg/s] |
| $\Delta H$ | 단위 질량당 발열량 [kJ/kg] |

### 4. 예제

그림 6.9에 나타낸 실에서의 발열속도 $Q$ [kW]를 구하시오. 이때 연소형 지배인자 $x = 0.08$로 한다.

$x > 0.07$이므로 6.2.1절을 참조해서 연료 지배 시의 연소속도 산정식을 이용한다.

질량 연소속도: $m_b$=6.17 kg/s

단위 질량당 발열량(목재): $\Delta H$=16000 kJ/kg

연료 지배 화재의 발열속도: $Q=\Delta Hm_b=16000\times 6.174=98784$ kW

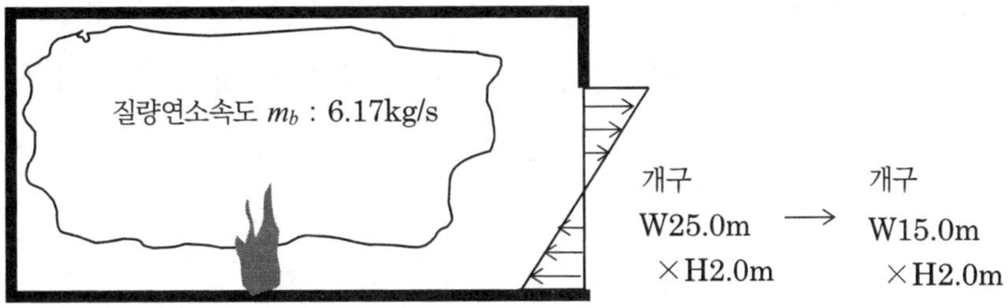


그림 6.9 실내 발열속도 계산 예제

다음으로, 개구 치수가 W 15.0m×H 2.0m인 경우를 검토해 보자.

연소형 지배인자 $\chi=\dfrac{A\sqrt{H}}{A_{fuel}}=15\times 2\times\sqrt{2}/882=0.048m^{1/2}$

$\chi$<0.07이 되므로 환기 지배 시의 발열속도 계산식을 이용한다.

환기 지배 화재의 발열속도: $Q=1500\times 30\sqrt{2}=63{,}640$kW

## 5. 해설

연료 지배 화재에서는 열분해 가스가 실내에서 모두 연소한다고 생각한다. 이때 실내에서의 발열속도 $Q$는 다음 식으로 주어진다.

$$Q=\Delta Hm_b \tag{6.22}$$

여기에서 $\Delta H$는 가연물의 단위 질량당 발열량[kJ/kg]이고, 목질계 가연물에서는 16,000 kJ/kg이다.

환기 지배 화재에서는 유입 공기량과 반응 가능한 양의 열분해 가스가 연소한다고 생각한다. 발열속도는

$$Q=\Delta H'(m_a/\gamma)=(\Delta H'/\gamma)m_a=\Delta H_{air}m_a \tag{6.23}$$

이 된다. 여기에 $\Delta H'$는 열분해 가스의 발열량[KJ/kg-fuel], $\Delta H_{air}$은 단위 공기 소비량당 발열량 [KJ/kg-$O_2$]이다. $\Delta H_{air}$는 연료의 종류에 관계 없이 3,000 KJ/kg-$O_2$이다. 따라서 환기

지배 화재에서 유입 공기의 질량유량이 식 (6.11)으로 주어지면 화재실에서의 발열속도는 다음과 같다.

$$Q \approx 3,000 m_a \approx 1,500 A\sqrt{H} \tag{6.24}$$

환기 지배 화재의 경우, 발생한 열분해 가스는 실내에서 모두 연소될 수 없고, 나머지는 개구로부터 분출되어 실외에서 연소한다. 식 (6.24)는 실내에서 발열속도의 상한을 제시한다.

## 6. 참고문헌

11) 原田和典 : 建築火災のメカニズムと火災安全設計, 第6章 盛期火災における燃焼性状, (財)人日本建築センター, 2007年 12月

# 6.3 최성기 화재의 화재실 온도

## 6.3.1 연료 지배형 화재의 온도

최성기 화재의 온도 예측식으로 여러 가지 식이 제안되고 있으나, 그중에서 가장 유력한 McCaffery 등에 의한 예측식을 나타낸다. 본 절에서는 연료 지배 화재를 상정하고 있다.

### 1. 계산식 대상

그림 6.10에 나타내는 것과 같이 연료 지배 화재에서 화재실 온도 $T_f$[K]를 구한다.

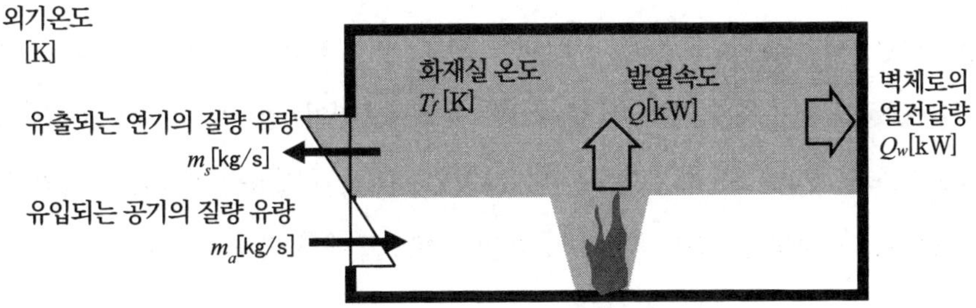


그림 6.10 실의 연기층에 대한 열수지

### 2. 계산식

- 화재실 온도: $T_f$[K]

$$T_f = 0.023T_0\left(\frac{Q}{A\sqrt{H}}\right)^{2/3}\left(\frac{A\sqrt{H}}{A_T h_k}\right)^{1/3} + T_0 \tag{6.25}$$

- 실효 열전달률: $h_k$[kW/(m²·K)]

$$h_k = \begin{cases} \dfrac{k}{\delta} & \left(t > \dfrac{\delta^2}{4\alpha_h}\right) \\ \left(\dfrac{k\rho c}{t}\right)^{1/2} & \left(t \le \dfrac{\delta^2}{4\alpha_h}\right) \end{cases} \tag{6.26}$$

## 3. 입력값

| | |
|---|---|
| $A$ | 개구 면적 [$m^2$] |
| $A_T$ | 화재실의 내표면적 [$m^2$] |
| $c$ | 벽체 재료의 비열 [kJ/(kg·K)] |
| $h_k$ | 실효 열전달률 [kW/($m^2$·K)]<br>(본 절의 실효 열전달률 $h_k$의 정의는 이 교재의 다른 부분과는 상이함.) |
| $H$ | 개구 높이 [m] |
| $k$ | 벽체 열전도율 [kW/(m·K)] |
| $Q$ | 발열속도 (6.2.3 참조)[kW] |
| $T_0$ | 외기온도 [K] |
| $a_h$ | 벽체 재료의 열확산계수 [$m^2$/s] |
| $\rho$ | 벽체 재료의 밀도 [kg/$m^3$] |
| $\delta$ | 벽체의 두께 [m] |

## 4. 예제

그림 6.11에 나타낸 바와 같이, 바닥 면적 20×5 $m^2$, 천장의 높이 3 m, 개구 치수 W 10m×H 1.0m인 실이 있다. 벽체 재료는 일반 콘크리트이며, 열전도율 $k$=1.51×$10^{-3}$ kW/(m·K), 밀도 ρ=2200 kg/$m^3$, 비열 $c$=0.88 kJ/(kg·K), 두께 $\delta$=0.15m이다. 가연물 밀도 $w_{load}$=160 MJ/$m^2$이라면, 화재 시작 후 30분이 지났을 때의 화재실 온도 $T_f$[K]를 구하시오. 이때 외기 온도는 $T_0$=20℃로 한다.

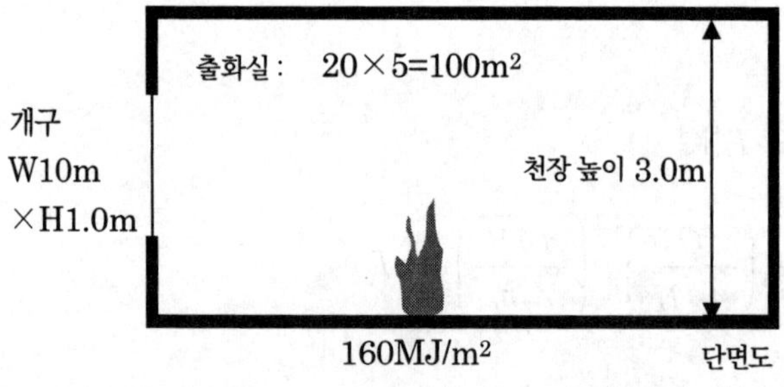


그림 6.11 최성기 화재의 화재실 온도 계산 예제(연료 지배형)

연소형 지배인자를 계산하여 연료 지배 화재임을 확인한다. 그래서 식 (1.16)에서 가연물 표면적을 구한다. 계수는 사무실 용도의 것을 사용한다.

$$A_{fuel}=0.214\,w_{load}{}^{1/3}A_r=0.214\times160^{1/3}\times100=116.2\,\text{m}^2$$

$$\chi=\frac{A\sqrt{H}}{A_{fuel}}=\frac{10\times1\times\sqrt{1}}{116.2}=0.086\,\text{m}^{1/2}>0.07$$

연소형 지배인자가 0.07보다 크므로 연료 지배 화재가 된다. 연소속도는 식 (6.5)로 인해

$$m_b=0.007\,A_{fuel}=0.007\times116.2=0.813\,\text{kg/s}$$

$$Q=\Delta Hm_b=16000\times0.813=13{,}008\text{kW}$$

벽체의 실효 열전달률을 식 (6.26)으로 구하고, 식 (6.25)에 따라 화재실의 온도를 계산한다.

$$\alpha_h=\frac{k}{\rho c}=\frac{1.51\times10^{-3}}{2200\times0.88}=0.78\times10^{-6}\,\text{m}^2/\text{s}$$

$$\frac{\delta^2}{4\alpha_h}=\frac{0.15^2}{4\times0.78\times10^{-6}}=7212\quad>1800$$

$$h_k=\left(\frac{k\rho c}{t}\right)^{1/2}=\left(\frac{1.51\times10^{-3}\times2200\times0.88}{1800}\right)^{1/2}=4.03\times10^{-2}\,\text{kW/(m}^2\cdot\text{K)}$$

$$A_T=2\times(20\times5)+2\times(20+5)\times3-10\times1=340\text{m}^2$$

$$T_f=0.023T_0\left(\frac{Q}{A\sqrt{H}}\right)^{2/3}\left(\frac{A\sqrt{H}}{A_Th_k}\right)^{1/3}+T_0$$

$$=0.023\times293\times\left(\frac{13012}{(10\times1)\times\sqrt{1}}\right)^{2/3}\left(\frac{(10\times1)\times\sqrt{1}}{340\times0.0403}\right)^{1/3}+293=1016\,\text{K}$$

## 5. 해설

구획 내의 온도를 예측할 때는 여러 가지 물리적 과정이 포함되지만, 실무적으로는 간단한 방법으로 계산할 수 있는 것이 바람직하다. McCaffrey 등은 화재실의 열수지로부터 화재 온도 계산식을 이끌어내어, 실험을 통하여 계수를 결정하고 있다.[12)] 그림 6.10과 같은 실 화재를 고려하여 상부 고온층의 온도는 $T_f$[K]로 동일하고 화재 성상이 준정상상태라고 가정하면, 개구로부터의 질량 유출과 유입은 동일해진다($m_s=m_a$). 이것을 고려하여 상부

층의 열수지식은 다음과 같다.

$$Q = c_p m_a (T_f - T_0) + Q_w \tag{6.27}$$

여기에서 $m_a$는 개구로부터 유입되는 공기의 질량유량[kg/s], $Q_W$는 복사 및 대류에 의해 연기층에서 벽체로 단위 시간당 전달되는 열량[kW]이다. 복사 및 대류의 열전달률이 충분히 큰 경우에는 벽체 내부로 전도열류가 제한되므로 $Q_W$는

$$Q_w = h_k A_T (T_f - T_0) \tag{6.28}$$

의 식으로 나타낼 수 있다. 식 (6.28)을 식 (6.27)에 대입하여 정리하면, 무차원 온도 $(T_f - T_0)/T_0$가 다음과 같이 두 개의 무차원량 함수로 나타난다.

$$\frac{T_f - T_0}{T_0} = \left( \frac{Q}{c_p T_0 m_a} \right) / \left( 1 + \frac{h_k A_T}{c_p m_a} \right) \tag{6.29}$$

또한 개구로부터 유입되는 공기량 $m_a$를 개구인자 $A\sqrt{H}$에 의해

$$m_a \propto \rho_\infty \sqrt{g} (A\sqrt{H}) \tag{6.30}$$

으로 나타내어, 실험 데이터의 회귀에 따라 계수를 정하면 식 (6.25)를 얻는다.

### 6. 참고문헌

12) McCaffrey, B.J., Quintiere, J.G., and Harkleroad, M.F.: Estimating Room Temperatures and the Likelihood of Flashover Using Fire Test Data Correlations Fire technology, Vol.17(2), 98-119, 1981

## 6.3.2 환기 지배형 화재의 온도

### 1. 계산식 대상

환기 지배형 화재에서 화재실의 온도를 구한다.

## 2. 계산식

- 화재실의 온도: $T_f$[K]

$$T_f = 3.0T_0\left(\frac{A\sqrt{H}}{A_T h_k}\right)^{1/3} + T_0 \tag{6.31}$$

## 3. 입력값

$A$ 개구 면적 [$m^2$]

$A_T$ 화재실의 내표면적 [$m^2$]

$h_k$ 실 벽체의 실효 열전달률(식 (6.26)에 의함)[$kW/(m^2 \cdot K)$]
(본 절의 실효 열전달률 $h_k$의 정의는 본 교재의 다른 부분과 상이함.)

$H$ 개구 높이 [m]

$T_0$ 외기 온도 [K]

## 4. 예제

그림 6.12에 나타내는 조건에서, 화재 발생 후 30분이 지났을 때의 화재실의 온도 $T_f$[K]를 구하시오. 개구는 폭 1.6m× 높이 1.0m이다. 다른 설정 조건들은 앞 절의 연료 지배 화재의 예제와 같다.

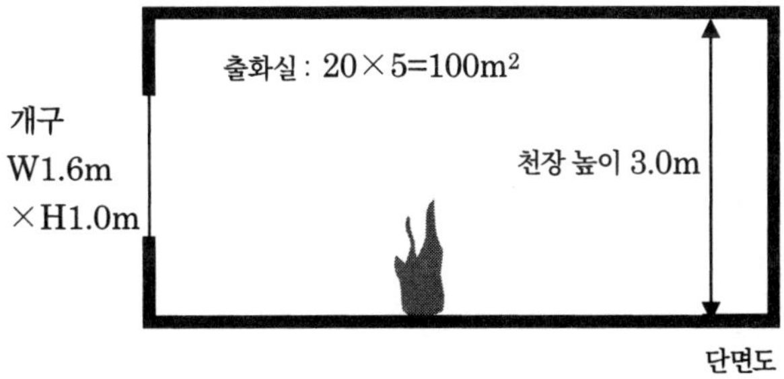


그림 6.12 최성기 화재의 화재실 온도 계산 예(환기 지배형)

연소형 지배인자는

$$\chi = \frac{A\sqrt{H}}{A_{fuel}} = \frac{1.6\sqrt{1.0}}{116.2} = 0.014 < 0.07\,m^{1/2}$$

이므로 환기 지배 화재이다.

$$A_T = 2\times 20\times 5 + 2\times(20+5)\times 3 - 1.6\times 1 = 348.4\text{m}^2$$

$$T_f = 3.0T_0\left(\frac{A\sqrt{H}}{A_T h_k}\right)^{1/3} + T_0 = 3.0\times 293\times\left(\frac{1.6\sqrt{1.0}}{348.4\times 0.04}\right)^{1/3} + 293 = 719.2\text{K}(=446.2°\text{C})$$

### 5. 해설

환기 지배형 화재에서 발열속도의 최대치는 식 (6.19)로 주어지며, $Q=1{,}500A\sqrt{H}$이다. 이것을 식 (6.25)에 대입하면 식 (6.31)을 얻을 수 있다.[13),14)]

$$T_f = 0.023T_0\left(\frac{1500A\sqrt{H}}{A\sqrt{H}}\right)^{2/3}\left(\frac{A\sqrt{H}}{A_T h_k}\right)^{1/3} + T_0 = 3.0T_0\left(\frac{A\sqrt{H}}{A_T h_k}\right)^{1/3} + T_0$$

### 6. 참고문헌


13) 松山賢, 藤田隆史, 金子英樹, 大宮喜文, 田中哮義, 若松孝旺 : 区画内火災性状の簡易予測法, 日本建築学会構造系論文集, 第469号, pp. 159-164, 1995年 3月

14) 佐藤雅史, 田中哮義, 若松孝旺 : 火災室及び廊下の温度の簡易予測式, 日本建築学会構造系論文集, 第489号, pp.137-145, 1996年 11月


## 6.3.3 환기 지배 시의 인접실 구획에 대한 화재 온도

### 1. 계산식 대상

환기 지배 화재 시에 인접실의 온도 $T_{fc}$[K]를 산정한다.

### 2. 계산식

- 화재실 인접실의 온도: $T_{fc}$[K]

$$T_{fc} = 1.35T_0\left(\frac{A\sqrt{H}}{A_T h_k}\right)^{2/9}\left(\frac{A_d\sqrt{H_d}}{A_{T,c}h_{k,c}}\right)^{1/3} + T_0 \qquad (6.32)$$

## 3. 입력값

$A$ 개구 면적 [m$^2$]

$A_d$ 화재실과 인접실 사이의 개구 면적 [m$^2$]

$A_T$ 화재실의 내표면적 [m$^2$]

$A_{T,C}$ 인접실의 내표면적 [m$^2$]

$T_0$ 외기 온도 [K]

$h_k$ 화재실 벽체의 실효 열전달률(식 (6.26)으로 구함)[kW/(m$^2$·K)]

$h_{k,c}$ 인접실 벽체의 실효 열전달률(식 (6.26)으로 구함)[kW/(m$^2$·K)]
(본 절의 실효 열전달률 $h_k$의 정의는 본 교재의 다른 부분과 상이함.)

$H$ 개구 높이 [m]

$H_d$ 화재실과 인접실 간의 문의 개구 높이 [m]

$Q$ 발열속도 [kW]

## 4. 예제

그림 6.13에 있어서 인접실의 온도 상승 $T_c$[K]를 구하시오. 화재실의 조건은 앞 절의 예제와 같다. 인접실의 벽체는 화재실과 같다. 또, 인접실의 가연물로 연소확대되지는 않으며, 따라서 발열속도는 0이다.

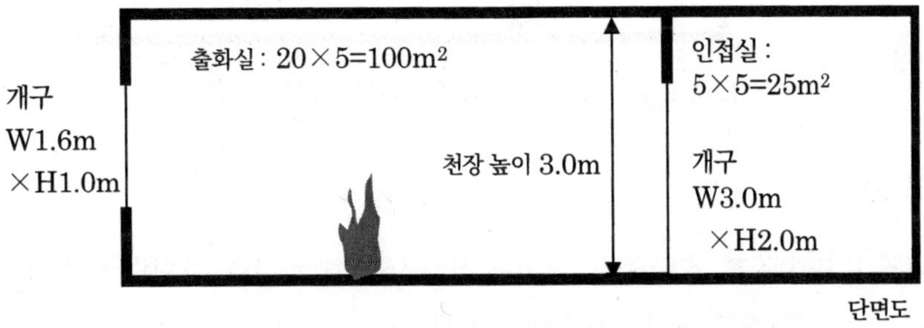


그림 6.13 인접실의 화재실 온도 계산 예시(환기 지배형)

$$A_T = (20\times5)\times2+(20+5)\times2\times3-(1.6\times1+3\times2)=342.4\,\mathrm{m}^2$$

$$A_{T,c} = (5\times5)\times2+(5+5)\times2\times3-(3\times2)=104.0\,\mathrm{m}^2$$

$$T_{fc} = 1.35T_0\left(\frac{A\sqrt{H}}{A_T h_k}\right)^{2/9}\left(\frac{A_d\sqrt{H_d}}{A_{T,c}h_{k,c}}\right)^{1/3}+T_0$$

$$=1.35\times293\times\left(\frac{1.6\times1.0\times\sqrt{1.0}}{342.4\times0.0403}\right)^{2/9}\left(\frac{3.0\times2.0\times\sqrt{2.0}}{104.0\times0.0403}\right)^{1/3}+293=603\mathrm{K}(=330^{\circ}\mathrm{C})$$

## 5. 해설

그림 6.14에 나타낸 바와 것과 같이, 환기 지배 화재의 최성기 화재실에서 유입된 고온 가스의 열량에 따라 인접실의 온도 상승을 고려한다. 화재실과 인접실 사이의 개구를 흐르는 기류가 운반하는 열량은

$$Q=c_p m_d\left(T_F-T_0\right)=c_p m_d T_0\left(\frac{\Delta T_F}{T_\infty}\right)\approx150A_d\sqrt{H_d}\left(\frac{\Delta T_F}{T_0}\right) \tag{6.33}$$

이 된다.[15] 복도 등의 인접실에서는 이것이 식 (6.25)에서의 $Q$에 대응한다고 생각하여, 식 (6.32)가 유도된다.

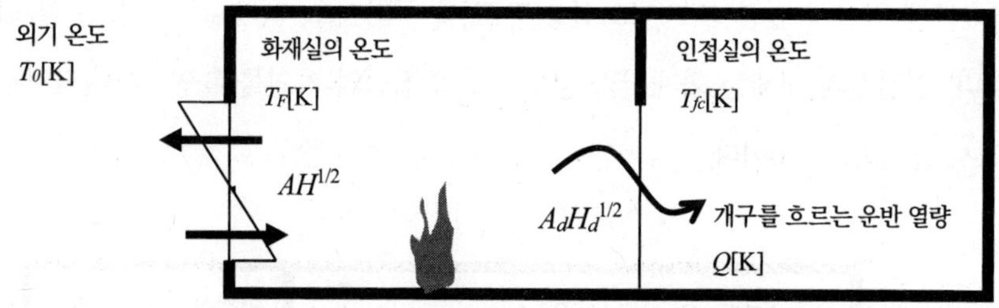


그림 6.14 환기 지배 화재의 성상(인접실의 경우)

## 6. 참고 문헌


15) 佐藤雅史, 田中哮義, 若松孝旺 : 火災室及び廊下の温度の簡易予測式, 日本建築学会構造系論文集, 第489号, pp.137-145, 1996年 11月

# 7장

# 개구 분출 열기류

# 7.1 개구 분출 열기류의 중심축 궤적

개구로부터 분출되는 화염과 열기류는 위층이나 주변 건물로 연소 확대되는 원인이 되므로, 그 성질을 이해하는 것은 중요하다. 화재로 발생한 열분해 가스가 실내에서 모두 다 연소되지 않는 경우, 개구에서 화염과 열기류가 혼재된 가스가 분출된다. 이 장에서는 이런 화염 및 열기류를 총칭하여 개구 분출 열기류라고 칭한다. 7.4절에서는 화염 부분을 중심으로, 7.5절에서는 열기류 부분을 중심으로 다룬다.

## 7.1.1 개구 위쪽이 자유공간일 때 열기류의 중심축

### 1. 계산식 대상

개구에서 분출된 열기류의 상층부가 외벽이 존재하지 않는 자유공간일 때 열기류의 중심축을 계산한다. 중심축이란 그림 7.1에서 점선으로 나타낸 부분인데, 개구 분출 열기류의 온도가 각 높이에서 최고치를 나타내는 위치를 연결하는 선이다. 열기류의 중심축이 벽에 가까우면 화재건물의 벽이 고온에 노출되기 때문에 위층이 연소되기가 쉽고, 반대로 열기류의 중심축이 개구로부터 떨어져 주변 건물에 가까워지면 주변 건물의 연소확대 위험이 커진다. 따라서 상층과 주변 건물로의 연소 위험성 평가에 이 계산식을 활용할 수 있다.

이 절의 계산 방법은 다음 조건에서 적용할 수 있다.

- 화재실에는 단일 개구가 설치되어 있다.
- 외기 바람의 영향을 무시할 수 있다.
- 개구 근처에 차양, 측벽, 서로 마주보는 벽(대향벽)이 존재하지 않는다.

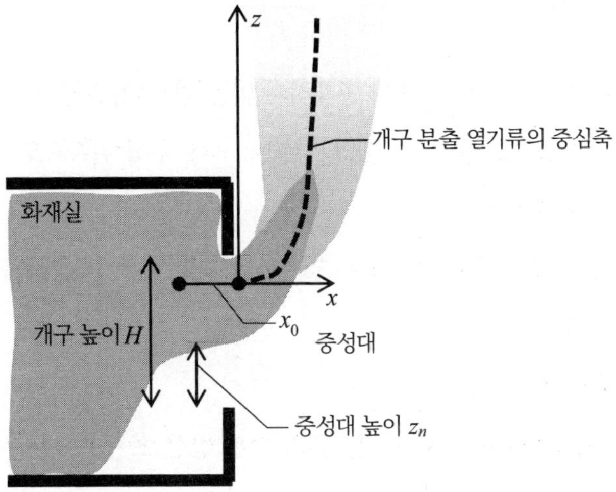


그림 7.1 개구 분출 열기류의 중심축

## 2. 계산식

- 개구 분출 열기류의 중심축 수평 위치: $x$[m]

$$\frac{x}{H} = 0.59\left(\frac{z}{H}\right)^{1/3} \tag{7.1}$$

- 개구 분출 열기류의 중심축 수직 위치: $z$[m]

$$\frac{z}{H} = 4.9\left(\frac{x}{H}\right)^{3} \tag{7.2}$$

## 3. 입력값

$H$ 개구 높이 [m]

## 4. 예제

개구 높이 $H$=2 m이고, 열기류 중심축은 개구 상단부터 높이 $z$=2 m에 있다. 이때 열기류 중심축의 수평 위치 $x$[m]를 구하시오.

$$x = 0.6(\frac{z}{H})^{1/3} H = 0.6 \times (\frac{2}{2})^{1/3} \times 2 = 1.2\,\text{m}$$

## 5. 해설

요코이(横井)는 개구 위쪽에 외벽이 존재하지 않는 경우(자유공간), 열기류 중심축의 움직임을 수평 방향으로 초기 속도가 있고, 부력에 의해 수직 위쪽으로 가속하는 기체로 간주하여 다음과 같이 계산하고 있다.[1)]

개구 분출 열기류 중심축의 수평 속도는 열기류의 수평 이동거리 제곱근에 반비례하고,

$$v = \frac{dx}{dt} = v_0 \sqrt{\frac{x_0}{x + x_0}} \tag{7.3}$$

으로 나타내었다. 여기에서 $v_0$는 분출 열기류의 수평 방향 초기 속도[m/s]이며, $x$는 개구 상단으로부터의 수평 위치[m], $x_0$는 분출 열기류의 가상 선화원 거리[m], $t$는 시간[s]이다. 이때, 화재실 내의 온도가 일정하다고 가정하면, 개구에서 열기가 분출되는 면에서의 초기 속도 $v_0$는 베르누이의 정리에 의해

$$v_0 = \sqrt{2g(H - z_n)\beta \Delta T} \tag{7.4}$$

로 계산할 수 있다.

한편, 개구 분출 열기류의 중심축은 주위 공기와의 온도차에 의한 부력 때문에 수직 위쪽으로 이동한다. 그 가속도는

$$\frac{d^2 z}{dt^2} = \frac{\Delta T \cdot g}{T_0} \tag{7.5}$$

이 된다. 여기서 $\Delta T$는 분출 열기류와 주위 공기의 온도차[K], $T_0$는 주변 온도[K], $g$는 중력 가속도[m/s$^2$]이다. $t=0$일 때 $x=0$, $z=0$으로 하는 초기 조건에서 식 (7.3) 및 식 (7.5)를 풀고, 두 식을 이용하여 시간 $t$항을 소거한 후에 $v_0$에 식 (7.4)를 대입하면 개구 분출 열기류의 중심축 위치로 다음 식이 도출된다.

$$\frac{z}{H - z_n} = \left(\frac{1}{9\beta T_0}\right)\left\{\left(\frac{x + x_0}{H - z_n}\right)^{3/2} - \left(\frac{x_0}{H - z_n}\right)^{3/2}\right\}^2 \Bigg/ \left(\frac{x_0}{H - z_n}\right) \tag{7.6}$$

여기에서 $z_n$은 개구 하단에서 중성대까지의 높이(이후 중성대 높이로 칭한다)[m], $\beta$는 공기의 부피 팽창 계수[K$^{-1}$]이다. 이때, 요코이의 연구[1)]로부터 얻은 다음의 관계를 사용하면 식 (7.6)은 식 (7.2)와 같이 나타낼 수 있다.

$$\frac{x_0}{H - z_n} \approx 0.0558 \tag{7.7}$$

$$\frac{H - z_n}{H} = 0.64 \tag{7.8}$$

$$\beta T_0 \approx 1 \tag{7.9}$$

식 (7.2)를 이용하여 개구 분출 열기류의 중심축 궤적을 계산한 값과 실험값을 비교한 결과를 그림 7.2에 나타내었다. $x/H$가 어느 구간이든지 실험값과 계산값은 대체로 일치한다. 이는 식 (7.3) 및 식 (7.4)보다 중심축의 이동속도에 개구폭의 영향이 포함되어 있지 않기 때문이며, 개구의 위쪽이 자유공간으로 되어 있는 경우의 중심축은 개구의 종횡비(aspect ratio)에 의하지 않고 개구 높이에만 의존한다.

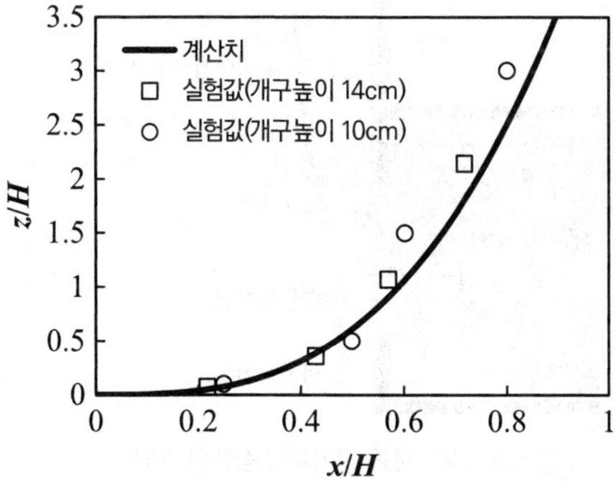


그림 7.2 개구 분출 열기류 중심축의 궤적. 계산값과 실험값[1)]

## 6. 참고문헌

1) 横井鎮男: 耐火造火災時の窓からの噴出気流のトラジェクトリ, 日本火災学会論文集, Vol.8, No.1, pp.1~5, 1958

## 7.1.2 개구 위쪽에 벽이 있을 때 열기류의 중심축

### 1. 계산식 대상

그림 7.3과 같이 개구 위쪽에 외벽이 존재할 경우, 화재실에 설치된 개구로부터 분출되는 열기류 중심축의 궤적을 계산한다.

이 절의 계산 방법은 다음 조건에서 적용할 수 있다.

- 외부 바람의 영향은 무시할 수 있다.
- 개구 근처에 차양, 측벽, 마주보는 벽이 존재하지 않는다.
- 외벽에 가연성 재료가 사용되어 있지 않다.
- 분출면의 종횡비($n=B/(H/2)$)가 2.0 이하이다.

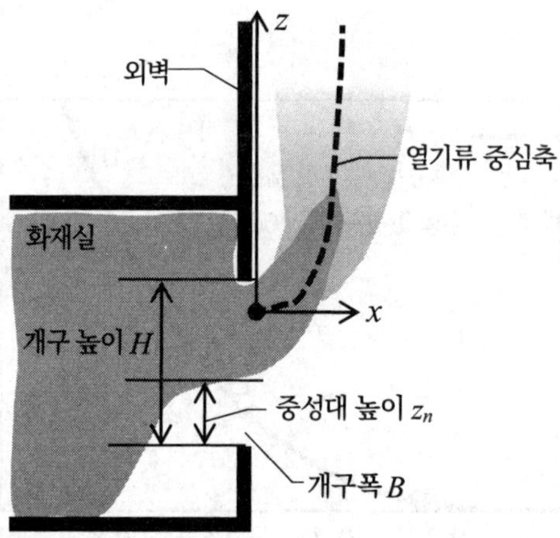


그림 7.3 개구 분출 열기류 중심축의 개념도

### 2. 계산식

- 열기류 중심축의 개구 상단으로부터의 수평 거리: $x$[m]
- 열기류 중심축의 개구 상단으로부터의 수직 거리: $z$[m]

$$\frac{z}{H-z_n}=\left(2.2+0.61n^2\right)\left(\frac{x}{H-z_n}\right)^3 \tag{7.10}$$

## 3. 입력값

| | |
|---|---|
| $B$ | 개구 폭 [m] |
| $H$ | 개구 높이 [m] |
| $n$ | 분출면 종횡비($n=B/(H/2)$)[–] |
| $x$ | 개구 상단으로부터의 수평 거리 [m] |
| $z$ | 개구 상단으로부터의 높이 [m] |
| $z_n$ | 중성대 높이 [m] |

## 4. 예제

개구 높이 $H$=2 m, 폭 $B$=2 m인 화재실이 있다. 벽면부터 수평 거리 $x$=1 m인 곳에서의 열기류 중심축 높이 $z$를 구하시오. 단, 중성대 높이는 개구 높이 $H$의 1/2이다.

- 분출면의 종횡비

$$n = B/(H/2) = 2/(2/2) = 2$$

- 열기류 중심축의 개구 상단으로부터의 수평 거리

$$z = \left(2.2 + 0.61n^2\right)\left(\frac{x}{H - z_n}\right)^3 (H - z_n) = \left(2.2 + 0.61 \times 2^2\right)\left(\frac{1}{2-1}\right)^3 (2-1) = 4.64\text{m}$$

## 5. 해설

최상 층 이외에 화재에서는, 화재실 개구 상부에 외벽 또는 위층의 개구부 등이 있다. 이는 7.1.1절의 상황과는 달리, 외벽에서 열기류로 공기의 유입이 없기 때문에, 열기류의 중심축이 외벽으로 움직인다.

본 절에서 나타낸 계산식은 요코이의 실험을 통해 얻은 열기류 중심축의 궤적에서 도출한 실험식이다.[2)] 그림 7.4는 열기류 중심축 궤적의 실험값과 계산값을 비교한 결과이다. 종횡비 $n$이 2.0 이하이면 실험값과 계산값이 대체로 동일하다. 한편, $n \geq 2.5$인 경우 $Z/(H-z_n)$=1.0 이상에서는, 계산값이 외벽을 벗어나는 경향이 있으므로 식 (7.10)은 적용할 수 없다. 또한 개구의 종횡비가 3~4를 넘는 경우, 또는 개구의 양쪽에 측벽이 있는 경우 (개구의 종횡비에 관계 없이) 열기류의 중심축이 벽면을 따라가는 경향을 보인다. 또한, 종횡비 $n$이 개구 높이에 대한 개구 폭의 비를 나타내고 있는 것이 아니라, 개구에 대한 화염의 주요 분출면 높이에 대한 개구폭의 비율$(B/(H/2))$을 나타내고 있는 것에 주의하여야 한다.

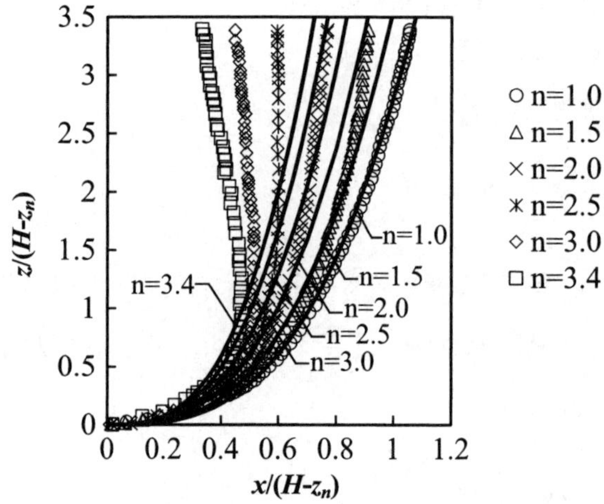


그림 7.4 열기류 중심축 궤적의 실험값과 식 (7.10)의 비교

### 6. 참고문헌


2) 水野佳世子, 若松孝旺, 田中辰明: 火災加熱を受ける鋼構造部材の3次元熱流解析モデルー-屋外にある鋼構造部材が火災加熱を受ける場合の鋼構造部材の温度性状の予測, 日本建築学会環境系論文集 第607号, pp.7-14, 2006年


## 7.1.3 개구 분출 열기류의 온도가 충분히 낮아질 때까지의 수평 거리

### 1. 계산식 대상

그림 7.5에 나타낸 상황에서 개구 분출 열기류의 온도가 충분히 낮아질 때까지의 수평 거리 $x_c$를 구한다. 이 절의 계산 방법은 다음 조건에서 적용할 수 있다.

- 외부 바람의 영향을 무시할 수 있다.
- 개구 주변에 차양, 측벽, 마주보는 벽이 존재하지 않는다.

• 외벽에 가연성 재료가 사용되어 있지 않다.

단, 개구 분출 화염으로부터 복사열이 인접한 건물에 미치는 영향에 대해서는 별도로 고려할 필요가 있다.

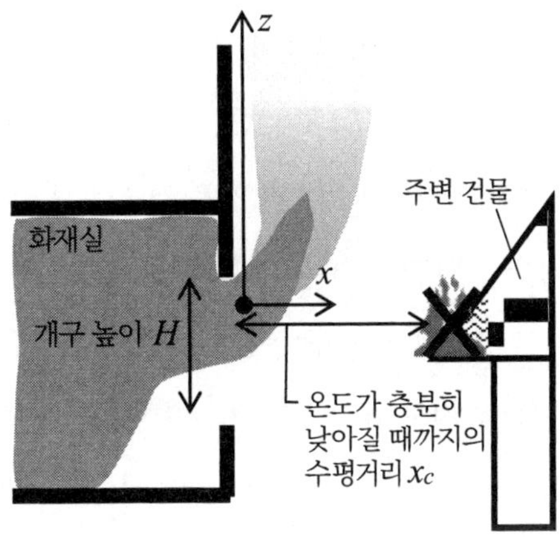


그림 7.5 개구 분출 열기류의 온도가 충분히 낮아질 때까지의 수평 거리

## 2. 계산식

• 개구 분출 열기류의 온도가 충분히 낮아질 때까지의 수평 거리: $x_c$[m]

$$\frac{x_c}{H} > 0.6\left(\frac{z}{H}\right)^{1/3} + 0.3\left(\frac{z}{H}\right) \tag{7.11}$$

## 3. 입력값

| | |
|---|---|
| $H$ | 개구 높이 [m] |
| $x$ | 개구 상단으로부터의 수평 거리 [m] |
| $z$ | 개구 상단으로부터의 높이 [m] |

## 4. 예제

개구 높이 $H$=2 m이고, 개구 상단으로부터 $z$ =3 m 높이에서 개구 분출 열기류의 온도가 충분히 낮아질 때까지의 수평 거리를 구하시오.

$$x_c > \left\{0.6\left(\frac{z}{H}\right)^{1/3} + 0.3\left(\frac{z}{H}\right)\right\}H = \left\{0.6\left(\frac{3}{2}\right)^{1/3} + 0.3\left(\frac{3}{2}\right)\right\} \times 2 \approx 2.25\text{m}$$

## 5. 해설

주변 건물에 대한 연소 확대 위험성을 평가할 때에도 개구 분출 열기류 성상이 중요하다. 이때 주변 건물이 개구 분출 열기류의 중심축에서 충분히 떨어져 있으면, 개구 분출 열기류로부터의 대류 열전달은 약해진다.

개구 분출 열기류의 중심축은 개구의 종횡비 등에 따라 다르지만, 개구의 윗부분이 자유공간으로 되어 있을 때 가장 벽에서 멀어지므로 이보다 어느 정도 바깥쪽 범위의 경우에는 개구 분출 열기류에 의한 열기류가 미치지 않을 것으로 보인다.

개구 분출 열기류는 상승과 함께 퍼져나가므로 개구 분출 열기류의 중심축 바깥쪽의 온도 분포도 고려하지 않으면 안 된다. 개구 분출 열기류의 확산은 개구에 가까운 높이에서는 개구 치수 등의 영향을 받지만 높아질수록 일반적인 화재 플륨의 성상과 유사하게 된다. 자유공간 내의 화재 후 플륨의 확대 각도에 대해서 Zukoski 등은 온도가 열기류의 중심축 위의 온도가 1/2이 되는 폭(반값폭)인 $\tan^{-1}0.131$배로 하고 있으나, 바깥쪽에도 온도상승이 있는 영역이 존재하기 때문에 문헌 3)에서는 개구 분출 열기류의 중심축으로부터 온도가 충분히 낮아지는 거리와 높이의 비를 $\tan^{-1}0.3$으로 하여 식 (7.11)을 도출하였다.

## 6. 참고문헌

3) 日本建築学会編 : 建築物の火災安全設計指針, 丸善, pp.180~184, 2002年

# 7.2 분출 열기류 중심축의 온도

## 7.2.1 임의의 온도가 되는 높이

### 1. 계산식 대상

그림 7.6에 나타내는 것과 같이, 위에 외벽이 존재하는 개구로부터 분출된 열기류의 중심축 위의 온도가 $T_{ax}$가 되는 높이 $z$를 계산한다. 이 방법은 개구부 위쪽 근처의 열기류 온도가 연소 위험이 있는 온도에 비해 어떠한가를 검토하기 위해서 사용할 수 있다.

이 절의 계산 방법은 다음 조건에서 적용할 수 있다.

- 외부 바람의 영향을 무시할 수 있다.
- 개구 근처에 차양, 측벽, 마주보는 벽이 존재하지 않는다.
- 외벽에 가연성 재료가 사용되어 있지 않다.
- 분출면의 종횡비 $n(=B/(H/2))$가 6.4 이하이다.

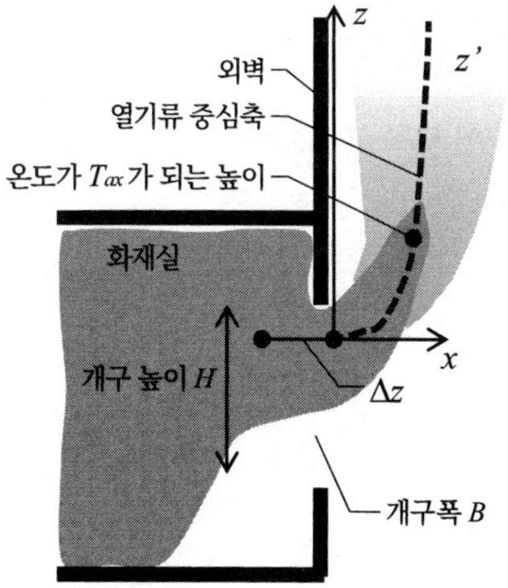


그림 7.6 개구 분출 열기류의 축상온도

## 2. 계산식

- 열기류의 중심축으로부터의 거리: $z'$ [m]

$$\frac{z'+\Delta z}{r_0}=\left(-4\ln\left(2\Theta\right)\right)^{5/4} \tag{7.12}$$

- 무차원 온도: $\Theta$

$$\Theta=\frac{(T_{ax}-T_0)r_0^{5/3}}{\left(\dfrac{T_0\,Q_{ef}^2}{c_p^2\,\rho^2 g}\right)^{1/3}} \tag{7.13}$$

- 등가 개구 반경: $r_0$ [m]

$$r_0=\sqrt{(BH)/(2\pi)} \tag{7.14}$$

- 분출 열기류의 운반열량과 미연가스의 발열속도 합: $Q_{ef}$ [kW]

$$Q_{ef}=c_p m_d\left(T_f-T_0\right)+Q-Q_{v,crit} \tag{7.15}$$

- 분출 열기류의 질량유량: $m_d$ [kg/s]

$$m_d=\alpha B\int_{z_n}^{H}\{\rho(h)v(h)\}dh\approx 0.5BH^{3/2} \tag{7.16}$$

- 분출 열기류 밀도: $\rho$ [kg/m$^3$]

$$\rho=\frac{353}{T_{ax}} \tag{7.17}$$

- 불출화염 발생 한계 발열속도: $Q_{v,crit}$ [kW]

$$Q_{v,crit}=150\left(\frac{A_T}{A\sqrt{H}}\right)^{2/5}A\sqrt{H} \tag{7.18}$$

- 가상의 점열원 위치: $\Delta z$ [m]

$$\Delta z=0.04Q_{ef}^{*2}\,r_0 \tag{7.19}$$

- 무차원 보유열량: $Q_{ef}^*$ [kW]

$$Q_{ef}^*=\frac{Q_{ef}}{c_p T_0\rho_0\sqrt{g}r_0^{5/2}}=\frac{Q_{ef}}{1116r_0^{5/2}} \tag{7.20}$$

## 3. 입력값

| | |
|---|---|
| $A$ | 개구 면적 [m$^2$] |
| $A_T$ | 화재실의 내표면적 [m$^2$] |
| $B$ | 개구폭 [m] |
| $c_p$ | 공기의 비열 (=1.0 kJ/(kg·K)) |
| $g$ | 중력 가속도 (=9.8 m/s$^2$) |
| $H$ | 개구 높이 [m] |
| $Q$ | 화재실에서 발생한 열분해 가스가 모두 연소된 경우의 발열속도 [kW] |
| $T_{ax}$ | 축상온도(알고 싶은 높이의 온도)[K] |
| $T_f$ | 화재실 온도 [K] |
| $T_0$ | 초기 온도 [K] |
| $v(h)$ | 높이 $h$[m]에서 열기류의 유속 [m/s] |
| $z_n$ | 개구부의 중성대 높이 [m] |
| $\alpha$ | 유량계수 [–] |
| $\rho(h)$ | 높이 $h$에서 열기류의 밀도 [kg/m$^3$] |
| $\rho_0$ | 주변 공기의 기체밀도 [kg/m$^3$] |

## 4. 예제

개구 치수는 폭 $B$=2 m, 높이 $H$=1 m이다. 구획 내 온도 $T_f$ 1400K(1127℃), 초기 온도 300K(27℃)로 하고 분출 열기류의 중심축상의 온도가 773K(500℃)가 되는 $z'$를 구하시오. 이때, 화재실 내에서의 가연물 발열속도 $Q$=2800 kW, 화재실 내표면적 57 m$^2$로 한다.

- 분출 열기류의 밀도:

$$\rho = \frac{353}{T_{ax}} = \frac{353}{773} \approx 0.457\,\text{kg/m}^3$$

- 분출 열기류의 질량유량:

$$m_d = 0.5BH^{3/2} = 0.5 \times 2 \times 1^{3/2} = 1.0\,\text{kg/s}$$

- 분출 열기류의 운반열량과 미연 가스의 발열속도:

$$Q_{ef} = c_p m_d \left(T_f - T_0\right) + Q - Q_{v,crit}$$

$$= c_p m_d \left(T_f - T_0\right) + Q - 150\left(\frac{A_T}{A\sqrt{H}}\right)^{2/5} A\sqrt{H}$$

$$= 1 \times 1.0 \times \left(1400 - 300\right) + 2800 - 150 \times \left(\frac{57}{2}\right)^{2/5} \times 2 = 2754\text{kW}$$

- 등가 개구 반경:

$$r_0 = \sqrt{\frac{BH}{2\pi}} = \sqrt{\frac{2 \times 1}{2\pi}} = 0.56\,\text{m}$$

- 무차원 보유열량:

$$Q_{ef}^{*} = \frac{Q_{ef}}{1116\, r_0^{5/2}} = \frac{2754}{1116 \times 0.56^{5/2}} = 10.3$$

- 가상 점원 길이:

$$\Delta z = 0.04\, Q_{ef}^{*2}\, r_0 = 0.04 \times \left(10.3\right)^2 \times 0.56 = 2.40\,\text{m}$$

- 무차원 온도:

$$\Theta = \frac{\Delta T_{ax}\, r_0^{5/3}}{\left(\dfrac{T_0 Q_{ef}^2}{c_p^2 \rho^2 g}\right)^{1/3}} = \frac{\left(773 - 300\right) \times 0.56^{5/3}}{\left(\dfrac{300 \times 2754^2}{1^2 \times 0.457^2 \times 9.8}\right)^{1/3}} = 0.176$$

- 열기류 중심축으로부터의 거리:

$$z' = \left(-4\ln\left(2\Theta\right)\right)^{5/4} \cdot r_0 - \Delta z = \left(-4\ln\left(2 \times 0.176\right)\right)^{5/4} \times 0.56 - 2.40 = 0.97\,\text{m}$$

## 5. 해설

개구 분출 열기류의 중심축상의 온도는 위층의 연소 위험성을 평가할 때 중요하다. 본 절에서 나타낸 식은 요코이에 의해 제안된 온도 추정식을 기반으로 하며, 실내에서 연소하지 못한 가스가 외부에서 연소하면서 생기는 발열의 영향을 추가한 것이다.[4)] 또한 식 (7.15)의 우변 제1항 $c_p m_d (T_f\text{-}T_0)$는 화재실에서 개구를 통해 화재실 밖으로 배출되는 열류(운반열량이라고 부른다. 단, 복사열은 제외)이다. 제2항 $Q\text{-}Q_{v,crit}$는 타지 않은 가스의 화재실 밖에서 연소 발열속도이며, 화재 구획 내에서 발생한 가연물의 열분해 가스가 모두 연소되었을 때의 발열속도 $Q$에서 화재 구획 내에서의 연소 발열속도 $Q_{v,crit}$을 뺀 나머지가 화재실 밖에서 연소한다고 가정한다.

개구 분출 열기류의 온도가 주어진 값(전형적으로는 500℃)이 되는 위치가 열기류의 중심축을 따른 거리 $z'$로 주어졌을 때, 수직 높이 $z$를 알기 위해서는 7.1절에서 나타낸 열기류의 중심축 궤적을 이용한다. 예를 들어, 그림 7.7에 나타난 것과 같이 벽면으로부터의 수평 거리 $x$의 중간점$(x/2)$에서 2분할한 선분의 길이의 합으로 구해진다.

$$z' = a + b = \sqrt{\left(\frac{x}{2}\right)^2 + z_{1/2}^2} + \sqrt{\left(x - \frac{x}{2}\right)^2 + \left(z - z_{1/2}\right)^2} \tag{7.21}$$

이때 식 (7.21)의 $x$에는 7.1절의 열기류의 궤적 산정식 (7.10)을 $x$에 대해서 정리한 식

$$x = \left(\frac{z}{(H - z_n)(2.2 + 0.61n^2)}\right)^{1/3} (H - z_n) \tag{7.22}$$

을 이용한 값을 대입한다. 한편, $z_{1/2}$에는 식 (7.10)의 $x$에 $x/2$를 대입하여 얻어지는 다음 식

$$\begin{aligned} z_{1/2} &= (2.2 + 0.61n^2)\left(\frac{x/2}{H - z_n}\right)^3 (H - z_n) \\ &= \frac{1}{8}(2.2 + 0.61n^2)\left(\frac{x}{H - z_n}\right)^3 (H - z_n) = \frac{z}{8} \end{aligned} \tag{7.23}$$

를 사용하면 식 (7.21)은 다음과 같다.

$$\begin{aligned} z' = &\sqrt{\left\{\left(\frac{z}{(H - z_n)(2.2 + 0.61n^2)}\right)^{1/3} \frac{H - z_n}{2}\right\}^2 + \left(\frac{z}{8}\right)^2} \\ &+ \sqrt{\left\{\left(\frac{z}{(H - z_n)(2.2 + 0.61n^2)}\right)^{1/3} \frac{H - z_n}{2}\right\}^2 + \left(\frac{7z}{8}\right)^2} \end{aligned} \tag{7.24}$$

이것을 이용하여 중성대 높이 $z_n$, 개구 높이 $H$, 개구의 종횡비 $n$에 따라 임의의 $z'$에 대한 수직 거리 $z$를 구할 수 있다.

또한, 열기류의 중심축으로부터의 거리 $z'$를 개구 상단으로부터의 높이 $z$와 같다고 생각하면, 특정 온도에 도달하는 높이를 더 높게 예측하기 때문에, 위층의 연소를 검토하는 데는 더 안전한 평가가 된다. 만약 $z'$로부터 $z$를 직접 산정하는 것이 어려운 경우에는 그림 7.8과 같이 $z'$와 $z$의 관계식을 도시하고, $z'$에 대응하는 $z$를 읽어내면 된다.

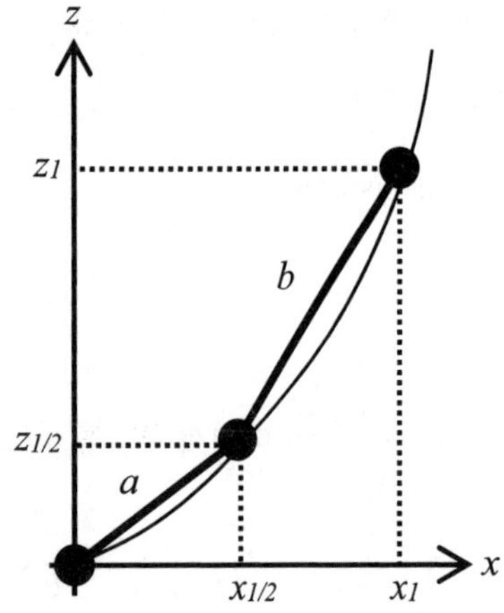


그림 7.7 열기류의 중심축 궤적에 따른 거리의 근사 예

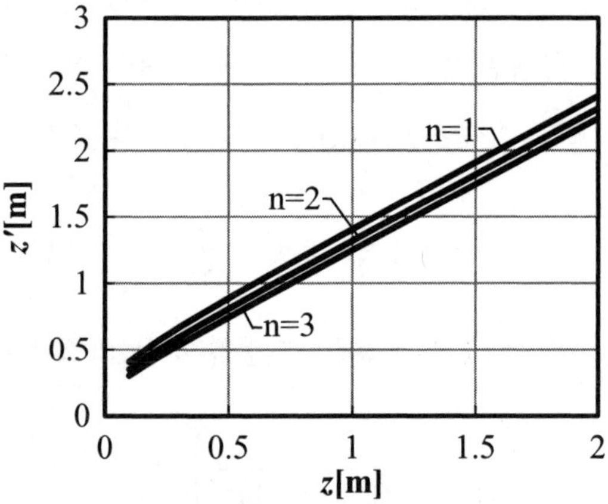


그림 7.8 열기류의 중심축 궤적에 따른 거리 $z'$와 수직 거리 $z$의 관계

### 6. 참고문헌


4) 横井鎮男: 耐火造火災時の窓からの噴出気流のトラジェクトリ, 日本火災学会論文集, Vol.8, No.1, pp.1-5, 1958年


## 7.2.2 임의의 높이에 대한 온도

### 1. 계산식 대상

그림 7.9와 같이 화재실에 설치된 단일 개구의 위쪽에 외벽이 존재하는 경우를 대상으로 하며, 개구로부터 분출된 열기류의 중심축상으로부터의 거리 $z'$의 위치에서의 온도 $T_{ax}$를 계산한다. 본 절의 계산 방법은 화재실에서 위층의 개구까지의 수직 거리가 알려졌을

때, 위층의 개구부가 개구 분출 열기류의 온도를 견딜 수 있는지를 검토하는 경우 등에 사용할 수 있다.

이 절의 계산 방법은 다음 조건에서 적용할 수 있다.

- 외부 바람의 영향을 무시할 수 있다.
- 개구 주변에 차양, 측벽, 마주보는 벽이 없다.
- 외벽에 가연성 재료가 사용되지 않았다.
- 분출면의 종횡비 $n=(B/(H/2))$이 6.4 이하이다.

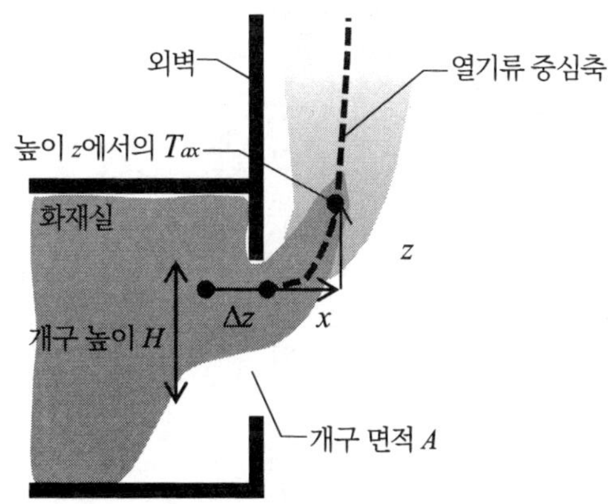


그림 7.9 특정 높이의 온도를 계산하는 방법

## 2. 계산식[5)]

- 열기류 중심축상온도: $T_{ax}$[K]

$$T_{ax} = \Theta \frac{\left(\dfrac{T_0 Q_{ef}^2}{c_p^2 \rho^2 g}\right)^{1/3}}{r_0^{5/3}} + T_0 \tag{7.25}$$

- 무차원 온도: $\Theta$

$$\Theta = \frac{1}{2}\exp\left(-\frac{1}{4}\left(\frac{z'+\Delta z}{r_0}\right)^{4/5}\right) \tag{7.26}$$

• 등가 개구 반경: $r_0$ [m]

$$r_0 = \sqrt{\frac{BH}{2\pi}} \tag{7.27}$$

• 분출 열기류 보유열량(운반열량+미연 가스 발열속도): $Q_{ef}$ [kW]

$$Q_{ef} = c_p m_d \left(T_f - T_0\right) + Q - Q_{v,crit} \tag{7.28}$$

• 분출 열기류의 질량유량: $m_d$ [kg/s]

$$m_d = \alpha B \int_{z_n}^{H} \{\rho(h)v(h)\} dh \approx 0.5 B H^{3/2} \tag{7.29}$$

• 분출 화염 발생 한계 발열속도: $Q_{v,crit}$ [kW]

$$Q_{v,crit} = 150\left(\frac{A_T}{A\sqrt{H}}\right)^{2/5} A\sqrt{H} \tag{7.30}$$

• 개구 분출 열기류의 밀도: $\rho$ [kg/m$^3$]

$$\rho = \frac{353}{T_{ax}} \tag{7.31}$$

• 가상 점열원 위치: $\Delta z$ [m]

$$\Delta z = 0.04 Q_{ef}^{*2} r_0 \tag{7.32}$$

• 무차원 보유열량: $Q_{ef}^{*}$

$$Q_{ef}^{*} = \frac{Q_{ef}}{c_p T_0 \rho_0 \sqrt{g} \cdot r_0^{5/2}} = \frac{Q_{ef}}{1116 r_0^{5/2}} \tag{7.33}$$

## 3. 입력값

| | |
|---|---|
| $A$ | 개구 면적 [m$^2$] |
| $A_T$ | 화재실의 내표면적 [m$^2$] |
| $B$ | 개구폭 [m] |
| $c_p$ | 공기의 비열 (=1.0 kJ/(kg·K)) |
| $g$ | 중력 가속도 (=9.8 m/s$^2$) |

| | |
|---|---|
| $H$ | 개구 높이 [m] |
| $Q$ | 화재실에서 발생한 열분해 가스가 모두 연소된 경우의 발열속도 [kW] |
| $Q_{ef}$ | 개구 분출 열기류의 보유열량(운반열량과 타지 않은 가스의 발열속도 합) [kW] |
| $T_f$ | 화재실 온도 [K] |
| $T_0$ | 주변 온도 [K] |
| $v(h)$ | 높이 $h$에서 열기류의 유속 [m/s] |
| $z$ | 개구 상단으로부터의 연직 거리 [m] |
| $z'$ | 개구 분출 열기류의 중심축으로부터의 거리(온도를 구하고 싶은 위치)[m] |
| $z_n$ | 중성대 높이 [m] |
| $\Delta z$ | 가상 점열원 보정 [m] |
| $\alpha$ | 유량계수 [–] |
| $\rho(h)$ | 높이 $h$에서의 열기류 밀도 [kg/m$^3$] |
| $\rho_0$ | 주변 공기의 기체밀도 [kg/m$^3$] |

## 4. 예제

화재실 및 개구 조건은 7.2.1절의 예제와 같다. $m_d$=1.0 kg/s, $Q_{ef}$=2754 kW, $r_0$=0.56 m, $Q^*_{ef}$=10.3, $\Delta z$=2.40 m이다. 이때, 높이 $z$=0.9 m에서의 열기류 중심축 온도를 구하시오. 이때 개구 분출 열기류의 중심축은 벽면을 따라가는 것으로 생각하여, $z=z'$로 한다.

• 무차원 온도

$$\Theta = \frac{1}{2}\exp\left(-\frac{1}{4}\left(\frac{z'+\Delta z}{r_0}\right)^{4/5}\right) = \frac{1}{2}\cdot\exp\left(-\frac{1}{4}\times\left(\frac{0.9+2.40}{0.56}\right)^{4/5}\right) = 0.179$$

축상온도 $T_{ax}$ 계산은 식 (7.25)를 따르지만, 개구 분출 열기류의 온도는 미지수이므로, 개구 분출 열기류의 밀도 $\rho$도 미지수이다. 그래서 $\rho$를 화재실 내의 기체밀도로 대신한다. (주변 공기의 밀도로 대신하면 중심축상온도를 낮게 계산하게 되므로, 설계용 계산으로는 부적절하다.)

• 개구 분출 열기류 밀도

$$\rho = \frac{353}{T_f} = \frac{353}{1400} = 0.252\,\text{kg/m}^3$$

• 개구 분출 열기류 온도

$$T_{ax} = \Theta \cdot \frac{\left(\frac{T_0 Q_{ef}^2}{c_p^2 \rho^2 g}\right)^{1/3}}{r_0^{5/3}} + T_0 = 0.179 \times \frac{\left(\frac{300 \times 2754^2}{1^2 \times 0.252^2 \times 9.8}\right)^{1/3}}{0.56^{5/3}} + 293 = 1008\,\mathrm{K}(=735^\circ\mathrm{C})$$

이 방법을 사용하면 분출 열기류의 온도를 실제보다 높게 계산할 수 있다. 더 정확하게 계산하려면 얻어진 온도로부터 열기류의 기체밀도 ρ를 재계산하고, 이를 이용해서 열기류 온도를 반복 계산하여 구하면 된다. 이 예제에서는 $T_{ax}$=780 K(507℃)가 된다.

또는 다음 방법을 사용할 수도 있다. 식, (7.25)의 $\rho$에 식 (7.31)을 대입하여 축상온도 $T_{ax}$에 대해서 정리하면, 다음 식을 얻을 수 있다.

$$\frac{T_{ax} - T_0}{(T_0 T_{ax}^2)^{1/3}} = \left(\frac{Q_{ef}^2}{353^2 c_p^2\, g\, r_0^5}\right)^{1/3} \Theta \tag{7.34}$$

이 식의 우측 변은 로그 함수로 근사할 수 있다.

$$\frac{T_{ax} - T_0}{(T_0 T_{ax}^2)^{1/3}} = \frac{1}{1.16} \log_e\left(\frac{T_{ax}}{T_0}\right), \quad (T_{ax} \le 1500) \tag{7.35}$$

이 근사를 이용하면 열기류 중심축 온도를 직접 다음 식으로 구할 수 있다.

$$\begin{aligned} T_{ax} &= T_0 \exp\left(1.16 \left(\frac{Q_{ef}^2}{353^2\, c_p^2\, g\, r_0^5}\right)^{1/3} \Theta\right) \\ &= T_0 \exp\left(0.0109 \left(\frac{Q_{ef}^2}{r_0^5}\right)^{1/3} \Theta\right) \\ &= 293 \times \exp\left(0.0109 \times \left(\frac{2754^2}{0.56^5}\right)^{1/3} \times 0.179\right) \\ &= 802\,\mathrm{K}(=529^\circ\mathrm{C}) \end{aligned} \tag{7.36}$$

## 5. 해설

식 (7.28)의 우변은 「화재실의 개구를 통해 화재실 밖으로 배출되는 열류(복사열 제외)」를 제1항($c_p\, m_d\, (T_f - T_0)$), 「미연 가스의 화재실 밖에서 연소 발열속도」를 제2항에 기술하고 있다. 이때 $Q_{v,crit}$는 화재 구획 내에서 발생한 가연물의 열분해 가스 중 화재 구획 내에서 연소할 때의 발열속도를 나타내고 있다. 따라서, 「화재실 외에서의 미연 가스의 연소 발열속도」에는 $Q$(화재 구획 내에서 발생한 가연물의 열분해 가스가 모두 연소했을 경우의 발열속도)에서 $Q_{v,crit}$을 뺀 값을 대입하고 있다.[6)]

이 절의 계산식의 정밀도를 확인하기 위해, 비교적 규모가 큰 화재실에서 개구 분출 열기류 온도의 실측값[7),8)]과 비교한 결과를 그림 7.10에 나타낸다. 예1에서는 계산값과 실험

| 바닥 면적 | $A_r$ | 12.5 | $m^2$ |
|---|---|---|---|
| 실 높이 | $H_r$ | 1.67 | m |
| 벽체의 면적 | $A_T$ | 47.05 | $m^2$ |
| 개구 면적/바닥 면적 | $A/A_r$ | 0.24 | $m^2/m^2$ |
| 개구면적 | $A$ | 3 | $m^2$ |
| 개구높이 | $H$ | 1 | m |
| 개구폭 | $B$ | 3 | m |
| 등가 개구 반경 | $r_0$ | 0.69 | m |
| 개구인자 | $A\sqrt{H}$ | 3.0 | $m^{5/2}$ |
| 주변 온도 | $T_0$ | 300 | K |
| 화원 발열속도 | $Q$ | 4800 | kW |
| 화재실 온도 | $T_f$ | 999 | K |
| 분출 열기 유량 | $m_d$ | 1.50 | kg/s |
| 분출 열기류 운반열량* | $Q_d$ | 1491 | kW |
| 미연가스의 발열속도 | $Q_{ex}$ | 3447 | kW |
| 가상 점열원 보정 | $\Delta z$ | 3.43 | m |

* 본문 중에 서술되어 있으므로 그 값으로 하였고 따라서 $c_p \cdot m_d \Delta T_f$에서는 1050이 됨.

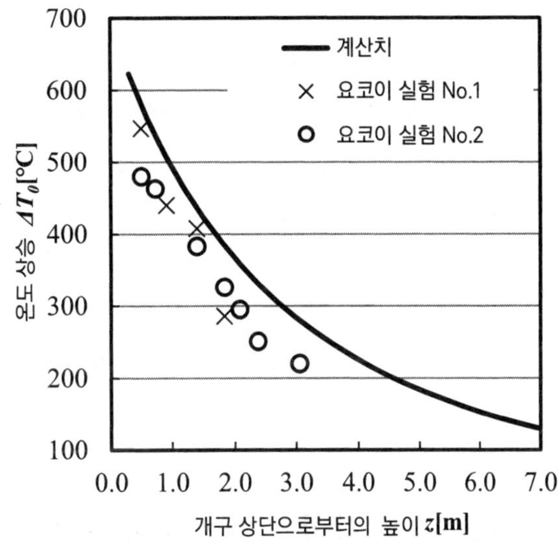


(a) 예1(요코이 내화조 실험)[7)]

| 바닥 면적 | $A_r$ | 16 | $m^2$ |
|---|---|---|---|
| 실 높이 | $H_r$ | 1.7 | M |
| 벽체의 면적 | $A_T$ | 57.2 | $m^2$ |
| 개구 면적/바닥 면적 | $A/A_r$ | 0.125 | $m^2/m^2$ |
| 개구 면적 | $A$ | 2 | $m^2$ |
| 개구 높이 | $H$ | 1 | m |
| 개구폭 | $B$ | 2 | m |
| 등가 개구 반경 | $r_0$ | 0.56 | m |
| 개구인자 | $A\sqrt{H}$ | 2.0 | $m^{5/2}$ |
| 주변 온도 | $T_0$ | 300 | K |
| 화원 발열속도 | $Q$ | 2800 | kW |
| 화재실 온도 | $T_f$ | 1417 | K |
| 분출 열기 유량 | $m_d$ | 1.00 | kg/s |
| 분출 열기류 운반열량 | $Q_d$ | 1117 | kW |
| 미연가스의 발열속도 | $Q_{ex}$ | 1653 | kW |
| 가상 점열원 보정 | $\Delta z$ | 2.43 | m |

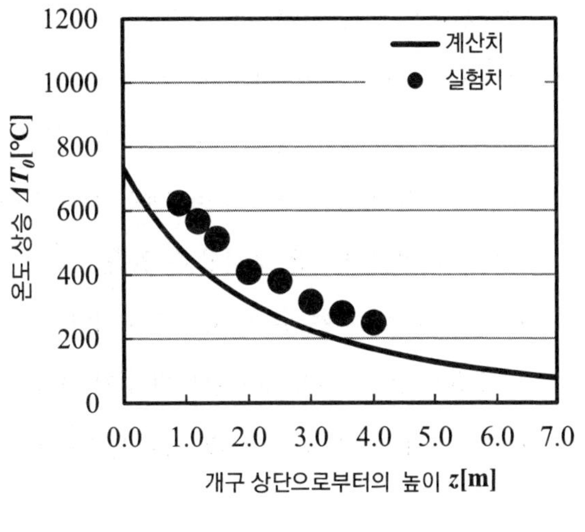


(b) 예2(ISO13785-2(Case②-3))[8)]

그림 7.10 실대 실험과 이 절의 계산값과의 비교

값이 대체로 일치한다. 예2에서는 실험값이 계산치를 웃돌고 있으며 이러한 결과는 개구 근처의 한쪽에 돌출벽을 설치한 것의 영향으로 간주된다.

### 6. 참고문헌


5) 横井鎮男 : 耐火造火災時の開口からの噴出気流の熱気流の中心軸, 日本火災学会論文集, Vol.8, No.1, pp.1-5, 1958年

6) 大宮喜文, 堀雄兒 : 火災室外への余剰未燃ガスを考慮した開口噴出火炎性状, 日本建築学会計画系論文集, 第545号, pp.1-8, 2001年

7) 横井鎮男 : 耐火造火災実験報告(横に長い形の窓から噴出する火焔の性状), 日本火災学会論文集, 第9巻 第1号, pp.1-5, 1959年

8) 吉岡英樹, 大宮喜文, 野秋政希, 村岡宏, 中村正寿, 森田武, 西村光太 : 大規模外壁試験(ISO13785-2)に準拠した火災実験―開口上部外壁近傍における温度·受熱量の測定結果―, 日本建築学会技術報告集, 第19巻, 第42号, pp.605-610, 2013年


## 7.2.3 가로 길이가 긴 개구에서의 벽면 근처 온도

### 1. 계산식 대상

그림 7.11에 나타난 바와 같이, 가로로 긴 개구가 화재실에 설치되어 있고, 개구 위쪽으로 외벽이 존재하는 경우, 개구 분출 열기류의 중심축은 벽면을 따라가는 경향이 있다. 이러한 조건에서, 높이 $z$에서 개구 분출 열기류의 중심축 온도 $T_{ax}$를 계산한다.

이 절의 계산 방법은 다음의 조건에서 적용할 수 있다.

- 외부 바람의 영향은 무시할 수 있다.
- 개구 주변에 차양, 측벽, 마주보는 벽이 존재하지 않는다.
- 외벽에 가연성 재료가 사용되어 있지 않다.
- 분출면의 종횡비 $n(=B/(H/2))$은 5 이상이다.

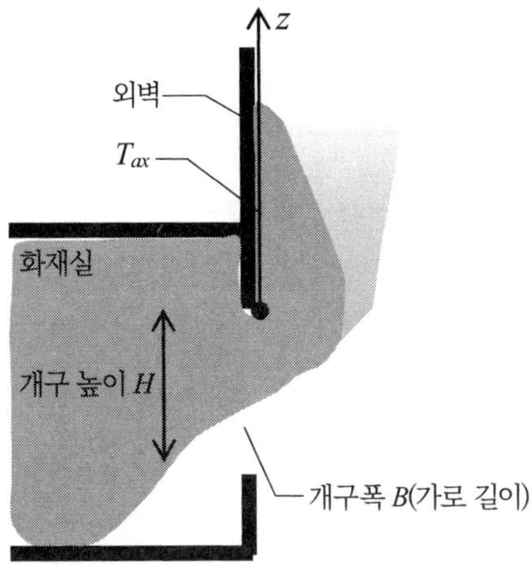


그림 7.11 벽면을 따라가는 개구 분출 열기류

## 2. 계산식

- 분출 열기류의 중심축상온도: $T_{ax}$ [k]

$$T_{ax} = \min\left(T_{ax,\max}, \frac{794}{x} + T_0\right) \tag{7.37}$$

- 무차원 수직 거리: $x$

$$x = \frac{z}{Q_{l,(H-z_n)}^{*2/3}\left(H - z_n\right)} \tag{7.38}$$

- 무차원 보유열량: $Q^*_{l,}$ $(H\text{-}z_n)$

$$Q^*_{l,(H-z_n)} = \frac{Q_{l,(H-z_n)}}{\rho_0 c_p T_0 \sqrt{g}\left(H - z_n\right)^{3/2}} = \frac{Q_{l,(H-z_n)}}{1116\left(H - z_n\right)^{3/2}} \tag{7.39}$$

- 개구 폭당 분출 열기류의 보유열량: $Q_{l,}$ $(H\text{-}z_n)$

$$Q_{l,(H-z_n)} = Q_{ef}/B \tag{7.40}$$

- 분출 열기류의 보유열량(운반열량+미연 가스의 발열속도): $Q_{ef}$[kW]

$$Q_{ef} = c_p m_d\left(T_f - T_0\right) + Q - Q_{v,crit} \tag{7.41}$$

• 분출 열기류의 질량유량: $m_d$[kg/s]

$$m_d = 0.5A\sqrt{H} \tag{7.42}$$

• 분출 화염 발생 한계 발열속도: $Q_{v,crit}$[kW]

$$Q_{v,crit} = 150\left(\frac{A_T}{A\sqrt{H}}\right)^{2/5} A\sqrt{H} \tag{7.43}$$

## 3. 입력값

| | |
|---|---|
| $A$ | 개구 면적 [$m^2$] |
| $A_T$ | 화재실의 내표면적 [$m^2$] |
| $B$ | 개구폭 [m] |
| $c_p$ | 공기의 비열 (=1.0 kJ/(kg·K)) |
| $g$ | 중력 가속도 (=9.8 m/$s^2$) |
| $H$ | 개구 높이 [m] |
| $Q$ | 구획 내의 연소 발열속도 [kW] |
| $T_{ax,\,max}$ | 개구 분출 열기류의 상한값(화재실 온도 $T_f$[K]와 자유공간 내 연속 화염 영역의 화염 온도 $T_c$[K] 중 높은 쪽)[K] |
| $T_f$ | 화재실 온도 [K] |
| $T_0$ | 주변 온도 [K] |
| $z$ | 개구 상단으로부터의 연직 거리 [m] |
| $z_n$ | 중성대 높이 [m] |
| $\rho_0$ | $T_0$에서 공기의 기체밀도 [kg/$m^3$] |

## 4. 예제

개구 치수는 폭 $B$=3 m, 높이 $H$=1 m이고, 화재실 온도 $T_f$=1000K, 주변 온도 $T_0$=300K, 화재실 내표면적 $A_T$ =47$m^2$인 실내에서의 연소에 의한 발열속도 $Q$=4800kW(=0.1 A H×16000)으로 한다. 대상으로 하는 높이 $z$=2.0m에서 개구 분출 열기류의 중심축 온도 $T_{ax}$을 구하시오. 단, $z_n$=0.36×$H$로 하고, 개구 분출 열기류의 상한 온도는 $T_{ax,\,max}$=max($T_f$, $T_c$)=max(1000,1193)=1193K(920℃)이다.

• 분출 열기류의 질량유량과 보유열량

$$m_d = 0.5BH^{3/2} = 0.5 \times 3 \times 1^{3/2} = 1.50\,\text{kg/s}$$

$$Q_{ef} = c_p m_d (T_f - T_0) + Q - 150 \left(\frac{A_T}{A\sqrt{H}}\right)^{2/5} A\sqrt{H}$$

$$= 1 \times 1.5 \times (1000 - 300) + 4800 - 150 \times \left(\frac{47}{3 \times \sqrt{1}}\right)^{2/5} \times 3 \times \sqrt{1}$$

$$= 4497\,\text{kW}$$

• 단위 폭당 보유열량

$$Q_{l,(H-z_n)} = Q_{ef} / B = 4497/3 \approx 1499\,\text{kW/m}$$

$$Q^*_{l,(H-z_n)} = \frac{Q_{l,(H-z_n)}}{\rho_0 c_p T_0 \sqrt{g}(H - z_n)^{3/2}} = \frac{1499}{1116 \times (1 - 0.36 \times 1)^{3/2}} = 2.62$$

• 무차원 수직 거리

$$x = \frac{z}{Q^{*3/2}_{l,(H-z_n)}(H - z_n)} = \frac{2.0}{2.62^{3/2} \times (1 - 0.36 \times 1)} = 1.64\text{m}$$

위의 결과에 따라 $T_{ax}$는 다음과 같다.

$$T_{ax} = \min\left(T_{ax,\max}, \frac{794}{x} + T_0\right) = \min\left(1193, \frac{794}{1.64} + 293\right) = 776\text{K} (= 503℃)$$

## 5. 해설

자유공간에서 가로 길이 화원의 열기류 중심축상의 온도 분포 계산식을 개구 분출 열기류에 응용한 식이다.[9] 이 계산 방법은 화재실의 개구부가 가로로 길며, 위층의 개구부까지의 거리가 정해져 있는 경우, 이 열기류 온도를 위층의 개구부 등이 견딜 수 있는지를 검토하는 등에 이용할 수 있다.

식 (7.37)의 계산에는 개구 분출 열기류의 상한 온도 $T_{ax,\ \max}$가 필요하다. 원논문에서는 $T_{ax,\ \max}$를 구하는 법이 명시되어 있지 않지만, 화재 실내 온도와 자유공간 내의 연속 화염 영역 중에서 온도가 높은 것으로 계산되면 안전한 것으로 평가할 수 있다.

## 6. 참고문헌

9) 大宮喜文, 申易澈, 野秋政希, 姜昇具 : 横長開口から噴出する熱気流の鉛直壁面近傍温度分布, 日本建築学会環境系論文集, 第81巻 第730号, pp.1055-1063, 2016年

# 7.3 개구 분출 열기류에 대한 무차원 온도의 상사성

## 1. 계산식 대상

검토 대상으로 하는 화재실의 개구에서 분출되는 열기류에 대한 임의 위치에서의 온도를, 그림 7.12에 나타낸 바와 같이 해당 화재실을 축소한 모형구획을 이용한 실험 결과로부터 추정한다. 이 방법은 개구나 화재실이 특수한 형상일 경우에 개구 분출 열기류의 온도 등을 파악하는 데 매우 효과적이다.

이 절의 방법은 다음 조건에서 적용할 수 있다.

- 외부 바람의 영향을 무시할 수 있다.
- 외벽에 가연성 재료가 사용되고 있지 않다.
- 모형과 실제 크기의 화재실 온도에서의 외기 온도가 같다.

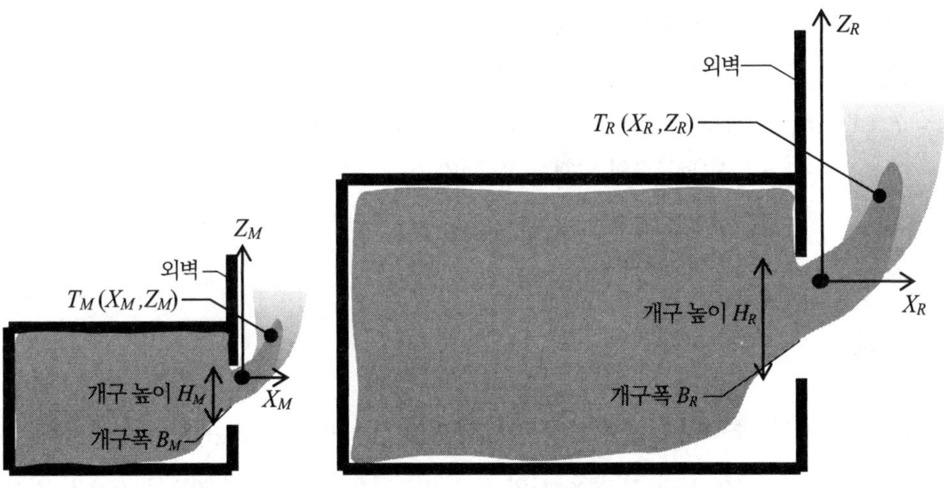


(a) 화재실(모형규모) (b) 화재실(실대 규모)

그림 7.12 기하학적으로 유사한 개구 분출 열기류 성상

## 2. 계산식

- 실대 규모 분출 열기류의 온도 상승: $\Delta T(X_R, Z_R)$

$$\frac{\Delta T_R\left(X_R, Z_R\right)}{\Delta T_M\left(X_M, Z_M\right)}=\frac{T_R\left(X_R, Z_R\right)-T_0}{T_M\left(X_M, Z_M\right)-T_0}=\left(\frac{Q_{d,R}}{Q_{d,M}}\right)^{2/3}\left(\frac{D_R}{D_M}\right)^{-5/3} \tag{7.38}$$

- 실대 규모 분출 열기류의 운반열량: $Q_{d,R}$[kW]

$$Q_{d,R}=c_p m_{d,R}\left(T_{f,R}-T_0\right)=0.5 B_R H_R^{2/3}\left(T_{f,R}-T_0\right) \tag{7.39}$$

- 모형 시험체의 분출 열기류의 운반열량: $Q_{d,M}$[kW]

$$Q_{d,M}=c_p m_{d,M}\left(T_{f,M}-T_0\right)=0.5 B_M H_M^{2/3}\left(T_{f,M}-T_0\right) \tag{7.40}$$

## 3. 입력값

| | |
|---|---|
| $B_M$ | 모형 시험체의 개구폭 [m] |
| $B_R$ | 실대 규모의 개구폭 [m] |
| $D_M$ | 모형 시험체의 대표 치수 [m] |
| $D_R$ | 실대 규모의 대표 치수 [m] |
| $H_M$ | 모형 시험체의 개구 높이 [m] |
| $H_R$ | 실대 규모의 개구 높이 [m] |
| $T_M(X_M, Y_M)$ | 모형 시험체의 분출 열기류 온도 상승 [K] |
| $T_{f,R}$ | 실대 규모의 화재실 온도 [K] |
| $T_{f,M}$ | 모형 시험체의 화재실 온도 [K] |
| $T_0$ | 외기 온도 [K] |

## 4. 예제

모형 시험체의 개구 치수는 폭 $B_M$=0.3 m, 높이 $H_M$=0.1 m이다. 기하학적 규모의 비 $D_M/D_R$를 1/10로 하여 모형 시험체에서의 분출 열기류의 온도 $T_M$=800K(527℃)의 위치 $(X_M, Z_M)$에 대응하는 실대 규모 위치 $(X_R, Z_R)$의 온도 $T$를 구하시오. 단, 실대 규모, 모형 시험체 모두에서 화재실의 온도는 $T_{f,R}=T_{f,M}$=1000K(727℃)로 같으며, 외기의 온도 역시 $T_0$=300K(27℃)로 동일하다.

- 모형 시험체의 개구 분출 열기류의 운반열량 $Q_{d,M}$:

$$Q_{d,M} = 0.5B_M H_M^{2/3}\left(T_{f,M} - T_0\right) = 0.5\times 0.3\times 0.1^{3/2}\times\left(1000-300\right) = 3.32\text{kW}$$

- 실대 규모 개구 분출 열기류의 운반열량 $Q_{d,R}$:

$$Q_{d,R} = 0.5B_R H_R^{2/3}\left(T_{f,R} - T_0\right) = 0.5\times 3\times 1^{3/2}\times\left(1000-300\right) = 1050\text{kW}$$

- 실대 규모의 위치 $(X_R, Z_R)$의 개구 분출 열기류 온도:

$$\begin{aligned} T\left(X_R, Z_R\right) &= \left(\frac{Q_{d,R}}{Q_{d,M}}\right)^{2/3}\left(\frac{d_R}{d_M}\right)^{-5/3}\left(T_M\left(X_M, Y_M\right) - T_0\right) + T_0 \\ &= \left(\frac{1050}{3.32}\right)^{2/3}\left(\frac{10}{1}\right)^{-5/3}\left(1000-300\right) + 300 = 800K\left(=527℃\right) \end{aligned}$$

## 5. 해설

상층부에 대한 연소 확대 위험성을 공학적으로 평가할 때, 대표적으로 화재실 위층의 유리 개구가 파손되는지 여부를 판단하기도 한다. 개구의 파손에는 개구 근처의 기류 온도가 크게 영향을 미치는데, 개구 분출 열기류 온도는 개구의 형상, 차양이나 돌출벽의 유무 등에 따라 변화한다. 이 요소들은 건물의 설계 조건마다 다르기 때문에 구체적인 조건별 분출 열기류 성상을 모형 실험을 통해 조사할 수 있으면 유용하다.

참고로 식 (7.38)에 식 (7.39) 및 (7.40)을 대입하면,

$$\frac{T_R\left(X_R, Z_R\right) - T_0}{T_M\left(X_M, Z_M\right) - T_0} = \left(\frac{0.5B_R H_R^{2/3}}{0.5B_M H_M^{2/3}}\right)^{2/3}\left(\frac{D_R}{D_M}\right)^{-5/3} \tag{7.41}$$

이다. 이때, $B_M/B_R = H_M/H_R = D_M/D_R$이므로

$$\frac{T_R\left(X_R, Z_R\right) - T_0}{T_M\left(X_M, Z_M\right) - T_0} = \left(\frac{D_R D_R^{3/2}}{D_M D_M^{3/2}}\right)^{2/3}\left(\frac{D_R}{D_M}\right)^{-5/3} = 1 \tag{7.42}$$

가 된다. 따라서 화재실 내의 온도가 같으면 기하학적으로 서로 비슷한 위치의 분출 열기류 온도는 모형 시험체와 실대 규모에서 같게 된다.[10)]

## 6. 참고문헌

10) 山口純一, 岩井裕子, 田中哮義, 原田和典, 大宮喜文, 若松孝旺 : 開口噴出気流温度の相似則としての無次元温度の適用性, 日本建築学会計画系論文報告集, No. 513, pp.1-8, 1998年

# 7.4 개구 분출 화염의 높이

## 1. 계산식 대상

그림 7.13에 나타낸 바와 같이, 개구 위쪽에 외벽이 있을 때 개구 분출 화염의 평균 높이 $L_m$을 계산한다. 화재실 위층의 개구부에 화염이 도달할지를 판단하려면 개구 분출 화염높이가 필요하다. 혹은 주변 건물의 연소 위험성을 평가할 때 개구 분출 화염으로부터의 복사열(형태계수)을 검토할 수 있기 때문에 화염 형상을 특정해 둘 필요가 있다. 이 절의 계산법은 이런 검토에 활용할 수 있고 이 계산식은 다음 조건에서 적용할 수 있다.

- 개구 근처에 차양, 측벽, 마주보는 벽이 존재하지 않는다.
- 외벽에 가연성 재료가 사용되지 않았다.
- 분출면의 종횡비 $n(=B/(H/2))$이 0.5~4.0이다.

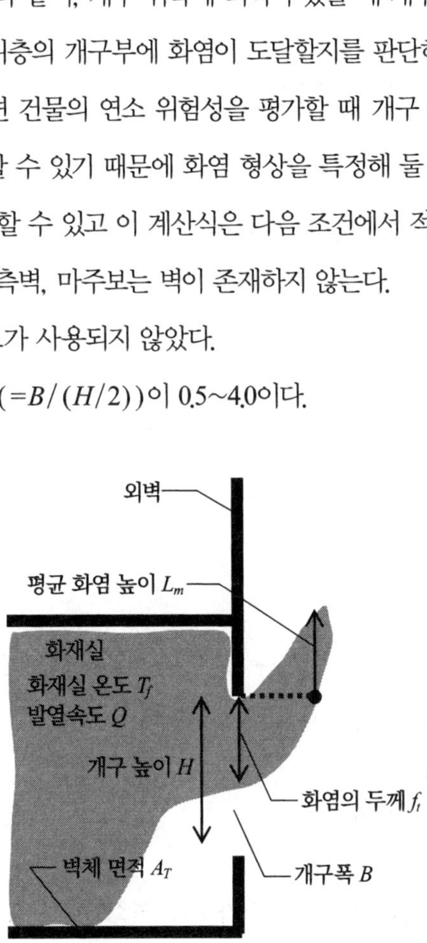


그림 7.13 개구 분출 화염의 높이

## 2. 계산식

- 개구 분출 화염의 평균 높이: $L_m$[m]

$$L_m = 2.5 Q_B^{*2/3} B - f_t \tag{7.43}$$

- 무차원 보유열량: $Q_B^*$

$$Q_B^* = \frac{Q_{ef}}{c_p T_0 \rho_0 \sqrt{g}\, B^{5/2}} = \frac{Q_{ef}}{1116 B^{5/2}} \tag{7.44}$$

- 분출 열기류의 보유열량(운반열량과 미연 가스의 발열속도 합): $Q_{ef}$[kW]

$$Q_{ef} = c_p m_d \left(T_f - T_0\right) + \left(Q - Q_{v,crit}\right) \tag{7.45}$$

- 분출 열기류의 질량유량: $m_d$[kg/s]

$$m_d = 0.5 B H^{3/2} \tag{7.46}$$

- 분출 화염의 발생 한계 발열속도(열분해 가스 중 화재실 내에서 연소된 가스의 발열속도): $Q_{v,\,crit}$[kW]

$$Q_{v,crit} = 150\left(\frac{A_T}{A\sqrt{H}}\right)^{2/5} A\sqrt{H} \tag{7.47}$$

## 3. 입력값

| | |
|---|---|
| $A$ | 개구 면적 [m$^2$] |
| $A_T$ | 화재실의 내표면적 [m$^2$] |
| $B$ | 개구폭 [m] |
| $c_p$ | 공기의 비열 [kJ/(kg·K)] |
| $f_t$ | 화염의 두께 [m] |
| $g$ | 중력 가속도 (=9.8 m/s$^2$) |
| $H$ | 개구 높이 [m] |
| $Q$ | 화재실에서 발생한 열분해 가스가 모두 연소되었을 경우의 발열속도 [kW] |
| $T_f$ | 화재실 온도 [K] |
| $T_0$ | 주변 온도 [K] |
| $\rho_0$ | $T_0$에서 공기의 기체밀도 [kg/m$^3$] |

## 4. 예제

개구 치수는 폭 $B$=2 m, 높이 $H$=1 m이며, 구획 내 온도 $T_f$가 1400K(1127℃), 주변 온도 $T_0$=300K(27℃)이다. 이때 개구 분출 화염의 높이 $L_m$를 구하시오. 화재실 내에서 발생한 열분해 가스가 모두 연소했을 경우의 발열속도 $Q$=2800 kW, 화재실의 내표면적 $A_T$=57 m²로 한다. 또한 화염의 두께는 개구 높이의 0.64배로 한다.

- 분출 열기류의 질량유량과 보유열량

$$m_d = 0.5BH^{3/2} = 0.5 \times 2 \times 1^{3/2} = 1.0\,\text{kg/s}$$

$$\begin{aligned} Q_{ef} &= c_p m_d \left(T_f - T_0\right) + Q - 150\left(\frac{A_T}{A\sqrt{H}}\right)^{2/5} A\sqrt{H} \\ &= 1 \times 1.0 \times \left(1400 - 300\right) + 2800 - 150 \times \left(\frac{57}{2 \times \sqrt{1}}\right)^{2/5} \times 2 \times \sqrt{1} \\ &= 2754\,\text{kW} \end{aligned}$$

- 무차원 보유열량

$$Q_B^* = \frac{Q_{ef}}{c_p T_0 \rho_0 \sqrt{g} B^{5/2}} = \frac{2754}{1116 \times 3^{5/2}} = 0.436$$

위의 결과에 따라 화염의 높이는 다음과 같다.

$$L_m = 2.5 Q_B^{*2/3} B - f_t = 2.5 \times 0.436^{2/3} \times 3 - 0.64 \times 1 = 2.24\text{m}$$

## 5. 해설

본 절의 계산식은 자유공간과 마찬가지로 개구 분출 화염의 높이를 분출 열기류의 무차원 발열속도로 정리한 실험식이다.[11] 7.2.2와 마찬가지로 식 (7.45)는 열기류에 의한 운반열량에 외부에서의 연소에 의한 발열속도를 추가한 것을 고려하고 있다.

## 6. 참고문헌

11) 大宮喜文, 堀雄兒: 火災室外への余剰未燃ガスを考慮した開口噴出火炎性状, 日本建築学会計画系論文集, 第545号, pp.1-8, 2001年

# 7.5 개구 분출 열기류의 질량 유량

관통부 등에서는 화재실 개구로부터의 열기류(연기) 유량이 건물 내의 연기 전파 상태와 관련되기 때문에 중요하다. 본 절에서는 화재실 개구로부터 연기가 유출되어 관통부 등의 인접실로 유입되는 상황을 생각한다. 단, 미연 가스가 개구로부터 분출되는 상황(분출화염)은 제외한다.

## 7.5.1 단순 개구인 경우

### 1. 계산식 대상

그림 7.14에 나타내는 화재실의 개구 상단으로부터의 높이 $z$에서 분출 열기류의 질량유량을 계산한다. 이때 화재실의 연기층 온도와 개구로부터의 분출 기류의 질량유량은 이미 파악하고 있는 것으로 한다.

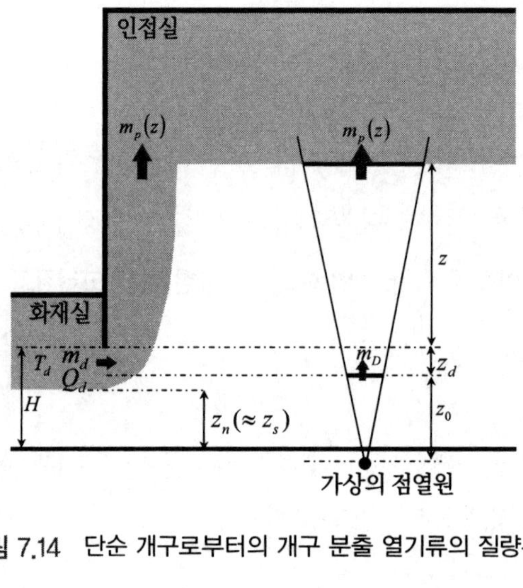


그림 7.14 단순 개구로부터의 개구 분출 열기류의 질량유량

## 2. 계산식

- 화재실 개구부의 상단에서 임의의 높이 $z$에서의 개구 분출 열기류의 유량: $m_p(z)$[kg/s]

$$m_p(z) = 0.072 Q_d^{1/3}(z + z_d + z_0)^{5/3} \tag{7.48}$$

- 개구 분출 열기류의 운반열량: $Q_d$[kW]

$$Q_d = c_p m_d (T_d - T_0) \tag{7.49}$$

- 개구 분출 시의 질량유량: $m_d$[kg/s]

$$m_d = \frac{2}{3}\alpha B\sqrt{2\rho_d(\rho_d - \rho_\infty)g}(H - z_n)^{3/2} \tag{7.50}$$

- 자유공간의 플룸의 질량유량이 개구 분출 시의 질량유량과 같아지는 위치: $z_d$[m]

$$z_d = \frac{5}{9}(H - z_n) \tag{7.51}$$

- 가상의 점열원: $z_0$[m]

$$z_0 = 4.85\left(\frac{m_d^{3/5}}{Q_d^{1/5}}\right) \tag{7.52}$$

## 3. 입력값

| | |
|---|---|
| $B$ | 개구폭 [m] |
| $c_p$ | 공기의 정압 비열(=1 kJ/kg·K) |
| $g$ | 중력 가속도 (=9.8 m/s$^2$) |
| $H$ | 화재실 바닥면에서 개구 상단까지의 높이 [m] |
| $T_d$ | 화재실 연기층의 평균 온도 [K] |
| $T_0$ | 유입된 공간의 주변 온도 [K] |
| $z$ | 화재실 개구 상단으로부터의 높이 [m] |
| $z_n$ | 개구에서의 중성대 높이(연기층 높이로 대신 사용)[m] |
| $\alpha$ | 개구의 유량계수(=0.7) |

$\rho_d$　화재실 연기층의 기체밀도( $=353/T_s$)

$\rho_0$　인접실 공기의 기체밀도( $=353/T_0$)

## 4. 예제

화재실의 연기층 온도 $T_s$=1000K(기체밀도 $\rho_d$=353/1000=0.35 kg/m³), 유입된 공간의 주변 온도 $T_0$=300K(기체밀도 $\rho_0$=353/300=1.18 kg/m³)이다. 개구폭 $B$=1 m, 개구 높이 $H$=2 m, 유량계수 $\alpha$=0.7, 중성대 높이 $z_n$=1 m일 때, $z$=0.5 m에서의 개구 분출 열기류의 질량유량 $m_p$[kg/s]을 구하시오.

$$m_{ij}=\frac{2}{3}\alpha B\sqrt{2g\rho_d(\rho_0-\rho_s)}(H-z_n)^{3/2}$$

$$=\frac{2}{3}\times 0.7\times 1.0\times\sqrt{2\times 0.35\times(1.18-0.35)\times 9.8}\times(2.0-1.0)^{3/2}=1.11\text{kg/s}$$

$$Q_d=c_p m_d(T_d-T_0)=1.0\times 1.11\times(1000-300)=780\,\text{kW}$$

$$z_d=\frac{5}{9}(H-z_n)=\frac{5}{9}(2.0-1.0)=0.56\,\text{m}$$

$$z_0=4.85(\frac{m_d^{3/5}}{Q_d^{1/5}})=4.85\times(\frac{1.11^{3/5}}{780^{1/5}})=1.37\,\text{m}$$

$$m_p(z)=0.072Q_d^{1/3}(z+z_d+z_0)^{5/3}$$

$$=0.072\times 780^{1/3}(0.5+0.56+1.37)^{5/3}\cong 2.90\,\text{kg/s}$$

## 5. 해설

개구 분출 열기류가 분출되는 곳이 관통부분과 같은 건물 내부 공간일 경우에는, 개구 분출 열기류의 질량유량이 관통 공간에서 축연 속도를 지배하는 중요한 인자가 된다. 개구 분출 열기류가 발생원에서는 수평 방향의 속도를 가진다는 점, 한쪽의 공기 연행이 벽으로 제약되는 점 등에서 자유공간의 수직 플룸과는 성상이 다르다. 또한 분출 단면의 형상이 가로로 긴 것부터 세로로 긴 것까지 다양하다는 점도 특징이다.

식 (7.48)은 축소 모형 실험 결과를 토대로 개구 분류 열기류를 점열원 플룸에 근사하여 회귀식으로 도출한 것이다. 실험에서의 개구 종횡비 $(H\text{-}Z_n)/B$는 0.3~ 1.7의 범위이다.[12)]

## 6. 참고문헌

12) 山口純一, 細沢貴史, 田中哮義, 若松孝旺 : 開口噴流プルームの巻き込み性状に関する研究, 日本建築学会計画系論文集, 第511号, pp.1-8, 1998年

# 7.5.2 개구 상단에 차양이 설치된 경우

## 1. 계산식 대상

그림 7.15에 나타낸 바와 같이 관통 부분에 면하는 화재실의 개구 상단에 차양이 설치된 경우, 차양 상단으로부터의 높이 $z$에서 분출 열기류의 질량유량을 계산한다. 이때 화재실의 연기층 온도, 화재실로부터의 분출 유량은 이미 파악되었다고 가정한다.

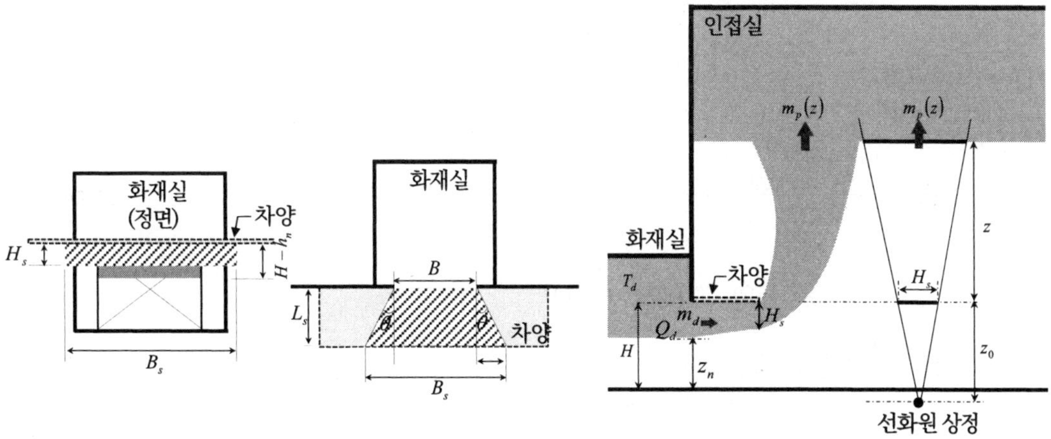


그림 7.15 개구 상단에 차양이 설치된 경우의 개구 분출 열기류의 유량

## 2. 계산식

• 차양 상단에서 임의의 높이 z에서의 개구 분출 열기류의 유량: $m_p(z)$[kg/s]

$$m_p(z) = 2.57 B_s \sqrt{H_s} Q_{e,l}^{*\,1/3}(z + z_0) \tag{7.53}$$

• 차양 선단부에서의 분출 열기류 폭: $B_s$[m]

$$B_s = B + 2L_s \tan\theta \tag{7.54}$$

- 차양면 아래에서의 분출 열기류 확산 각도: $\theta$ [°]

$$\theta = 37.9\left(\frac{H - z_n}{B}\right)^{1/5} \tag{7.55}$$

- 차양 선단부에서의 분출 열기류 두께: $H_s$ [m]

$$H_s = \frac{B}{B_s}\left(H - z_n\right) \tag{7.56}$$

- 차양의 선단부의 치수를 대표 지름으로 한 무차원 발열속도: $Q^*_{e,l}$ [−]

$$Q^*_{e,l} = \frac{1}{1116}\frac{Q_d}{B_s H_s^{3/2}} \tag{7.57}$$

- 가상의 선열원 거리: $z_0$ [m]

$$z_0 = 1.58\left(\frac{m_d}{B^{3/5}\sqrt{H - z_n}\,{Q^*_{d,l}}^{1/3}}\right)^{5/7} \tag{7.58}$$

- 개구 치수를 대표 직경으로 한 무차원 발열속도: $Q^*_{df}$ [−]

$$Q^*_{d,l} = \frac{1}{1116}\frac{Q_d}{B(H - z_n)^{3/2}} \tag{7.59}$$

- 개구 분출 열기류의 운반열량: $Q_d$ [kW]

$$Q_d = c_p m_d \left(T_d - T_0\right) \tag{7.60}$$

## 3. 입력값

| | |
|---|---|
| $B$ | 개구폭 [m] |
| $H$ | 개구 높이 [m] |
| $L_s$ | 차양 길이 [m] |
| $m_d$ | 개구 분출 열기류의 질량유량 [kg/s] |
| $Q_d$ | 개구 분출 열기류의 운반열량 [kW] |
| $T_d$ | 화재실 연기층의 평균 온도 [K] |
| $T_0$ | 주변 온도 [K] |
| $z$ | 차양 상단으로부터의 높이 [m] |

$z_n$　　중성대 높이(연기층 높이로 사용)[m]

$z_0$　　가상의 선열원 거리 [m]

## 4. 예제

7.5.1절의 예제와 동일한 조건에서 길이 $L_s$=2 m의 차양이 있을 경우, $z$=0.5 m에서의 개구 분출 열기류의 질량유량을 구하시오. 앞 절의 예제에서 $m_d$=1.11 kg/s, $Q_d$=780 kW로 한다.

$$\theta = 37.9\left(\frac{H - z_n}{B}\right)^{\frac{1}{5}} = 37.9\left(\frac{2.0 - 1.0}{1.0}\right)^{\frac{1}{5}} = 37.9^{\circ}$$

$$B_s = B + 2L_s \tan\theta = 1.0 + 2\times 2.0\times \tan 37.9 = 4.11\,\mathrm{m}$$

$$H_s = \frac{B}{B_s}(H - z_n) = \frac{1}{4.11}(2.0 - 1.0) = 0.24\,\mathrm{m}$$

$$Q^*_{d,l} = \frac{1}{1116}\frac{Q_d}{B(H - z_n)^{3/2}} = \frac{1}{1116}\frac{780}{1.0\times(2.0 - 1.0)^{3/2}} = 0.70$$

$$z_0 = 1.58\left(\frac{m_d}{B^{3/5}\sqrt{H - z_n}\,Q^{*\ 1/3}_{d,l}}\right)^{5/7} = 1.58\left(\frac{1.11}{1.0^{3/5}\sqrt{2.0 - 1.0}\times 0.70^{1/3}}\right)^{5/7} = 1.85\,\mathrm{m}$$

$$Q^*_{e,l} = \frac{1}{1116}\frac{Q_d}{B_s H_s^{3/2}} = \frac{1}{1116}\frac{780}{4.11\times 0.24^{3/2}} = 1.46$$

따라서,

$$m_p(z) = 2.57 B_s\sqrt{H_s}\,Q^{*\ 1/3}_{e,l}(z + z_0)$$

$$= 2.57\times 4.11\times\sqrt{0.24}\times 1.43^{1/3}(0.5 + 1.85) = 13.7\,\mathrm{kg/s}$$

## 5. 해설

관통 공간 주위에 개방적인 통로를 설치할 경우, 통로 아랫면이 차양 역할을 하고, 거실로부터의 개구 분류 플륨은 차양면 아래로 확산할 때 공기를 연행한다. 또한 차양에 의해 분출 열기류가 벽면에서 떨어지기 때문에 7.5.1절의 상황보다 공기의 연행량이 증가한다.

식 (7.53)은 축소 모형 실험에서 개구 분출 열기류를 선열원 플륨으로 근사하여 회귀식으로 도출된 것이다.[13] 선열원 이론을 이용한 것은 차양이 있으면 차양 끝의 열기류가 약해지기 때문이라고 설명되어 있다. 실험은 개구 종횡비 $B/H$가 0.5~2, 차양 길이는 개구 치수가 큰 경우($\max(B,H)$)의 1.5배 범위에서 행해지고 있다.[13]

## 6. 참고문헌

13) 大宮喜文, 平山貴至, 山口純一, 申易澈 : 庇面下の拡散を考慮した開口噴流プルーム流量算定式, 日本建築学会計画系論文集, 第721号, pp.261-270, 2016年

# 8장

# 연기의 유동과 제어

# 8.1 연기층의 하강 시간과 온도

## 8.1.1 수평 단면이 일정한 실에서 연기층의 하강

### 1. 계산식 대상

그림 8.1과 같이 수평 단면이 높이 방향으로 일정한 실에서, 실외로 연기 유출이 없을 경우의 연기층 하강 시간을 산출한다.

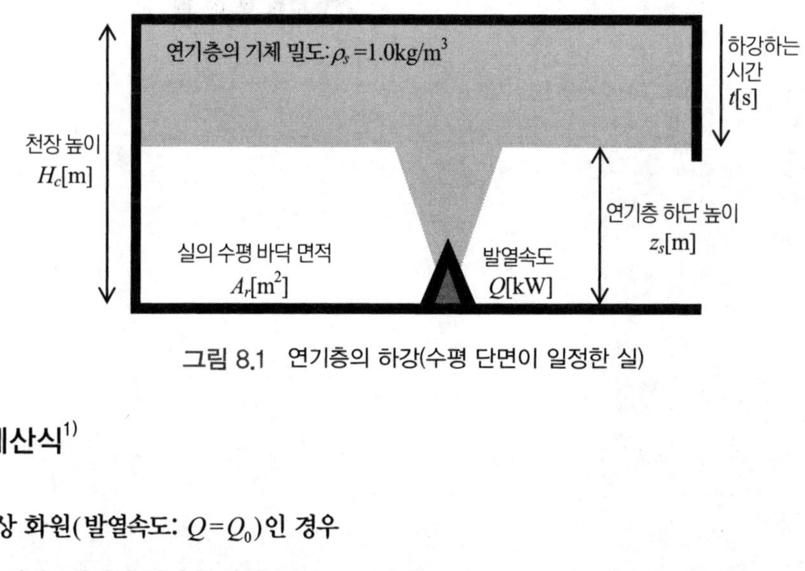


그림 8.1 연기층의 하강(수평 단면이 일정한 실)

### 2. 계산식[1)]

**정상 화원(발열속도: $Q=Q_0$)인 경우**

- 시간 $t$에서의 연기층 하단 높이: $z_s(t)$[m]

$$z_s(t)=\left\{\frac{2}{3}\frac{k}{A_r}Q_0^{1/3}t+\frac{1}{H_c^{2/3}}\right\}^{-3/2} \tag{8.1}$$

- 또는 연기층 하단 높이가 $z_s$[m]가 되는 시간: $t(z)$[s]

$$t(z)=\frac{3}{2}\frac{1/z_s^{2/3}-1/H_c^{2/3}}{kQ_0^{1/3}}A_r \tag{8.2}$$

**성장 화원(발열속도: $Q=\alpha t^n$)인 경우**

- 시간 t에서의 연기층 하단 높이: $z_s(t)$[m]

$$z_s=\left\{\frac{k}{A_r}\alpha^{1/3}\left(\frac{2}{n+3}\right)t^{1+\frac{n}{3}}+\frac{1}{H_c^{2/3}}\right\}^{-3/2} \tag{8.3}$$

- 또는 연기층 하단 높이가 $z_s$[m]가 되는 시간: $t(z)$[s]

$$t=\left\{\left(\frac{n+3}{2}\right)\frac{1/z_s^{2/3}-1/H_c^{2/3}}{k\alpha^{1/3}}A_r\right\}^{3/(n+3)} \tag{8.4}$$

## 3. 입력값

| | |
|---|---|
| $A_r$ | 실의 바닥 면적 [$m^2$] |
| $H_c$ | 천장 높이 [m] |
| $k$ | 계수($=0.08/\rho_s$)[$kW^{1/3}\cdot m^{-4/3}\cdot s^{-1}$] |
| $n$ | 지수 [–] |
| $Q$ | 화원의 발열속도 [kW] |
| $Q_0$ | 정상 화원의 발열속도 [kW] |
| $z_s$ | 연기층 하단 높이 [m] |
| $\alpha$ | 화재 성장률 [$kW/s^n$] |
| $\rho_s$ | 연기층의 기체밀도($=1.0\ kg/m^3$) |

## 4. 예제

1) 바닥 면적 $A_r=30\times18=540\ m^2$, 천장 높이 $H_c=2.7$ m인 직사각형 모양의 거실에서 발열속도가 $Q=3{,}000$ kW인 정상 화원의 화재가 발생했다. 이때, 연기층 하단이 허용 높이 $z_s=1.6+0.1H$[m]까지 하강하는 시간 $t$[s]를 구하시오.

- 허용 연기층 높이

$$z_s=1.6+0.1H_c=1.6\times0.1\times2.7=1.87\ m$$

- 연기층 하단이 높이 $z_s$[m]까지 하강하는 시간

$$t(z)=\frac{3}{2}\frac{1/z_s^{2/3}-1/H_c^{2/3}}{kQ_0^{1/3}}A_r$$
$$=\frac{3}{2}\times\frac{1/1.87^{2/3}-1/2.7^{2/3}}{0.08\times3000^{1/3}}\times540=100.5\,\text{s}$$

2) 1)과 같은 실이고 성장 화원($Q=\alpha t^n$)이다. 이때 연기층이 허용 높이 $z_s=1.6+0.1H$[m]까지 하강하는 시간 $t$[s]를 구하시오. 이때 화재 성장률은 $\alpha=0.2\ \text{kW/s}^2$, $n=2$이다.

- 연기층 하단이 높이 $z_s$[m]까지 하강하는 시간

$$t=\left\{\left(\frac{n+3}{2}\right)\frac{1/z_s^{2/3}-1/H_c^{2/3}}{k\alpha^{1/3}}A_r\right\}^{3/(n+3)}$$
$$=\left\{\left(\frac{2+3}{2}\right)\frac{1/1.87^{2/3}-1/2.7^{2/3}}{0.08\times0.2^{1/3}}\times540\right\}^{3/(2+3)}=147.7\,\text{s}$$

3) 2)와 같은 실, 같은 성장화원에서, 출화 100초 후의 연기층의 높이를 구하시오.

$$z_s=\left\{\frac{k}{A_r}\alpha^{1/3}\left(\frac{2}{n+3}\right)t^{1+\frac{n}{3}}+\frac{1}{H_c^{\ 2/3}}\right\}^{-3/2}$$
$$=\left\{\frac{0.08}{540}0.2^{1/3}\left(\frac{2}{2+3}\right)100^{1+\frac{2}{3}}+\frac{1}{2.7^{2/3}}\right\}^{-3/2}=2.20\text{m}$$

4) 2)와 같은 성장 화원($\alpha=0.2\ \text{kW/s}^2$, $Q=\alpha t^2$)이며 화재실은 아트리움같이 높은 천장 공간이다. $H=8.0$ m인 경우에 연기층 하단이 허용 높이 $z_s$[m]까지 하강하는 시간 $t$[s]를 구하시오. 비교를 위해 $z_s$는 2)와 마찬가지로 1.87 m로 한다.

$$t=\left\{\left(\frac{n+3}{2}\right)\frac{1/z_s^{2/3}-1/H_c^{2/3}}{k\alpha^{1/3}}A_r\right\}^{3/(n+3)}$$
$$=\left\{\left(\frac{2+3}{2}\right)\frac{1/1.87^{2/3}-1/8.0^{2/3}}{0.08\times0.2^{1/3}}\times540\right\}^{3/(2+3)}=277.4\,\text{s}$$

## 5. 해설

본 계산식에서는 연기층의 높이를, 화원으로부터의 플륨이 공기를 연행하면서 연기층으로 유입됨에 따른 질량 증가의 시간 누적을 바탕으로 산출하고 있다. 화재 초기의 연기

층의 온도는 낮으므로, $\rho_s$=1.0 kg/m$^3$으로 하고, 저온 공간에서는 $k$=0.08 kg/(s·kW$^{1/3}$·m$^{5/3}$)로 간주한다.

그림 8.2는 바닥 면적이 720 m$^2$, 천장 높이가 26 m인 실에서 행해진 연기층 하강 실험을 계산식과 비교한 결과이다.[1),2)] 실험은 1.3 MW의 정상 화원(메탄올의 풀(pool)화원)이다. 이 계산식은 연기층의 질량보존만으로 유도하고 있으므로 연기층의 온도 상승에 의한 열팽창은 무시되고 있으나 그림 8.2에 나타낸 바와 같이 실험과 예측식이 매우 양호한 결과로 나타나고 있다.

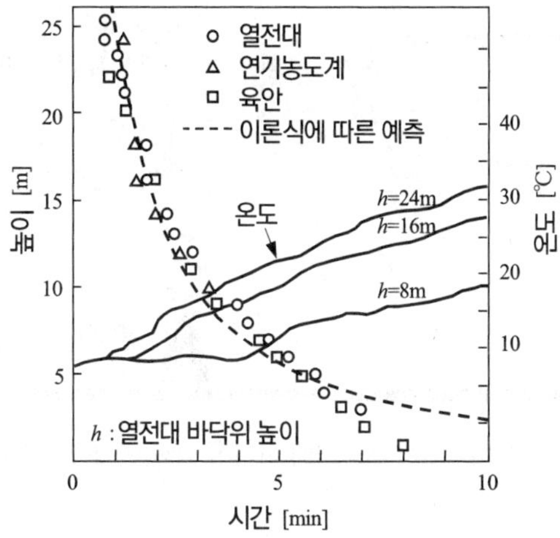


그림 8.2 연기층 하강 실험과의 비교

### 6. 참고문헌


1) 田中哮義: 改訂版建築火災安全工学入門, (財)日本建築センター, pp.232-235, 2002年 1月

2) Tanaka, T. and Yamana, T.: Smoke Control in Large Scale Spaces;(Part 1 Analytic theories for simple smoke control problems), Fire Science and Technology, Vol. 5, No. 1, pp.31-40, 1985


## 8.1.2 높이에 따라 수평 단면이 다른 실에서 연기층의 하강

### 1. 계산식 대상

그림 8.3과 같이 경사진 천장의 공간 등 높이에 따라 수평 단면적이 달라지는 실에서 연기층의 하강 시간을 구한다. 가상적으로 실을 $m$개로 분할하여 천장 높이가 가장 높은 부

분부터 순서대로 그 천장 높이가 $H_{c,1}$, $H_{c,2}$, …, $H_{c,m}$이고, 각각의 수평 단면적이 $A_{r,1}$, $A_{r,2}$, …, $A_{r,m}$ 일 때, 연기층 하단이 $z_s(0<z_s<H_m)$ 높이까지 히강하는 시간을, 정상 화원(발열속도 $Q_0$로 일정)과 성장 화원(발열속도 $Q=\alpha t^n$)인 경우에 각각 산출한다.

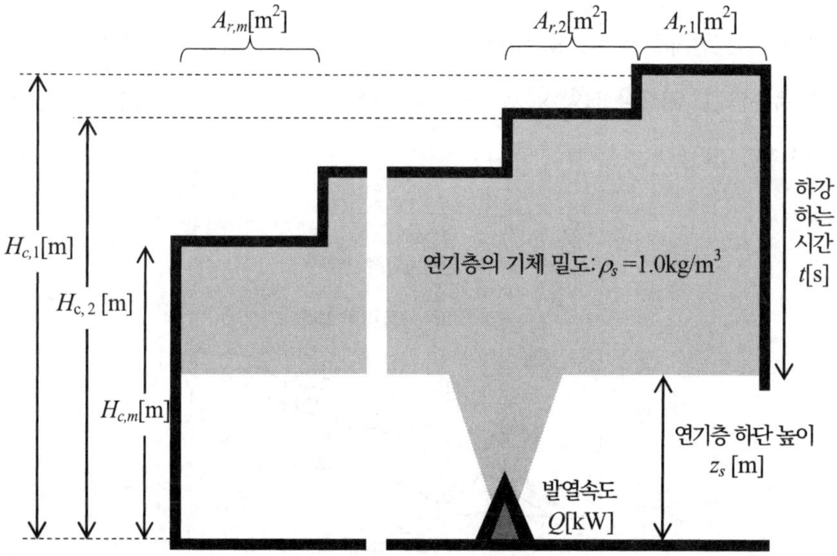


그림 8.3 연기층의 하강(높이에 따라 수평 단면적이 변화하는 실)

## 2. 계산식[3)]

- 정상 화원($Q=Q_0$)인 경우

$$t=\frac{3}{2}\frac{1}{kQ_o^{1/3}}\sum_{i=1}^{m}A_{r,i}\left(\frac{1}{z_s^{2/3}}-\frac{1}{H_{c,i}^{2/3}}\right) \tag{8.5}$$

- 성장 화원($Q=\alpha t^n$)인 경우

$$t=\left\{\frac{n+3}{2}\frac{1}{k\alpha^{1/3}}\sum_{i=1}^{m}A_{r,i}\left(\frac{1}{z_s^{2/3}}-\frac{1}{H_{c,i}^{2/3}}\right)\right\}^{3/(n+3)} \tag{8.6}$$

## 3. 입력값

| | |
|---|---|
| $A_{r,i}$ | 공간 $i$의 수평 단면적($i$=1, 2, …, $m$)[m$^2$] |
| $H_{c,i}$ | 공간 $i$의 천장 높이($i$=1, 2, …, $m$)[m] |
| $k$ | 계수(=0.08/$\rho_s$)[kW$^{1/3}$·m$^{-4/3}$·s$^{-1}$] |

$n$ 지수 [–]

$Q$ 화원의 발열속도 [kW]

$Q_0$ 정상 화원의 발열속도 [kW]

$z_s$ 연기층 하단 높이 [m]

$\alpha$ 화재 성장률 [kW/s$^n$]

$\rho_s$ 연기층의 기체밀도(=1.0 kg/m$^3$)

## 4. 예제

천장 높이가 각각 $H_{c,1}$=6 m, $H_{c,2}$=5 m, $H_{c,3}$=4 m인 실이 있다. 각각의 바닥 면적은 $A_{r,1}$=100 m$^2$, $A_{r,2}$=$A_{r,3}$=200 m$^2$이다. 정상 화원($Q$=3,000 kW)의 화재가 발생했을 때, 연기층 하단이 허용 높이 $z_s=1.6+0.1H$[m]까지 하강하는 시간 $t$[s]를 구하시오.

- 허용 연기층 높이

$$z_s = 1.6 + 0.1\frac{\Sigma H_{c,i} A_{r,i}}{\Sigma A_{r,i}} = 1.6 + 0.1 \times \frac{6.0\times 100 + 5.0\times 200 + 4.0\times 200}{100 + 200 + 200} = 2.08\,\mathrm{m}$$

- 연기층 하단이 높이 $z_s$=2.08 m까지 내려가는 시간

$$\begin{aligned} t &= \frac{3}{2}\frac{1}{kQ_o^{1/3}}\sum_{i=1}^{m} A_{r,i}\left(\frac{1}{z_s^{2/3}} - \frac{1}{H_{c,i}^{2/3}}\right) \\ &= \frac{3}{2}\frac{1}{0.08\times 3000^{1/3}}\left\{100(\frac{1}{2.08^{2/3}} - \frac{1}{6.0^{2/3}}) + 200(\frac{1}{2.08^{2/3}} - \frac{1}{5.0^{2/3}}) + 200(\frac{1}{2.08^{2/3}} - \frac{1}{4.0^{2/3}})\right\} \\ &= 167.4\,\mathrm{s} \end{aligned}$$

## 5. 해설

본 계산식은 천장의 가장 높은 부분부터 연기가 축적된 후, 그 다음으로 높은 천장 부분까지 연기가 하강한 후, 그 후에 양 부분에 연기가 축적된다고 가정하여 구성되어 있다.

## 6. 참고 문헌


3) 山口純一, 田中哮義: 初期火災時における煙層下端高さの簡易予測式, 日本建築学会環境系論文集, 第581号, pp.1-8, 2004年 7月

## 8.1.3 인접실의 연기 하강 시간

### 1. 계산식 대상

화재실에서 발생한 연기가 인접실에 누출되었을 때, 인접실에서의 연기층 높이가 시간에 따라 어떻게 변하는지를 산출한다. 그림 8.4에 나타낸 바와 같이 화재실에는 연기 배출(배연)이 없으며, 화재실이 아닌 곳에서만 연기가 배출되는 경우를 상정한다. 화원은 성장화원(발열속도: $Q_f = \alpha t^n$)으로 한다.

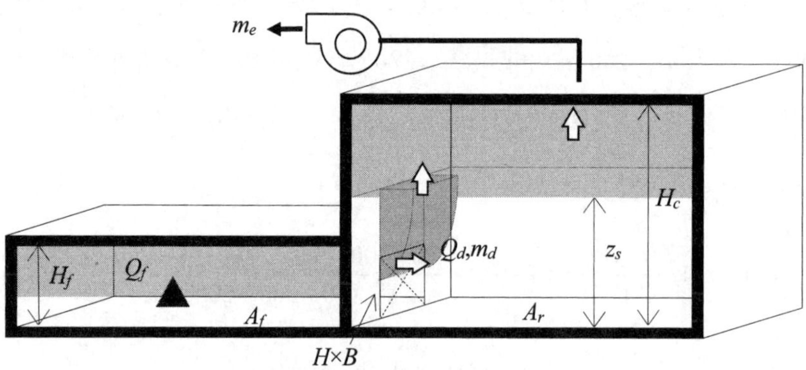


그림 8.4 인접실에서 연기층의 하강

### 2. 계산식[4),5)]

- 인접실의 연기층 높이: $z_s$[m]

$$z_s = \begin{cases} \left[ \dfrac{2}{n+3} \dfrac{k\alpha_D^{1/3}}{A_s} \left( t^{\frac{n}{3}+1} - t_d^{\frac{n}{3}+1} \right) + \dfrac{1}{H_s^{2/3}} \right]^{-\frac{3}{2}} & (t_d \le t < t_{sm}) \\ \left[ \dfrac{2}{n+3} \dfrac{k\alpha_D^{1/3}}{A_s} \left\{ \left( t^{\frac{n}{3}+1} - t_d^{\frac{n}{3}+1} \right) - \dfrac{C_{sm}}{C_m} \left( t^{\frac{n}{3}+1} - t_{sm}^{\frac{n}{3}+1} \right) \right\} + \dfrac{1}{H_s^{2/3}} \right]^{-\frac{3}{2}} & (t_{sm} \le t) \end{cases} \tag{8.7}$$

- 누연 개시 시간: $t_d$[s]

$$t_d = \left[ \frac{n+3}{2} \cdot \frac{A_f}{k\alpha^{1/3}} \left( \frac{1}{H^{2/3}} - \frac{1}{H_f^{2/3}} \right) \right]^{\frac{3}{n+3}} \tag{8.8}$$

- 배연 기동 시간: $t_{sm}$[s]

$$t_{sm} = t_d + t_{start} \tag{8.9}$$

- 개구 분출 기류의 운반열량 성장률: $\alpha_d$[kW/s$^2$]

$$\alpha_d = \frac{\alpha}{1 + h_e A_w / c_p m_d} \tag{8.10}$$

- 화재실에서 온 개구 분출 기류의 질량유량: $m_d$[kg/s]

$$m_d = 0.5BH^{3/2} \tag{8.11}$$

- 배연계수: $C_{sm}$[kg/kJ$^{1/3}$·m$^{5/3}$·s$^{2/3}$]

$$C_{sm} = \frac{m_e}{Q_d^{1/3} z_s^{5/3}} \tag{8.12}$$

- 개구 분출 기류의 운반열량: $Q_d$[kW]

$$Q_d = \alpha_d t^n \tag{8.13}$$

## 3. 입력값

| | |
|---|---|
| $A_f$ | 화재실의 바닥 면적 [m$^2$] |
| $A_r$ | 인접실의 바닥 면적 [m$^2$] |
| $A_w$ | 열흡수가 유효한 면적 [m$^2$] |
| $c_p$ | 공기의 비열 (=1.0 kJ/kg·K) |
| $C_m$ | 플륨의 연행 계수 (=0.08 kg/(kJ$^{1/3}$·m$^{5/3}$·s$^{2/3}$)) |
| $h_e$ | 화재실 벽체의 실효 열전달률 (=0.02 kW/(m$^2$·K)) 5.2.4 참조 |
| $H$ | 개구 상단의 높이 [m] |
| $H_c$ | 인접실의 천장 높이 [m] |
| $H_f$ | 화재실의 천장 높이 [m] |
| $k$ | 계수(=0.08/$\rho_s$)[kW$^{1/3}$·m$^{-4/3}$·s$^{-1}$] |
| $m_e$ | 기계 배연량 [kg/s] |
| $n$ | 지수 [–] |
| $t$ | 시간 [s] |

$t_{start}$ 기계 배연의 작동에 필요한 시간 [s]

$\alpha$ 화원의 화재 성장률 [kW/s$^n$]

$\alpha_d$ 개구 분출 기류의 운반열량 성장률 [kW/s$^n$]

$\rho_s$ 연기의 기체밀도(=1.0 kg/m$^3$)

## 4. 예제

화재실의 바닥 면적($A_f$) 400 m$^2$, 천장 높이($H_f$) 4 m이며, 인접실의 바닥 면적($A_r$) 200 m$^2$, 천장 높이($H_c$) 8 m이다. 양쪽 실 사이에 높이($H$) 2 m×폭($B$) 2 m인 개구가 있다. 인접실에는 바닥과 같은 높이에 높이 0.5 m×폭 4 m인 급기구가 설치되어 있다. 화원은 화재 성장률 $\alpha$=0.0125 kW/s$^2$인 $\alpha t^2$ 화원으로 한다. 화재실 벽체의 실효 열전달률 $h_e$=0.02 kW/(m$^2$·K)이며, 천장만을 열흡수가 유효한 면적으로 하여 $A_w$=400 m$^2$이다. 인접실에 연기가 침입하고 60초 후에 배연 기계가 가동하여 200 m$^3$/min으로 연기를 배출한다. 이때 400초 후의 연기층 하단 높이를 구하시오.

- 화재실에서의 누연 개시 시간

$$t_d = \left[\frac{n+3}{2}\frac{A_f}{k\alpha^{1/3}}\left(\frac{1}{H^{2/3}} - \frac{1}{H_f^{\,2/3}}\right)\right]^{\frac{3}{2+3}} = \left[\frac{2+3}{2}\frac{1.0\times400}{0.08\times0.0125^{1/3}}\left(\frac{1}{2^{2/3}} - \frac{1}{4^{2/3}}\right)\right]^{\frac{3}{2+3}} = 288\,\mathrm{s}$$

- 개구 분출 기류의 질량유량

$$m_d = 0.5BH^{3/2} = 0.5\times2\times2^{3/2} = 2.83\,\mathrm{kg/s}$$

- 개구 분출 기류의 운반열량 성장률

$$\alpha_d = \frac{\alpha}{1+\dfrac{h_eA_w}{c_pm_D}} = \frac{0.0125}{1+\dfrac{0.02\times400}{1.0\times2.83}} = 0.00327\ \mathrm{kW/s^2}$$

- 배연 가동 시간

$$t_{sm} = t_d + t_{start} = 288 + 60 = 348\,\mathrm{s}$$

- 배연 계수

발열속도 $Q_d$가 클수록, 연기층의 높이가 높을수록 배연 계수는 작아진다. 따라서 안전을 위한 계산으로 배연 가동 시의 배연 계수를 각 시간 공통 값으로서 이용한다.

$$C_{sm} = \frac{m_e}{Q_d^{1/3} z_s^{5/3}} = \frac{200/60}{\left(0.00327 \times 348^2\right)^{1/3} \times 8^{5/3}} = 0.014\text{kg/(kJ}^{1/3} \cdot \text{m}^{5/3} \cdot \text{s}^{2/3})$$

• 인접실의 연기층 높이

$t_{sm}<400$이므로 식 (8.7)의 제2식을 이용한다.

$$z_s = \left[\frac{2}{2+3} \times \frac{0.00327^{1/3}}{1.0 \times 200}\left\{0.08\left(400^{\frac{2}{3}+1} - 288^{\frac{2}{3}+1}\right) - 0.014\left(400^{\frac{2}{3}+1} - 348^{\frac{2}{3}+1}\right)\right\} + \frac{1}{8^{2/3}}\right]^{-\frac{3}{2}}$$
$$= 3.33\,\text{m}$$

## 5. 해설

본 항의 계산식은 화재실로부터의 개구 분출 기류가 인접실에서의 상승 플륨이 되어, 그 질량유량을 일반적인 화재 플륨과 같은 식으로 계산하여 유도된 것이다. 단, 본 계산은 간이하도록 가상의 점원을 개구부의 하단으로 설정하고 있다. 개구 분출 기류의 운반열량은 화원의 발열속도에 비례하는 것으로 간주하여 $t^2$으로 근사하였다.

배연 계수 $C_{sm}$은 연기의 배출에 따라 연기층으로의 실제 순 연기 유입량이 감소하는 것을, 플륨의 연행 계수 $C_m$이 감소하는 것으로 치환한 것이다.[5)]

## 6. 참고문헌

4) 仁井大策ほか : 新しい避難安全検証手法の開発その4非火災室の煙流動性状計算法, 日本建築学会学術講演梗概集, 防火, pp.299-302, 2010年 7月

5) 間瀬亮平ほか : 煙層下端高さに基づく避難安全検証法に関する研究, 日本建築学会環境系論文集, 第652号, pp.481-490, 2010年 6月

# 8.2 연기층 하강의 제어

## 8.2.1 기계 배연에 의한 연기층 하강 제어

### 1. 계산식 대상

실의 배연 방식으로 기계 배연 방식을 사용할 경우, 화재실의 연기층 하단을 허용 높이 $z_s$[m]로 유지하기 위해서 필요한 배연 풍량 $V_e$[m$^3$/s]을 산정한다. 그림 8.5에 이 개념도를 나타내었다.

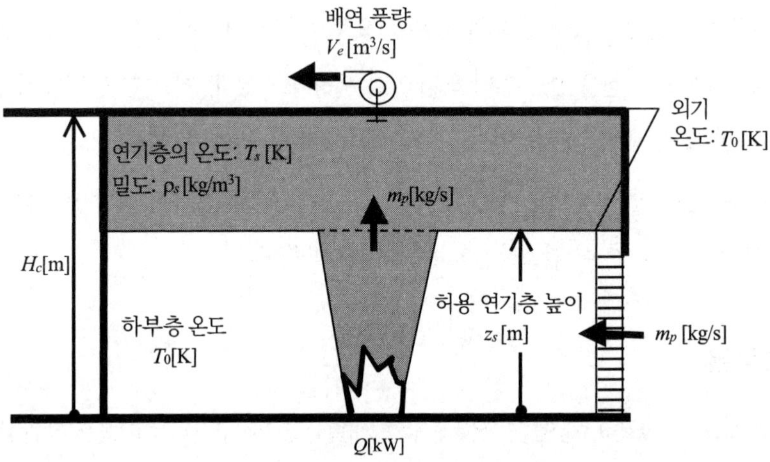


그림 8.5 기계 배연에 의한 연기층 하단 높이의 유지

### 2. 계산식[6)]

- 필요 기계 배연량: $V_e$[m$^3$/s]

$$V_e = m_p / \rho_s \tag{8.14}$$

- 허용 연기층 높이에서의 화재 플륨 유량: $m_p$[kg/s]

$$m_p = 0.08Q^{1/3}z_s^{5/3} \tag{8.15}$$

- 연기층의 기체밀도: $\rho_s$[kg/s]

$$\rho_s = 353 / T_s \tag{8.16}$$

- 연기층 온도: $T_s$[K]

$$T_s = T_0 + \frac{Q}{c_p m_p + h_e A_w} \tag{8.17}$$

- 연기층에 접하는 벽체의 면적: $A_w$[m$^2$]

$$A_w = A_c + L(H_c - z_s) \tag{8.18}$$

## 3. 입력값

| | |
|---|---|
| $A_c$ | 천장의 면적 [m$^2$] |
| $c_p$ | 공기의 정압 비열 (=1.0 kJ/kg·K) |
| $h_e$ | 화재실 벽체의 실효 열전달률 (=0.02 kW/(m$^2$·K)) (5.2.4절 참고) |
| $H_c$ | 천장 높이 [m] |
| $L$ | 실의 주변 길이 [m] |
| $Q$ | 발열속도 [kW] |
| $T_s$ | 연기층 온도 [K] |
| $T_0$ | 기준 온도(외기 및 하부층 온도) [K] |
| $z_s$ | 허용 연기층 높이 [m] |

## 4. 예제

### 1) 일반적인 천장 높이의 공간

폭 $W_r$=30 m, 깊이 $D_r$=18 m, 천장 높이 $H_c$=3.0 m인 직사각형 실에서 발열속도 $Q$=3,000 kW의 화재가 발생했다. 연기층을 허용 높이인 $z_s = 1.6 + 0.1H_c = 1.9$ m로 유지하기 위한 배연 풍량 $V_e$를 구하시오. 이때 기준 온도 $T_0$=300K, 실효 열전달률 $h_e$=0.02 kW/(m$^2$·K)로 계산한다.

- 플륨 유량

$$m = 0.08Q^{1/3}z_s^{5/3} = 0.08 \times 3000^{1/3} \times 1.9^{5/3} = 3.36\,\text{kg/s}$$

• 연기층에 접하는 벽체의 면적

$$A_w = A_c + L(H_c - z_s) = 30 \times 18 + 2 \times (30 + 18) \times (3.0 - 1.9) = 645.6\,\mathrm{m}^2$$

• 연기층의 온도

$$T_s = T_0 + \frac{Q}{c_p m_p + h_e A_w} = 300 + \frac{3000}{1.0 \times 3.36 + 0.02 \times 645.6} = 484\,\mathrm{K}$$

• 연기층의 기체밀도

$$\rho_s = 353 / T_s = 353 / 484 = 0.73\,\mathrm{kg/m^3}$$

• 필요한 배연 풍량

$$V_e = m / \rho_s = 3.36 / 0.73 = 4.61\,\mathrm{m^3/s}\,(=16{,}611\,\mathrm{CMH})$$

2) **예제 1)과 같은 조건에서 천장 높이가 $H_c$=12 m라고 할 때, 연기층의 높이를 천장 높이 중앙($z_s$=6.0 m)으로 유지하기 위해 필요한 배연량 $V_e$를 구하시오.**

• 플륨 유량

$$m_p = 0.08 Q^{1/3} z_s^{5/3} = 0.08 \times 3000^{1/3} \times 6.0^{5/3} = 22.86\,\mathrm{kg/s}$$

• 연기층에 접하는 벽체의 면적

$$A_w = A_c + L(H_c - Z_s) = 30 \times 18 + 2 \times (30 + 18) \times (12.0 - 6.0) = 1116\,\mathrm{m}^2$$

• 연기층의 온도

$$T_s = T_0 + \frac{Q}{c_p m_p + h_e A_w} = 300 + \frac{3000}{1.0 \times 22.86 + 0.02 \times 1116} = 366\,\mathrm{K}$$

• 연기층의 기체밀도

$$\rho_s = 353 / T_s = 353 / 366 = 0.96\,\mathrm{kg/m^3}$$

• 필요한 배연량

$$V_e = m_e / \rho = 22.86 / 0.96 = 23.81\,\mathrm{m^3/s}\,(=85{,}725\,\mathrm{CMH})$$

연기층을 높게 유지하려면 상당한 풍량의 기계 배연이 필요하다는 것에 유의해야 한다.

### 5. 해설

연기층 높이를 유지하기 위해서는 연기층에 침입하는 플륨 유량과 같은 양의 연기를 배연하면 된다. 기계 배연양은 보통 부피 유량로 표시되므로, 연기층의 열수지를 이용해서 질량유량을 부피 유량로 환산하고 있다. 벽체으로의 열전달에서는 장시간의 배연을 상정하는 것으로서 실효 열전달률 식을 사용하고 있다.

정확하게는 5.2.4절을 따라야 하지만, 본 항의 예제에서는 안전한 값으로서 0.02 kW/(m$^2$·K)를 이용했다. 단, 화재의 초기에서는 실효 열전달률이 아니라 5.2.3절의 종합 열전달률 $h_T$을 이용하는 것을 권장한다.

### 6. 참고문헌

6) 田中哮義：改訂版建築火災安全工学入門, (財)日本建築センター, pp.240-242, 2002年 1月

## 8.2.2 자연 배연에 의한 연기층 하강의 제어

### 1. 계산식 대상

자연 배연을 통한 연기 제어로서 그림 8.6과 같이 천장 높이의 배연구와 바닥면 높이의 급기구에 의해 화재실의 연기층을 허용 높이 $z_s$[m]로 유지하는 것을 고려한다. 이 경우에 필요한 배연구의 면적 $A_e$[m$^2$]을 산정한다.

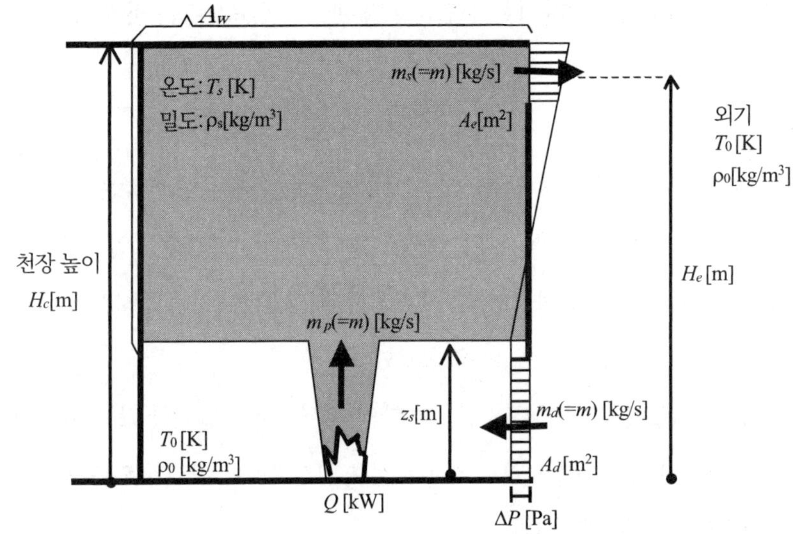


그림 8.6 자연 배연에 의한 연기층 강하의 제어

## 2. 계산식[7)]

필요 배연구 면적: $A_e$ [m$^2$]

$$A_e = \frac{m}{\alpha\sqrt{2\rho_s\{\Delta p + (\rho_o - \rho_s)g(H_e - z_s)\}}} \tag{8.19}$$

하부 급기구 높이에서의 압력차: $\Delta p$ [Pa]

$$\Delta p = -\frac{m^2}{2\rho_0(\alpha A_d)^2} \tag{8.20}$$

연기층의 기체밀도: $\rho_s$ [kg/m$^3$]

$$\rho_s = \frac{353}{T_s} \tag{8.21}$$

연기층 온도: $T_s$ [K]

$$T_s = \frac{Q}{c_p m + h_e A_w} + T_0 \tag{8.22}$$

연기층에 노출되는 벽체의 면적: $A_w$ [m$^2$]

$$A_w = A_c + L(H_c - z_s) \quad (8.23)$$

허용 연기층 높이에서의 화재 플륨 유량: $m$[kg/s]

$$m = 0.08Q^{1/3} z_s^{5/3} \quad (8.24)$$

## 3. 입력값

| | |
|---|---|
| $A_d$ | 급기구의 면적 [m²] |
| $c_p$ | 공기의 정압 비열 [kJ/(kg·K)] |
| $g$ | 중력 가속도(=9.8 m/s²) |
| $h_e$ | 화재실 벽체의 실효 열전달률(0.02 kW/m²·K) (5.2.4 참조) |
| $H_c$ | 천장 높이 [m] |
| $H_e$ | 배연구의 높이 [m] |
| $L$ | 실의 주변 길이 [m] |
| $Q$ | 화원의 발열속도 [kW] |
| $T_0$ | 외기 온도 |
| $z_s$ | 연기층 높이 [m] |
| $\alpha$ | 개구의 유량계수 [–] |
| $\rho_0$ | 외기의 기체밀도 [kg/m³] |

## 4. 예제

### 1) 일반적인 천장 높이의 공간

8.2.1절의 예제 1)과 같은 조건에서 기계 배연 대신 하부 급기구와 상부 배연구를 통해 연기층의 높이를 제어하는 것을 고려한다. 하부 급기구의 면적 $A_d$=3 m²이고, 높이 $H_e$=2.5 m에 배연구를 설치하는 경우, 연기층 하단 높이를 허용 높이 $z_s$=1.6+0.1 $H_c$=1.9 m로 유지하기 위한 상부 배연구 면적 $A_e$[m²]를 구하시오. 이때 외기 온도 $T_0$=300K, 실효 열전달률 $h_e$=0.02 kW/(m²·K)으로 한다.

8.2.1절의 예제 1)에 따라, 외기의 기체밀도 $\rho_0$=1.18 kg/m³, 허용 연기층 높이 $z_s$=1.9 m, 플륨 유량 $m$=3.36 kg/s, 연기층에 접하는 벽체의 면적 $A_w$=645.6 m², 연기층 온도

$T_s$=484K, 연기층의 기체밀도 $\rho_s$=0.73 kg/m$^3$이 된다.

- 하부 급기구 높이에서의 압력차

$$\Delta p = -\frac{m^2}{2\rho_0(\alpha A_d)^2} = -\frac{3.36^2}{2\times1.18\times(0.7\times3.0)^2} = -1.08\ \text{Pa}$$

- 필요 배연구 면적

$$A_e = \frac{m}{\alpha\sqrt{2\rho_s\{\Delta p+(\rho_o-\rho_s)g(H_e-z_s)\}}}$$
$$= \frac{3.36}{0.7\times\sqrt{2\times0.73\times\{-1.08+(1.18-0.73)\times9.8\times(2.5-1.9)\}}} = 3.17m^2$$

2) **높은 천장 공간**

8.2.1절의 예제 2)와 같은 조건에서 기계 배연 대신에 하부에 면적 $A_d$=9 m$^2$의 급기구를, 높이 $H_e$=11.5 m에는 배연구를 설치한다. 연기층 하단 높이 $z_s$=6 m로 유지하기 위한 상부 배연구의 면적 $A_e$[m$^2$]를 구하시오. 이때 외기 온도 $T_0$=300K, 실효 열전달률 $h_e$=0.02 kW/(m$^2$·K)으로 한다.

8.2.1절의 예제 2)에 따라 외기의 기체밀도 $\rho_0$=1.18 kg/m$^3$, 허용 연기층 높이 $z_s$=6.0 m, 플륨 유량 $m$=22.86 kg/s, 연기층에 접하는 벽체의 면적 $A_w$=1116m$^2$, 연기층 온도 $T_s$=366K, 연기층의 기체밀도 $\rho_s$=0.96 kg/m$^3$으로 한다.

- 하부 급기구 높이에서의 압력차

$$\Delta p = -\frac{m^2}{2\rho_0(\alpha A_d)^2} = -\frac{22.86^2}{2\times1.18\times(0.7\times9.0)^2} = -5.58\ \text{Pa}$$

- 필요 배연구 면적

$$A_e = \frac{m}{\alpha\sqrt{2\rho_s\{\Delta p+(\rho_0-\rho_s)g(H_e-z_s)\}}}$$
$$= \frac{22.86}{0.7\times\sqrt{2\times0.96\times\{-5.58+(1.18-0.96)\times9.8\times(11.5-6.0)\}}} = 8.79\,\text{m}^2$$

이상의 계산에 따라, 천장이 높을 때 비교적 작은 배연구와 급기구로 연기층을 높게 유지하면서 그 높이를 제어할 수 있음을 알 수 있다.

## 5. 해설

기계 배연을 대신해 자연적으로 배연하는 경우에는, 하부의 급기구로부터 유입된 공기가 플륨에 연행되어 연기층으로 유입되고, 그 부력에 의해 상부의 배연구로 배출된다. 급기구 부분에는 플륨 유량과 같은 질량이 흐르고, 그 결과 $\Delta P = -\mathrm{m}^2 / 2\rho_0 (\alpha A_d)^2$의 압력차가 생긴다. 조건에 따라서는 비상구에 어떤 장애물이 있을 수 있으므로 주의가 필요하다. 기계 배연과 동일하게, 연기층 높이를 유지하기 위해서는 연기층에 유입되는 플륨 유량과 같은 질량의 연기를 배연구에서 배출하면 된다. 벽체로의 열전달에 관해서는 장시간의 배연을 상정하며, 실효 열전달률 식을 이용하고 있다. 정확하게는 5.2.4절을 따라야 하지만, 본 항의 계산 예에서는 안전한 값으로 0.02 kW/(m$^2$·K)를 이용했다. 단, 화재 초기에서는 실효 열전달률이 아닌 5.2.3절의 종합 열전달률 $h_T$를 이용하는 것을 권장한다.

## 6. 참고 문헌

7) 田中哮義：改訂版建築火災安全工学入門, (財)日本建築センター, pp.236-237, 2002年 1月

# 8.2.3 측면 개구에 의한 연기층 하강의 제어

## 1. 계산식 대상

8.2.2절에서는 천장 부근의 배연구와 바닥면 부근의 급기구에 의한 자연 배연을 생각하였는데, 여기에서는 그림 8.7과 같이 화재실의 측면에서 바닥까지 거의 전체가 개방된 큰 개구에 의한 연기 제어를 생각한다. 이런 경우에 연기층을 허용 높이 $z_s$[m]로 유지하기 위한 측면 개구의 폭 $B$[m]를 산정한다.

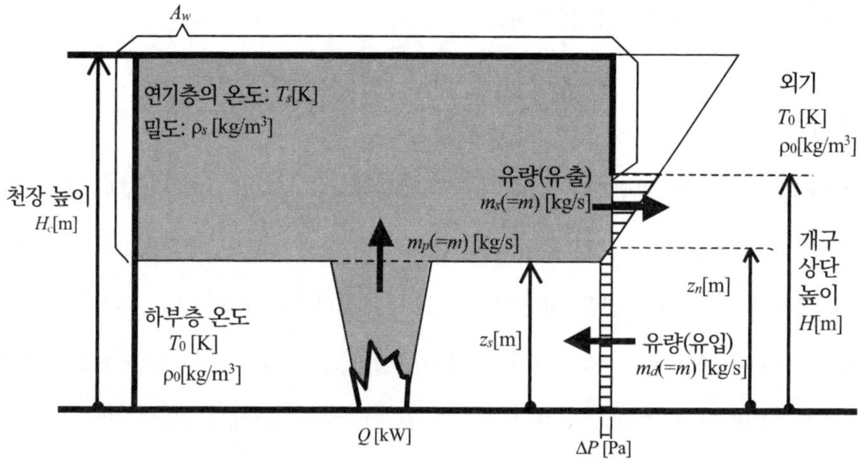


그림 8.7 측면 개구에 의한 연기층의 제어

## 2. 계산식[8)]

여기서는 반복 계산을 피하기 위해 중성대 높이 $z_n$[m]과 연기층 하단 높이 $z_s$[m]가 동일하다고 근사한다.

- 필요한 개구폭: $B$ [m]

$$B = \frac{3}{2}\frac{m}{\alpha\sqrt{2g\rho_s(\rho_0-\rho_s)}(H-z_s)^{3/2}} \tag{8.25}$$

- 연기층의 기체밀도: $\rho_s$ [kg/m³]

$$\rho_s = \frac{353}{T_s} \tag{8.26}$$

- 연기층 온도: $T_s$ [K]

$$T_s = \frac{Q}{c_p m + h_e A_w} + T_0 \tag{8.27}$$

- 허용 연기층 높이에서의 화재 플륨 유량: $m$ [kg/s]

$$m = 0.08Q^{1/3}z_s^{5/3} \tag{8.28}$$

- 연기층에 노출되는 벽체의 면적: $A_w$[m$^2$]

$$A_w = A_c + L(H_c - z_s) \tag{8.29}$$

## 3. 입력값

$A_c$ 천장의 면적 [m$^2$]

$c_p$ 공기의 비열 (=1.0 kJ/(kg·K))

$g$ 중력 가속도(=9.8 m/s$^2$)

$h_e$ 화재실 벽체의 실효 열전달률(0.02 kW/(m$^2$·K)) (5.2.4절 참조)

$H_c$ 천장 높이 [m]

$H$ 개구 높이 [m]

$L$ 실의 주변 길이 [m]

$Q$ 화원의 발열속도 [kW]

$T_0$ 하부층 및 외기의 온도 [K]

$z_n$ 중성대 높이 [m]

$z_s$ 연기층 하단 높이 [m]

$\alpha$ 개구의 유량계수 [−]

$\rho_0$ 하부층 및 외기의 기체밀도 [kg/m$^3$]

## 4. 예제

8.2.2절의 예제 1)과 같은 조건에서 높이 $H$=2.2 m의 측면 개구를 설치한다. 층 하단 높이를 허용 높이 $z_s$=1.6+0.1 $H_c$=1.9 m로 유지하기 위한 개구폭 $B$[m$^2$]를 구하시오. 외기 온도 $T_0$=300K, 실효 열전달률 $h_e$=0.02 kW/(m$^2$·K)로 한다.

8.2.2절의 예제 1)에 따라, 외기의 기체밀도 $\rho_0$=1.18 kg/m$^3$, 허용 연기층 높이 $z_s$=1.9 m, 플륨 유량 $m$=3.36 kg/s, 연기층에 접하는 벽체의 면적 $A_w$=645.6 m$^2$, 연기층 온도 $T_s$=484K, 연기층의 기체밀도 $\rho_s$=0.73 kg/m$^3$이다.

- 필요한 개구폭: $B$[m]

$$B = \frac{3}{2}\frac{m}{\alpha\sqrt{2g\rho_s(\rho_0-\rho_s)}(H-z_s)^{3/2}}$$
$$= \frac{3}{2}\frac{3.36}{0.7\times\sqrt{2\times 9.8\times 0.73\times(1.18-0.73)}\times(2.2-1.9)^{3/2}} = 17.3\,\text{m}$$

또한 중성대 높이와 연기층 하단 높이의 차이$(z_n - z_s)$와 연기층의 유출 두께$(H - z_s)$의 비율을 계산하면,

$$\frac{z_n - z_s}{H - z_s} = \frac{4}{9}\left(\frac{\rho_s}{\rho_0}\right)\left(\frac{H - z_s}{z_s}\right)^2 = \frac{4}{9}\left(\frac{0.78}{1.18}\right)\left(\frac{2.2 - 1.9}{1.9}\right)^2 = 0.007$$

가 되며, 이는 충분히 작다.

### 5. 해설

측면 개구의 경우에는 개구의 하부로부터 공기가 유입되고, 상부로부터 연기가 배출된다. $m_p = m_d = m_s (= m)$라고 가정하고, 상부에서 배출되는 연기의 질량유량이 화재 플륨 유량과 동일하도록 개구폭을 계산하고 있다. 계산에서는 개구 하부에서 유입되는 기류에 의해 생기는 압력차는 무시하며, 연기층 하단 높이와 중성대 높이가 동일하다고 가정하고 있다. 이 가정은 $(z_n - z_s)/(H - z_s)$가 작을 때에만 성립한다.

또, 여기에서는 장시간의 배연을 상정하여 실효 열전달률을 0.02 kW/$(\mathrm{m}^2 \cdot \mathrm{K})$로 하며 이는 5.2.4절을 따른 것이다. 화재 초기를 생각하는 경우에는 실효 열전달률이 아닌 5.2.3절의 종합 열전달율 $h_T$를 이용하는 것이 권장된다.

### 6. 참고문헌

8) 田中哮義 : 建築火災安全工学入門, (財)日本建築センター, pp.178-179, 1993年

## 8.2.4 자연 배연과 하부 가압 급기에 의한 연기층 하강 제어

### 1. 계산식 대상

연기 제어 수단으로 자연 배연과 아래쪽에서의 가압 급기를 병용하는 경우, 화재실의 연기층을 허용 높이 $z_s$[m]로 유지하기 위한 가압 급기량 $m_0$[kg/s]을 산정한다. 그림 8.8에 이 개념을 나타내었다.

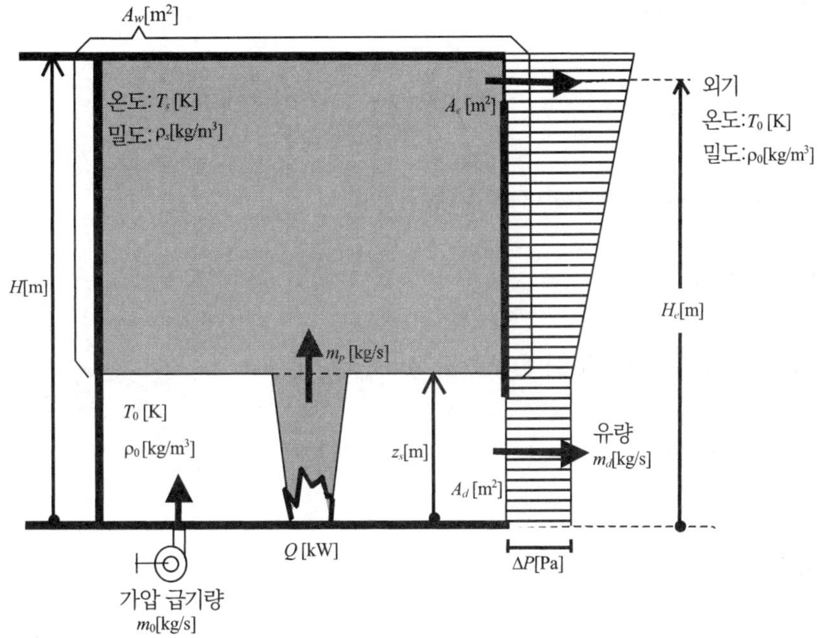


그림 8.8 자연 배연+아래쪽에서의 가압 급기에 의한 연기층 제어

## 2. 계산식[9)]

- 필요한 가압 급기량: $m_0$ [kg/s]

$$m_0 = m_p + m_d \tag{8.30}$$

- 하부 급기구에서의 공기 유량: $m_d$[kg/s]

$$m_d = \begin{cases} \alpha A_d \sqrt{2\rho_0 |\Delta P|} & (\Delta p > 0) \\ -\alpha A_d \sqrt{2\rho_0 |\Delta P|} & (\Delta p < 0) \end{cases} \tag{8.31}$$

- 하부 급기구에서의 압력 차이: $\Delta p$ [Pa]

$$\Delta P = \frac{m_p^2}{2\rho_s (\alpha A_e)^2} - (\rho_0 - \rho_s) g (H_e - z_s) \tag{8.32}$$

- 연기층의 기체밀도: $\rho_s$ [kg/m³]

$$\rho_s = 353 / T_s \tag{8.33}$$

- 연기층 온도: $T_s$[K]

$$T_s = \frac{Q}{c_p m + h_e A_w} + T_0 \tag{8.34}$$

- 연기층에 노출되는 벽체의 면적: $A_w$[m$^2$]

$$A_w = A_c + L(H_c - z_s) \tag{8.35}$$

- 허용 연기층 높이에서의 화재 플륨 유량: $m_p$[kg/s]

$$m_p = 0.08Q^{1/3} z_s^{5/3} \tag{8.36}$$

## 3. 입력값

| | |
|---|---|
| $A_d$ | 하부 개구 면적 [m$^2$] |
| $A_e$ | 상부 배연구 면적 [m$^2$] |
| $c_p$ | 공기의 비열(=1.0 kJ/kg·K) |
| $g$ | 중력 가속도(=9.8 m/s$^2$) |
| $h_e$ | 화재실 벽체의 실효 열전달률(0.02 kW/(m$^2$·K))(5.2.4절 참조) |
| $H_c$ | 천장 높이 [m] |
| $H_e$ | 배연구의 중심 높이 [m] |
| $L$ | 실의 주변 길이 [m] |
| $Q$ | 화원의 발열속도 [kW] |
| $T_0$ | 하부층 및 외기의 온도 [K] |
| $z_s$ | 허용 연기층 높이 [m] |
| $\alpha$ | 개구의 유량계수 [–] |
| $\rho_0$ | 하부층 및 외기의 기체밀도 [kg/m$^3$] |

## 4. 예제

폭 $W_r$=30 m, 깊이 $D_r$=18 m, 천장 높이 $H_c$=12 m인 실이 있다. 면적 $A_e$=1.0 m$^2$이고, 중심의 높이 $H_e$=11m인 배연구가 설치되어 있다. 하부 개구 면적 $A_d$=2.0 m$^2$이다. 발열속도 $Q$=3000 kW일 때, 연기층 높이를 한계 높이인 $z_s$=1.6+0.1 $H_c$=2.8 m로 유지하기 위한 하부 가압 급기량 $m_0$[kg/s]을 구하시오. 이때, 외기 온도 $T_0$=300K (=27℃), 외기의 공기 밀

도 $\rho_0$=1.18 kg/m$^3$, 실효 열전달률 $h_e$=0.02 kW/(m$^2$·K)로 한다.

- 허용 연기층 높이에서의 화재 플륨 유량

$$m_p = 0.08Q^{1/3}z_s^{5/3} = 0.08\times3000^{1/3}\times2.8^{5/3} = 6.42\,\text{kg/s}$$

- 연기층에 접하는 벽체의 면적

$$A_w = A_c + L\left(H_c - z_s\right) = 30\times18 + 2\times(18+30)\times(12-2.8) = 1423\,\text{m}^2$$

- 연기층 온도

$$T_s = \frac{Q}{c_p m + h_e A_w} + T_0 = \frac{3000}{1.0\times6.42 + 0.02\times1423} + 300 = 386\text{K}\,(=113^\circ\text{C})$$

- 연기층의 기체밀도

$$\rho_s = 353/T_s = 353/386 = 0.914\,\text{kg/m}^3$$

- 하부 급기구에서의 압력차

$$\Delta P = \frac{m_p^2}{2\rho_s\left(\alpha A_e\right)^2} - \left(\rho_0 - \rho_s\right)g\left(H_e - z_s\right)$$
$$= \frac{6.42^2}{2\times0.914\times\left(0.7\times1.0\right)^2} - \left(1.18 - 0.914\right)\times9.8\times\left(11 - 2.8\right) = 24.64\text{Pa}$$

- 하부 급기구에서의 공기 유량 ($\Delta p$>0)

$$m_d = \alpha A_d\sqrt{2\rho_0\,|\Delta P|} = 0.7\times2.0\times\sqrt{2\times1.18\times24.64} = 10.68\,\text{kg/s}$$

- 필요한 가압 급기량: $m_0$[kg/s]

$$m_0 = m_p + m_d = 6.42 + 10.63 = 17.10\,\text{kg/s}$$

## 5. 해설

본 항의 계산식에서는 허용 연기층 높이에서 화재 플륨의 질량유량과 하부에서 누출되는 공기의 질량유량의 합이 필요한 가압 급기량이 된다. $\Delta p$>0일 때는 하부의 개구에서도 공기가 유출되는 가압 배연이 된다. $\Delta p$<0일 때는 하부 개구로 외기가 유입되는 상태가 되

며, 가압 급기는 자연 배연의 보조 역할을 한다.

가압 급기를 실시할 때는 가압 급기가 화원의 확대를 촉진하지 않아야 하고, 연기층을 산란시키지 않아야 하며, 설계상의 급기가 화원에 직접 영향을 미치지 않도록 해야 한다.

## 6. 참고문헌

9) 田中哮義 : 改訂版建築火災安全工学入門, (財)日本建築センター, pp.242-244, 2002年 1月

# 8.3 연돌 효과

계단실이나 엘리베이터 샤프트 등 수직관통 공간의 온도가 난방의 영향, 혹은 화재 시의 연기의 침입에 의해 외기 온도보다 높아지면 연돌 효과 현상이 발생한다. 연돌 효과를 발생시키는 수직관통 공간의 위쪽에서는 내부의 압력이 외기보다 높아지고, 수직관통 공간에서 외기로 공기가 유출된다. 반대로 아래쪽에서는 낮아져서 외기에서 수직관통 공간으로 공기가 유입된다. 연돌 효과가 고층 건축물의 화재 시 연기 유동성 상태에 큰 영향을 미친다.

## 8.3.1 샤프트 내의 온도를 파악하고 있는 경우

### 8.3.1.1 개구부가 높이 방향으로 고르게 분포하는 경우

#### 1. 계산식 대상

그림 8.9에 나타낸 바와 같이, 샤프트의 개구가 수직 방향으로 고르게 분포하고 있는 경

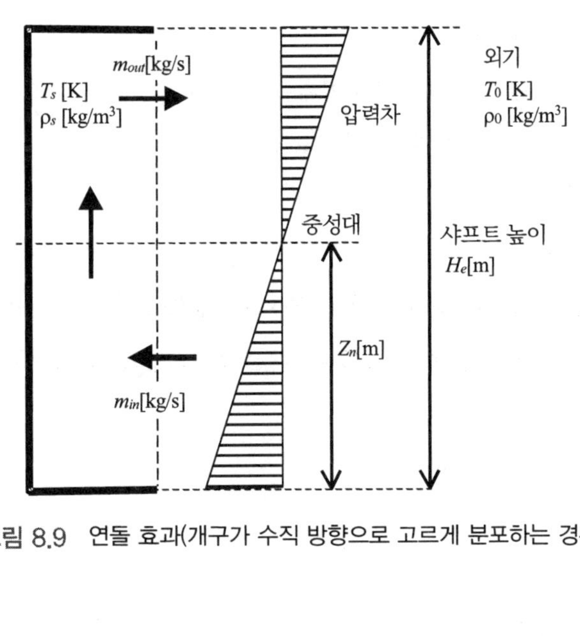


그림 8.9 연돌 효과(개구가 수직 방향으로 고르게 분포하는 경우)

우, 샤프트로의 유입량 $m_{in}$ [kg/s]과 샤프트로부터의 유출량 $m_{out}$ [kg/s] 및 중성대 높이 $z_n$ [m]을 구한다.

## 2. 계산식[10)]

- 중성대 높이: $z_n$ [m]

$$z_n = \frac{H_e}{1+\left(\rho_0/\rho_s\right)^{1/3}} = \frac{H_e}{1+\left(T_s/T_0\right)^{1/3}} \tag{8.37}$$

- 유입·유출되는 공기의 질량유량: $m_{in}$, $m_{out}$ [kg/s]

$$\begin{aligned} m_{in} = m_{out} &= \frac{2}{3}\alpha B\sqrt{2\rho_0\left(\rho_0-\rho_s\right)g}\,\mathrm{z_n}^{3/2} \\ &= \frac{2}{3}\alpha B\sqrt{2\left(\frac{353^2}{T_\infty}\left(\frac{1}{T_0}-\frac{1}{T_s}\right)\right)g}\,\mathrm{z_n}^{3/2} \end{aligned} \tag{8.38}$$

## 3. 입력값

| | |
|---|---|
| $B$ | 개구폭 [m] |
| $g$ | 중력 가속도 [=9.8 m/s²] |
| $H_e$ | 수직 샤프트 높이 [m] |
| $T_s$ | 수직 샤프트 내 온도 [K] |
| $T_0$ | 외기 온도 [K] |
| $\alpha$ | 개구의 유량계수 [–] |
| $\rho_s$ | 수직 샤프트 내 온도에서의 기체밀도 [kg/m³] |
| $\rho_0$ | 외부 온도에서의 기체밀도 [kg/m³] |

## 4. 예제

수직 샤프트 내의 온도 $T_s$=300 K, 외기 온도 $T_0$=280K, 샤프트 높이 $H_e$=30.0 m, 개구폭 $B$=0.01 m, 개구의 유량계수 $\alpha$=0.7일 때, 유출입량 $m$[kg/s]과 중성대 높이 $z_n$ [m]을 구하시오.

$$z_n = \frac{H_e}{1+\left(T_s / T_\infty\right)^{1/3}} = \frac{30.0}{1+\left(300/280\right)^{1/3}} = 14.8\,\text{m}$$

$$m_{in} = m_{out} = \frac{2}{3}\alpha B\sqrt{2(353^2/T_0\left|(1/T_0)-(1/T_s)\right|)g}\;z_n^{\ 3/2}$$

$$= \frac{2}{3}\times 0.7\times 0.10\times\sqrt{2\times\frac{353^2}{280}\times\left|\frac{1}{280}-\frac{1}{300}\right|\times 9.8}\times 14.8^{3/2} = 3.84\,\text{kg/s}$$

## 5. 해설

수직 샤프트의 온도 $T_s$가 외기 온도보다 높을 때 수직 샤프트의 중성대보다 낮은 곳에서는 외기로 공기가 유입되고 높은 곳에서는 샤프트로부터 공기가 유출된다. 중성대 높이가 $z_n$[m]일 때 유입량과 유출량은 다음 식으로 주어진다.

$$m_{in} = \int_0^{z_n}\alpha B\sqrt{2\rho_0(\rho_0-\rho_s)g(z_n-z)}dz = \frac{2}{3}\alpha B\sqrt{2\rho_0(\rho_0-\rho_s)g}\;z_n^{\ 3/2} \tag{8.39}$$

$$m_{out} = \int_{z_n}^{H_e}\alpha B\sqrt{2\rho_s(\rho_0-\rho_s)g(z-z_n)}dz = \frac{2}{3}\alpha B\sqrt{2\rho_s(\rho_0-\rho_s)g}\,(H_e-z_n)^{3/2} \tag{8.40}$$

중성대는 유입과 유출의 균형 잡힌 높이에 위치한다.

$$m_{in} = m_{out} \tag{8.41}$$

## 6. 참고문헌


10) 田中哮義 : 改訂版建築火災安全工学入門, (財)日本建築センター, pp.245-247, 2002年 1月


# 8.3.1.2 상부와 하부에 개구가 있는 경우

## 1. 계산식 대상

그림 8.10과 같이 수직 샤프트의 상부와 하부에 개구부가 있는 경우, 공기 유출입량 $m$[kg/s] 및 중성대 높이 $z_n$[m]을 구한다.

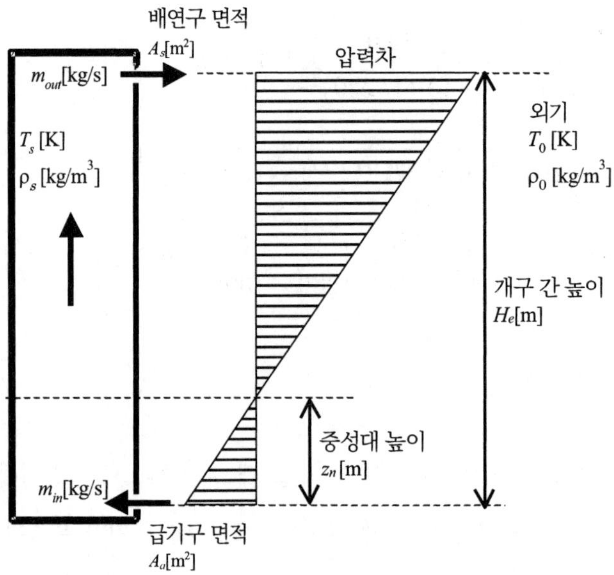


그림 8.10 연돌 효과(상부와 하부에 개구가 있는 경우)

## 2. 계산식[11)]

- 중성대 높이: $z_n$ [m]

$$z_n = \frac{H_e}{1+(\frac{\rho_0}{\rho_s})(\frac{A_a}{A_s})^2} = \frac{H_e}{1+(\frac{T_s}{T_0})(\frac{A_a}{A_s})^2} \tag{8.42}$$

- 공기 유출입량: $m$ [kg/s]

$$\begin{aligned} m &= m_{in} = m_{out} \\ &= \alpha A_a \sqrt{2\rho_0\left(\rho_0 - \rho_s\right) g z_n} = \alpha A_a \sqrt{2\left(\frac{353^2}{T_\infty} \times \left|\left(\frac{1}{T_0} - \frac{1}{T_s}\right)\right|\right) g z_n} \end{aligned} \tag{8.43}$$

## 3. 입력값

| | |
|---|---|
| $A_\alpha$ | 급기구 면적 [m²] |
| $A_s$ | 배연구 면적 [m²] |
| $g$ | 중력 가속도 [=9.8m/s²] |
| $H_e$ | 개구 중심 사이의 높이 [m] |
| $T_s$ | 수직 샤프트 내의 온도 [K] |

$T_0$　외기 온도 [K]

$\alpha$　개구의 유량계수 [−]

$\rho_s$　수직 샤프트 내 온도에서의 기체밀도 [kg/m$^3$]

$\rho_0$　외부 온도에서의 기체밀도 [kg/m$^3$]

## 4. 예제

샤프트 내의 온도 $T_s$=300K, 외기 온도 $T_0$=280K, 개구 중심 사이의 높이 $H_e$=30.0 m, 급기구 면적 $A_\alpha$=1.0 m$^2$, 배연구 면적 $A_s$=1.5 m$^2$, 개구 유량계수 $\alpha$=0.7일 때 공기의 유출입량 $m$[kg/s]과 중성대 높이 $z_n$[m]를 구하시오.

$$z_n = \frac{H_e}{1+\left(\frac{T_s}{T_\infty}\right)\left(\frac{A_a}{A_s}\right)^2} = \frac{30.0}{1+\frac{300}{280}\times(\frac{1.0}{1.5})^2} = 8.8\text{m}$$

$$m = \alpha A_a\sqrt{2\left(\frac{353^2}{T_0}\left|\left(\frac{1}{T_0}-\frac{1}{T_s}\right)\right|\right)gz_n}$$

$$= 0.7\times 1.0\times\sqrt{2\times\frac{353^2}{280}\times\left|\frac{1}{280}-\frac{1}{300}\right|\times 9.8\times 8.8} = 4.49\text{kg/s}$$

## 5. 해설

실제 유입 공기량과 유출 공기량은 각 개구 위치의 압력차를 이용하여 다음 식으로 계산할 수 있다.

$$m_{out} = \alpha A_s\sqrt{2\rho_s(\rho_0-\rho_s)g(H_e-z_n)} \tag{8.44}$$

$$m_{in} = \alpha A_a\sqrt{2\rho_0(\rho_0-\rho_s)gz_n} \tag{8.45}$$

중성대는 유입과 유출이 일정해지는 높이에 위치한다.

$$m_{in} = m_{out} \tag{8.46}$$

## 6. 참고문헌

11) 田中哮義 : 改訂版建築火災安全工学入門, (財)日本建築センター, pp.247-248, 2002年 1月

## 8.3.2 내부 발열을 알 수 있는 경우

### 8.3.2.1 개구부가 수직 방향으로 고르게 분포하는 경우

#### 1. 계산식 대상

그림 8.11과 같이 폭 $B$[m]의 개구부가 수직 방향으로 고르게 분포하고 있는 높이 $H_e$[m]의 수직 샤프트에 태양으로부터의 일사열이나 인체나 기기의 발열 등 어떠한 형태로든 열의 공급이 있는 경우, 수직 샤프트 내의 온도 $T_s$[K] 및 공기의 유출입량 $m$[kg/s]을 구한다.

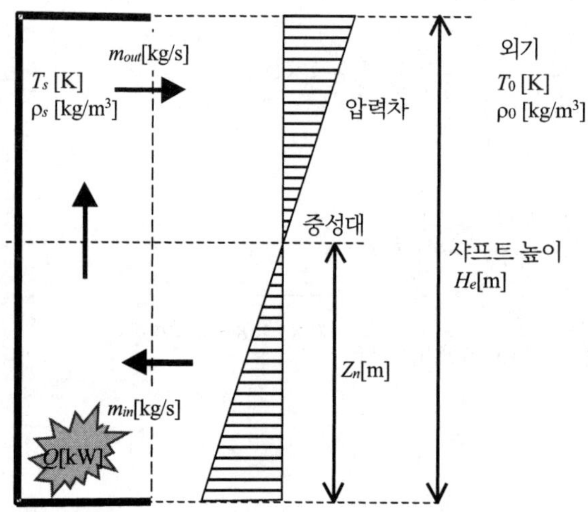

그림 8.11 연돌 효과(개구부가 높이 방향으로 고르게 분포하는 경우)

#### 2. 계산식[12)]

- 수직 샤프트 내의 온도: $T_s$[K]

$$T_s = 0.025T_0\left(\frac{Q^{2/3}}{B^{2/3}H_e}\right) + T_0 \tag{8.47}$$

- 공기 유출입량: $m$[kg/s]

$$m = 0.14Q^{1/3}B^{2/3}H_e \tag{8.48}$$

## 3. 입력값

| | |
|---|---|
| $B$ | 개구폭 [m] |
| $H_e$ | 수직 샤프트의 높이 [m] |
| $Q$ | 수직 샤프트의 열공급 속도 [kW] |
| $T_0$ | 외기 온도 [K] |
| $\alpha$ | 개구의 유량계수 [–] |

## 4. 예제

수직 샤프트의 열공급 속도 $Q$=300kW, 외기 온도 $T_0$=280K, 수직 샤프트 높이 $H_e$=30.0 m, 개구폭 $B$=0.10 m, 개구 유량계수 $\alpha$=0.7일 때, 수직 샤프트 내의 온도 $T_s$[K] 및 공기 유출입량 $m$[kg/s]을 구하시오.

$$T_s \approx 0.025T_0(\frac{Q^{2/3}}{B^{2/3}H}) + T_0 = 0.025 \times 280 \times (\frac{300^{2/3}}{0.1^{2/3} \times 30.0}) + 280 = 328.5\,\mathrm{K}(=55.5°\mathrm{C})$$

$$m = 0.14\dot{Q}^{1/3}B^{2/3}H = 0.14 \times 300^{1/3} \times 0.1^{2/3} \times 30.0 = 6.06\,\mathrm{kg/s}$$

## 5. 해설

수직 샤프트로 유입되는 열공급 속도가 알려진 경우, 수직 샤프트의 온도와 공기의 유출입량은 다음 식과 연관되므로 중성대 높이를 산출하지 않아도 공기의 유출입량을 구할 수 있다.

$$Q = c_p m T_0(\frac{T_s - T_0}{T_0}) \approx \frac{1}{3}\alpha c_p \rho_0 T_0 \sqrt{g} B H_e^{3/2}(\frac{T_s - T_0}{T_0})^{3/2} \tag{8.49}$$

따라서,

$$\frac{T_s - T_0}{T_0} \approx 2.64(\frac{Q}{c_p \rho_0 T_0 \sqrt{g} B H_e^{3/2}})^{2/3} \tag{8.50}$$

$$\frac{m}{\rho_0 \sqrt{g} B H_e^{3/2}} \approx 0.38(\frac{Q}{c_p \rho_0 T_0 \sqrt{g} B H_e^{3/2}})^{1/3} \tag{8.51}$$

단, 유량계수 $\alpha=0.7$, 외기 온도 $T_0=300\text{K}$, 공기의 비열 $c_p=1.0\ \text{kJ}/(\text{kg}\cdot\text{K})$, 중력 가속도 $g=9.8\ \text{m}/\text{s}^2$를 이용한다.

## 6. 참고문헌

12) 田中哮義:改訂版建築火災安全工学入門, (財)日本建築センター, pp.249-251, 2002年 1月

# 8.3.2.2 상부와 하부에 개구부가 있는 경우

## 1. 계산식 대상

그림 8.12와 같이 상부와 하부에 개구부를 가진 수직 샤프트에 태양으로부터의 일사열이나 인체나 기기의 발열 등 어떠한 형태로든 열의 공급이 있는 경우 수직 샤프트 내의 온도 $T_s$[K] 및 공기의 유출입량 $m$[kg/s]을 구한다.

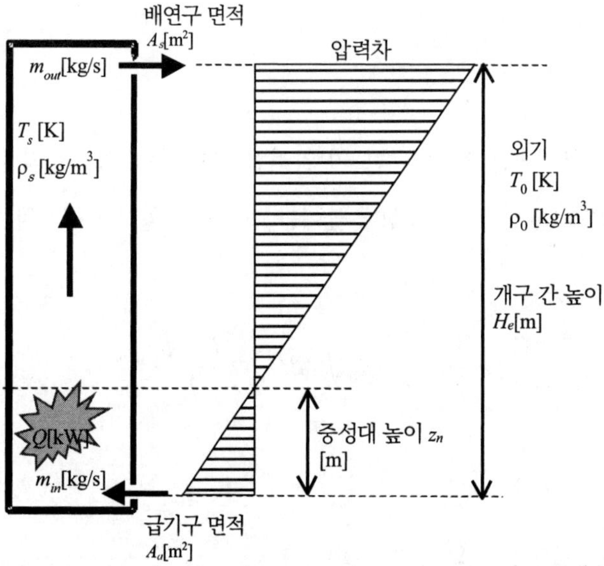


그림 8.12 연돌 효과(상부와 하부에 개구부가 있는 경우)

## 2. 계산식[13)]

- 수직 샤프트 내의 온도: $T_s$[K]

$$T_s = 0.0093 T_0 \frac{Q^{2/3}}{A_a^{2/3} H_e^{1/3}} \left\{ 1 + (\frac{A_a}{A_s})^2 \right\}^{1/3} + T_0 \tag{8.52}$$

- 공기 유출입량: $m$[kg/s]

$$m = 0.36 Q^{1/3} A_a^{2/3} H_e^{1/3} \left\{ 1 + (\frac{A_a}{A_s})^2 \right\}^{-1/3} \tag{8.53}$$

## 3. 입력값

$A_\alpha$ 급기구 면적 [m²]

$A_s$ 배연구 면적 [m²]

$H_e$ 개구 중심 사이의 높이 [m]

$T_0$ 외기 온도 [K]

## 4. 예제

수직 샤프트의 열공급 속도 $Q$=300 kW, 외기 온도 $T_0$=280K, 개구부의 높이 $H_e$=30.0 m이다. 급기구 면적 $A_\alpha$=1.5 m², 배연구 면적 $A_s$=0.5 m², 개구 유량계수 $\alpha$=0.7일 때, 수직 샤프트 내 온도 $T_s$[K] 및 공기의 유출입량 $m$[kg/s]을 구하시오.

$$T_s = 0.0093 T_0 \left( \frac{\dot{Q}^{2/3}}{A_a^{2/3} H_e^{\ 1/3}} \right) \left\{ 1 + \left( \frac{A_a}{A_s} \right)^2 \right\}^{1/3} + T_0$$

$$= 0.0093 \times 280 \times \left( \frac{300^{2/3}}{1.5^{2/3} \times 30^{1/3}} \right) \left\{ 1 + \left( \frac{1.5}{0.5} \right)^2 \right\}^{1/3} + 280 = 341.7\text{K} \left( = 68.7℃ \right)$$

$$m = 0.36 Q^{1/3} A_a^{2/3} H_e^{1/3} \left\{ 1 + (\frac{A_a}{A_s})^2 \right\}^{-1/3}$$

$$= 0.36 \times 300^{1/3} \times 1.5^{2/3} \times 30^{1/3} \times \left\{ 1 + (\frac{1.5}{0.5})^2 \right\}^{-1/3} = 4.55 \text{ kg/s}$$

## 5. 해설

수직 샤프트의 열공급 속도가 알려진 경우 수직 통로 내 온도와 공기의 유출입량은 다음 식과 연관되므로 중성대 높이를 산출하지 않고도 공기의 유출입량을 구할 수 있다.

$$Q = c_p m T_0 \left( \frac{\Delta T}{T_0} \right) = \left( \alpha \sqrt{2} \right) c_p \rho_0 T_0 \sqrt{g} A_a H_e^{1/2} \left( \frac{\Delta T}{T_0} \right)^{3/2} \left\{ \frac{1}{1 + (A_a / A_s)^2} \right\}^{1/2}$$

따라서,

$$\frac{T_s - T_0}{T_0} \approx \left\{ \frac{Q}{c_p \rho_0 T_0 \sqrt{g} A_a H_e^{1/2}} \right\}^{2/3} \left\{ 1 + \left( \frac{A_a}{A_s} \right)^2 \right\}^{1/3}$$

$$\frac{m}{\rho_0 \sqrt{g} A_a H^{1/2}} \approx \left\{ \frac{Q}{c_p \rho_0 T_0 \sqrt{g} A_a H^{1/2}} \right\}^{1/3} \left\{ 1 + \left( \frac{A_a}{A_s} \right)^2 \right\}^{-1/3}$$

이다. 단, 8.3.2.1절과 마찬가지로 유량계수 $\alpha$=0.7, 외기 온도 $T_0$=300K, 공기의 비열 $c_p$=1.0 kJ/(kg·K), $g$=9.8m/s$^2$를 이용한다.

## 6. 참고문헌


13) 田中哮義 : 改訂版建築火災安全工学入門, (財)日本建築センター, pp.251-253, 2002年 1月

# 8.4 외부 바람의 영향

## 1. 계산식 대상

그림 8.13과 같이 건물에 바람이 불어오는 상황에서 건물 풍상측 및 풍하측에서 발생하는 풍압력을 산출한다.

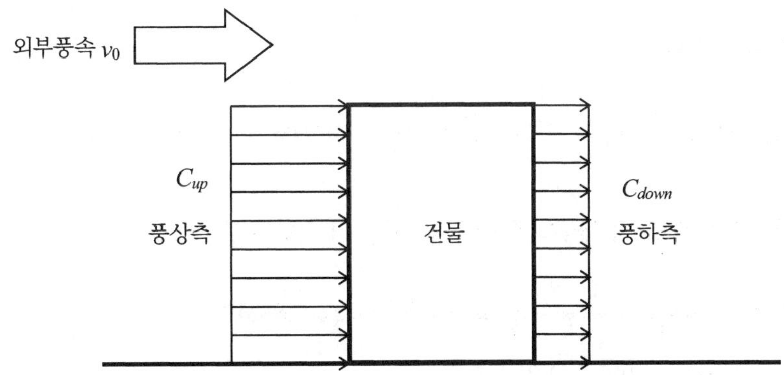


그림 8.13 외기 바람의 영향

## 2. 계산식

- 벽면에 작용하는 풍압력: $P_w$ [Pa]

$$P_w = C\frac{\rho_0}{2}{v_o}^2 \tag{8.54}$$

## 3. 입력값

| | |
|---|---|
| $C$ | 풍압 계수 [–] |
| $\rho_0$ | 공기의 기체밀도 [kg/m³] |
| $v_0$ | 외부 풍속 [m/s] |

## 4. 예제

외부 풍속 $v_0$=5.0m/s, 풍상측 풍압 계수 $C_{up}$=0.7, 풍하측 풍압 계수 $C_{down}$=−0.4이다. 이때 건물의 풍상측 및 풍하측에서 발생하는 풍압력을 구하시오. 외기의 기체밀도 $\rho_0$=1.2 kg/m$^3$으로 한다. 또, 풍압력이 4.1.4절(직렬 개구부에서의 유량)의 예제의 복도, 거실에 대하여 풍상측(개구 면적 2.0 m$^2$), 풍하측(개구 면적 1.5 m$^2$)으로 작용하는 경우 개구부로 흐르는 질량유량 $m$[kg/s]을 구하시오.

- 풍상측 풍압력

$$P_{w,up} = C_{up}\frac{\rho_0}{2}{v_0}^2 = 0.7\times\frac{1.2}{2}\times 5.0^2 = 10.5\,\text{Pa}$$

- 풍하측 풍압력

$$P_{w,down} = C_{down}\frac{\rho_0}{2}{v_0}^2 = -0.4\times\frac{1.2}{2}\times 5.0^2 = -6.0\,\text{Pa}$$

- 복도–거실–외부 간 개구의 합성 유효 개구 면적(4.1.4절 참조)

$$\alpha A_e = \frac{1}{\sqrt{\dfrac{1}{(0.7\times 2.0)^2}+\dfrac{1}{(0.7\times 1.5)^2}}} = 0.7\times 1.2 = 0.84\text{m}^2$$

- 개구부를 통과하는 질량유량

$$m = \alpha A_e\sqrt{2\rho(P_{up}-P_{down})} = 0.7\times 1.2\times\sqrt{2\times 1.2\times\{10.5-(-6.0)\}} = 5.29\,\text{kg/s}$$

## 5. 해설

건물에 바람이 불어오게 되면 일반적으로 풍상측에는 정압이, 풍하측 및 측면에는 부압이 작용한다. 풍압력의 분포는 건물 형상에 따라 다르며, 건물 등의 영향을 받지 않을 때의 일반 풍속의 풍압에 대한 풍압 계수로 나타낸다. 그 밖에 완만한 경사의 지붕에서는 처마 끝에 강한 부압이 작용하고, 지붕 경사가 커지면서 풍압 계수가 정측으로 변한다.[14)]

본 교재에서는 풍압력 등에 대해 단순한 예시를 통해 설명하였지만, 자세한 내용은 풍공학 관련 전문서를 참조하기 바란다.

## 6. 참고문헌

14) 田中俊六, 武田仁, 足立哲夫, 土屋喬雄: 最新建築環境工学, 井上書院, pp.151, 1999年 9月

# 8.5 차연 조건

## 8.5.1 차연에 필요한 압력차

### 1. 계산식 대상

그림 8.14에 나타내는 것과 같이 연기에 오염된 실과 연기로부터 보호해야 할 실(보호 공간) 사이에서 차연을 한다. 출화실(또는 출화실에서 연기가 확산된 공간)이 1) 최성기 화재 시와 같이 균일 혼합인 경우, 2) 초기 화재 시와 같이 두 층을 이루는 경우 2가지를 고려한다. 각각의 경우의 차연에 필요한 바닥면 수준의 차압 $\Delta P_c(0)$을 산출한다.

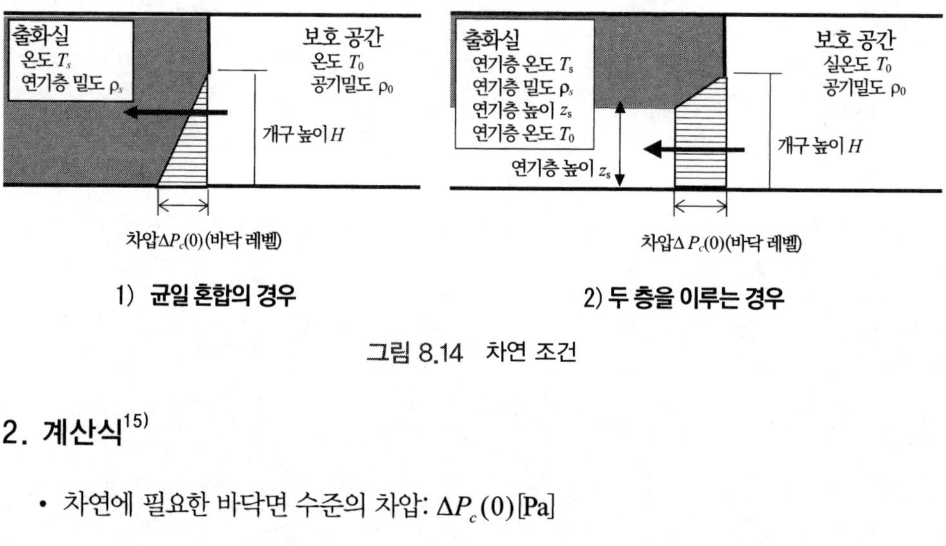


그림 8.14 차연 조건

### 2. 계산식[15)]

- 차연에 필요한 바닥면 수준의 차압: $\Delta P_c(0)$ [Pa]

**1) 출화실이 최성기 화재 시와 같이 균일 혼합인 경우**

$$\Delta P_c(0) \geq (\rho_0 - \rho_s) gH \tag{8.55}$$

**2) 출화실이 초기 화재 시와 같이 두 층을 이루는 경우**

$$\Delta P_c(0) \geq (\rho_0 - \rho_s) g(H - z_s) \tag{8.56}$$

## 3. 입력값

| | |
|---|---|
| $g$ | 중력 가속도 ($=9.8\ \mathrm{m/s^2}$) |
| $H$ | 개구 높이 [m] |
| $T_s$ | 출화실의 연기 온도 [K] |
| $T_0$ | 보호 공간의 온도 [K] |
| $z_s$ | 출화실의 연기층 하단 높이 [m] |
| $\rho_s$ | 출화실 연기의 기체밀도 ($=353/T_s$)[$\mathrm{kg/m^3}$] |
| $\rho_0$ | 보호 공간 공기의 기체밀도 ($=353/T_0$)[$\mathrm{kg/m^3}$] |

## 4. 예제

1) **출화실이 균일 혼합인 경우(최성기 화재의 검토 등)**

출화실의 온도 $T_s$=572K(=300℃), 보호 공간 온도 $T_0$=293K(=20.0℃)일 때, 출화실과 보호 공간 사이 문짝의 차연이 성립하기 위한 차압 $\Delta P_c(0)$[Pa]을 구하시오. 이때 개구부의 높이 $H$=2.0 m, 개구의 유량계수 $\alpha$=0.7로 한다.

$$\Delta P_c(0) \geq (\rho_0 - \rho_s)gH = \left(\frac{353}{293} - \frac{353}{572}\right) \times 9.8 \times 2.0 = 11.5\ \mathrm{Pa}$$

2) **출화실이 2층을 이루는 경우 (초기 화재의 검토 등)**

출화실의 연기층 온도 $T$=373K(100℃), 연기층 높이 $z_s$=15 m, 출화실의 온도 $T_\infty$=303K(=30℃)일 때, 화재실과 보호 공간 사이 문짝의 차연에 필요한 바닥 레벨에서의 압력차 $\Delta P_c(0)$[Pa]를 구하시오. 이때 개구 높이 $H$=2.0 m, 개구 유량계수 $\alpha$=0.7로 한다.

$$\Delta P_c(0) \geq (\rho_0 - \rho_s)g(H - z_s) = \left(\frac{353}{303} - \frac{353}{373}\right) \times 9.8 \times (2.0 - 1.5) = 1.07\ \mathrm{Pa}$$

## 5. 해설

균일 혼합일 경우 개구부 높이 전체에서 출화실과 보호 공간의 사이에 차압 기울기가 존재한다. 한편, 두 층을 이루는 경우 개구부 높이 중 연기층 높이 부분에서는 차압 기울기가 존재하지만, 출화실의 공기층의 온도가 보호 공간의 온도와 같다고 가정하면 공기층의 높이 부분에서는 차압 기울기는 존재하지 않는다.

## 6. 참고문헌

15) 建築物の煙制御計画指針, 日本建築学会, pp.48-50, 2014年

# 8.5.2 차연에 필요한 개구 유량

## 1. 계산식 대상

8.5.1절에서처럼 보호 공간에 급기를 가하고 압력을 높임으로써 개구부 사이에 압력차를 확보하여 차연을 성립시키기 위한 개구 유량을 계산한다.

## 2. 계산식[16)]

### 1) 균일 혼합일 경우

- 차연에 필요한 개구 유량: $m$[kg/s]

$$m \geq \frac{2}{3}\alpha B\sqrt{2\rho_0 g(\rho_0 - \rho_s)}H^{3/2} \tag{8.57}$$

### 2) 두 층을 이루는 경우

- 차연에 필요한 개구 유량: $m$[kg/s]

$$m \geq \alpha B\sqrt{2\rho_0 g(\rho_0 - \rho_s)}\left\{\frac{2}{3}(H - z_s)^{3/2} + z_s(H - z_s)^{1/2}\right\} \tag{8.58}$$

## 3. 입력값

| | |
|---|---|
| $B$ | 개구폭 [m] |
| $g$ | 중력 가속도(=9.8m/s$^2$) |
| $H$ | 개구 높이 [m/s] |
| $z_s$ | 출화실의 연기층 하부 높이 [m] |
| $\alpha$ | 개구 유량계수 |
| $\rho_s$ | 출화실 연기의 기체밀도(=353/$T_s$)[kg/m$^3$] |
| $\rho_0$ | 보호 공간 공기의 기체밀도(=353/$T_0$)[kg/m$^3$] |

## 4. 예제

1) **출화실이 균일 혼합인 경우(최성기 화재의 검토 등)**

8.5.1절의 예제 1)에서 개구폭 $B=1.0$ m인 경우에 차연에 필요한 개구 유량을 구하시오.

$$m \geq \frac{2}{3}\alpha B\sqrt{2\rho_0 g(\rho_0-\rho_s)}H^{3/2}$$

$$=\frac{2}{3}\times 0.7\times 1.0\times\sqrt{2\times\frac{353}{293}\times 9.8\times\left(\frac{353}{293}-\frac{353}{573}\right)}\times 2^{3/2}=4.92\text{ kg/s}$$

2) **출화실이 2층으로 성층화인 경우(초기 화재의 검토 등)**

8.5.1절의 예제 2)에서 개구폭 $B=1.0$ m인 경우에 차연에 필요한 개구 유량을 구하시오.

$$m \geq \alpha B\sqrt{2\rho_0 g(\rho_0-\rho_s)}\left\{\frac{2}{3}(H-z_s)^{3/2}+z_s(H-z_s)^{1/2}\right\}$$

$$=0.7\times 1.0\times\sqrt{2\times\frac{353}{303}\times 9.8\times\left(\frac{353}{303}-\frac{353}{373}\right)}\times\left\{\frac{2}{3}\times(2.0-1.5)^{3/2}+1.5\times(2.0-1.5)^{1/2}\right\}$$

$$=2.03\text{ kg/s}$$

## 5. 해설

8.5.1절에서 구한 압력차를 발생시키기 위한 급기량을 산출한다. 이 급기량을 적용하면 8.5.1절에서 구한 압력차를 재현할 수 있다. 따라서 차연 조건은 8.5.1절과 등가이다.

## 6. 참고문헌

16) 建築物の煙制御計画指針, 日本建築学会, pp.48-50, 2014年

# 8.5.3 개구에서의 평균 압력차에 의한 차연 조건

## 1. 계산식 대상

8.5.1절에서 나타낸 바와 같이, 개구부에서의 차압은 높이 방향으로 기울어진 분포이다. 이를 등온의 경우에서처럼 수직 방향으로 기울기가 없는 2실 간의 평균 압력차처럼 용이하

게 계산할 목적으로 이러한 개구부의 평균 압력차를 이용하여 차연 조건을 나타낸다.

## 2. 계산식[17)]

### 1) 균일 혼합일 경우

- 차연에 필요한 평균 압력차: $\overline{\Delta P}$ [Pa]

$$\overline{\Delta P} \geq \frac{4}{9}\left(\rho_{\infty} - \rho\right) gH \quad (8.59)$$

- 차연에 필요한 질량유량: $m$[kg/s]

$$m \geq \alpha A\sqrt{2\rho\overline{\Delta P_c}} \quad (8.60)$$

### 2) 2층을 이룬 경우

- 차연에 필요한 평균 압력차: $\overline{\Delta P}$ [Pa]

$$\overline{\Delta P_c} = \frac{4}{9}\left(\rho_0 - \rho_s\right) g\left(H - z_s\right)\left(1 + \frac{z_s}{2H}\right)^2 \quad (8.61)$$

- 차연에 필요한 질량유량: $m$[kg/s]

$$m \geq \alpha A\sqrt{2\rho\overline{\Delta P_c}} \quad (8.62)$$

## 3. 입력값

| | |
|---|---|
| $A$ | 개구 면적 [m] |
| $g$ | 중력 가속도 (=9.8m/s$^2$) |
| $H$ | 개구 높이 [m/s] |
| $z_s$ | 출화실의 연기층 하부 높이 [m] |
| $\alpha$ | 개구 유량계수 |
| $\rho_s$ | 출화실 연기의 기체밀도(=353/$T_s$)[kg/m$^3$] |
| $\rho_0$ | 보호 공간 공기의 기체밀도(=353/$T_0$)[kg/m$^3$] |

## 4. 예제

**1) 출화실이 균일 혼합인 경우(최성기 화재의 검토 등)**

8.5.1절의 예제 1)의 조건에서 차연이 성립하기 위한 평균 압력차를 구하시오.

$$\overline{\Delta P} = \frac{4}{9} \times \left( \frac{353}{293} - \frac{353}{573} \right) \times 9.8 \times 2 = 5.13\,\text{Pa}$$

**2) 출화실이 2층을 이루는 경우(초기 화재의 검토 등)**

8.5.1절의 예제 2)의 조건에서 차연이 성립하기 위한 평균 압력차를 구하시오.

$$\overline{\Delta P} = \frac{4}{9} \times \left( \frac{353}{303} - \frac{353}{373} \right) \times 9.8 \times (2.0 - 1.5) \times \left( 1 + \left( \frac{1.5}{2 \times 2.0} \right) \right)^2 = 0.90\,\text{Pa}$$

## 5. 해설

출화실과 보호 공간 사이의 차압은 그림 8.14와 같이 높이 방향으로 기울기가 있는 분포이다. 이러한 분포의 차압을 바탕으로 개구 질량유량이 결정된다. 그러나 두 공간 사이의 차연 조건을 간단히 고려할 경우, 수직 방향의 기울기가 없는 압력차로 상정할 수 있다면 편리할 것이므로 차압 기울기를 고려했을 경우의 개구 질량유량과 같은 양의 유량을 주는 차압을 평균 압력차로 산출한다. 또한 8.5.1절, 8.5.2절, 8.5.3절의 차연 조건은 모두 같다.

## 6. 참고문헌

17) 建築物の煙制御計画指針, 日本建築学会, pp.48-50, 2014年

# 8.6 폐쇄된 공간에서의 장시간 배연

## 1. 계산식 대상

그림 8.15와 같이 외기에 접하는 개구부가 적은 공간에서 연소는 화재실로의 공기 유입량에 의해서만 제한되고, 따라서 화재실의 온도 상승은 어려워진다. 이런 상황을 고려하여 화재실 온도를 일정 온도 이하로 유지하기 위해 화재실로부터의 배연량 상한치 $m_e$[kg/s]을 구한다. 이때 출화실로부터의 연기 유출량을 $m_s$[kg/s]로 하고, 화재실로의 유입 공기량을 $m_a$[kg/s]로 한다.

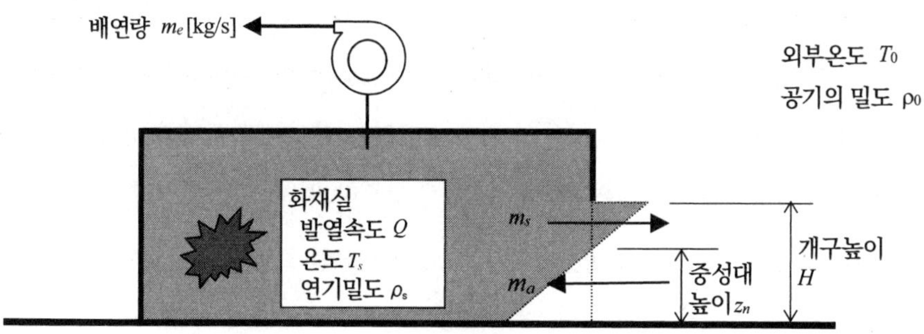


그림 8.15 폐쇄적 공간에서의 장시간 배연

## 2. 계산식

- 허용되는 최대 배연량: $m_e$[kg/s]

$$m_e = m_a - m_s \tag{8.63}$$

- 개구로부터의 공기 유입 허용량: $m_a$[kg/s]

$$m_a = \frac{h_e A_T}{\dfrac{\Delta H_{air}}{T_s - T_0} - c_p} \tag{8.64}$$

- 개구로부터의 연기 유출량: $m_s$[kg/s]

$$m_s = \begin{cases} 0 & (z_n > H) \\ \dfrac{2}{3}\alpha B\sqrt{2\rho_0(\rho_0 - \rho_s)}(H - z_n)^{3/2} & (z_n \le H) \end{cases} \tag{8.65}$$

- 중성대 높이: $z_n$[m]

$$z_n = \left\{ \frac{9}{4} \frac{m_a^2}{2\rho_0(\rho_0 - \rho_s) g (\alpha B)^2} \right\}^{1/3} \tag{8.66}$$

## 3. 입력값

| | |
|---|---|
| $A_T$ | 출화실의 내표면적 [m$^2$] |
| $B$ | 개구폭 [m] |
| $c_p$ | 공기의 정압 비열 (=1.0 kJ/(kg·K)) |
| $g$ | 중력 가속도 (=9.8 m/s$^2$) |
| $h_e$ | 벽체의 실효 열전달률 [kW/(m$^2$·K)] (5.2.4절 참조) |
| $H$ | 개구 높이 [m/s] |
| $m_a$ | 개구로부터의 공기 유입 허용량 [kg/s] |
| $m_s$ | 개구로부터의 연기 유출량 [kg/s] |
| $Q$ | 화재실 내에서의 발열속도 [kW] |
| $T_s$ | 화재실의 상한 온도 [K] |
| $T_0$ | 외부 공간의 온도 [K] |
| $\alpha$ | 개구의 유량계수 [–] |
| $\rho_s$ | 화재실 온도에서의 연기 기체밀도 (=353/$T_s$)[kg/m$^3$] |
| $\rho_0$ | 외부 공기의 기체밀도 [kg/m$^3$] |
| $\Delta H_{air}$ | 단위 공기량당 발열량 (=3000 kJ/kg-air) |

## 4. 예제

화재실이 환기 지배 상태일 때, 설정 시간 $t$=1800s 사이에 화재실의 온도를 설계 온도 $T_s$=500℃(773.0K) 이하로 억제하는 기계 배연량 $m_e$[kg/s]를 구하시오. 대상 공간의 개구부의 개구폭 $B$=1.8m, 개구 높이 $H$=2.1m, 유량계수 $\alpha$=0.7로 한다. 외부 공간의 온도 $T_0$=20.0℃(293.0K)이다. 벽체은 일반 콘크리트로 열관성 $k\rho c$=0.0015×2400×0.95=3.42

$kW^2 \cdot s/(m^4 \cdot K^2)$이다.

- 화재실의 공기 밀도

$$\rho_s = 53/T_s = 353/773 = 0.46\ kg/m^3$$

- 외부 공간의 공기 밀도

$$\rho_0 = 353/T_0 = 353/293 = 1.20\ kg/m^3$$

- 설정 시간의 벽체 실효 열전달률

$$h_e = \sqrt{\frac{k\rho c}{\pi t}} = \sqrt{\frac{3.42}{3.14 \times 1800}} = 0.025\,kW/(m^2 \cdot K)$$

- 화재실의 상한 온도에 대응하는 개구로부터의 공기 유입 허용량

$$m_a = \frac{h_e A_T}{\frac{\Delta H_{air}}{T_s - T_0} - c_p} = \frac{0.025 \times 1160}{\frac{3000}{773 - 293} - 1.0} = 5.52\,kg/s$$

- 중성대 높이

$$z_n = \left\{ \frac{9}{4} \frac{m_a^2}{2\rho_0 (\rho_0 - \rho_s) g (\alpha B)^2} \right\}^{1/3}$$

$$= \left\{ \frac{9}{4} \frac{5.52^2}{2 \times 1.20 \times (1.20 - 0.46) \times 9.8 \times (0.7 \times 1.8)^2} \right\}^{1/3} = 1.35\,m$$

- 개구부에서의 연기 유출량(중성대 높이가 문 상단과 바닥 사이에 있는 경우 $(0 \le Z_n \le H)$)

$$m_s = \frac{2}{3} \alpha B \sqrt{2\rho(\rho_0 - \rho_s) g} (H - h_n)^{3/2}$$

$$= \frac{2}{3} \times 0.7 \times 1.8 \times \sqrt{2 \times 0.46 \times (1.20 - 0.46) \times 9.8} \times (2.1 - 1.35)^{3/2}$$

$$= 1.41\,kg/s$$

- 허용되는 최대 배연량

$$m_e = m_a - m_s = 5.52 - 1.41 = 4.11 kg/s (=32,165\ CMH)$$

## 5. 해설

지하 공간이나 대규모 판매공간 등 개구 부분이 작은 공간에서는 화재실로 공기 유입이 적어 화재실 온도가 상승하기 어렵기 때문에, 배연 기계가 장시간 가동하도록 계획하여 소방활동을 지원할 수 있을 가능성이 있다. 배연량을 크게 하면 소방대가 접근하는 경로로 연기 유출량을 억제할 수는 있지만, 화재실로 유입되는 공기량 역시 증가하므로 화재실의 온도가 높아질 수 있다. 따라서 연기를 제어하면서 배연을 계속할 수 있도록 최대한 많은 양의 배연량으로 가동해야 한다.[18)]

## 6. 참고문헌

18) 角谷三夫, 定本孝, 中屋成人, 藤岡誠一, 田中哮義, 原田和典, 吉田正友 : 開口部の少ない建物の新しい排煙方式とその検討手法, GBRC, VoL26, No.1, pp2-11, (財)日本建築総合試験所, 2001年 1月

# 9장

# 피난

# 9.1 실에서의 피난

## 9.1.1 길쭉한 실 끝부분의 출구로부터 피난 행동 시간과 체류 인원

### 1. 계산식 대상

길쭉한 실의 출구로부터의 피난 행동 시간(s)과 최대 체류 인원수 $C_{max}$[인]를 산정한다. 그림 9.1과 같이 길쭉한 실을 가정하고, 실내에 재실자 P[인]가 골고루 분포되어 있다가 일제히 피난을 개시하여 끝부분에 있는 출구를 향해 이동하는 상황을 가정한다.

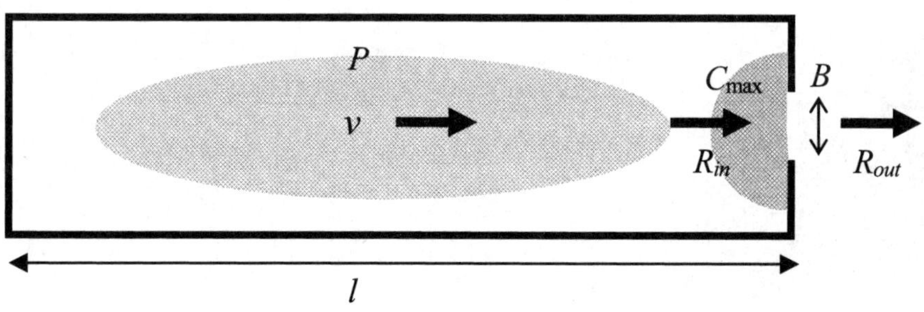


그림 9.1 길쭉한 실의 출구 집결과 유출

### 2. 계산식[1)]

- 피난 행동 시간: $t_e$[s]

$$t_e = \max\left(\frac{l}{v}, \frac{P}{NB}\right) \tag{9.1}$$

• 출구에서의 최대 체류 인원수: $C_{max}$ [인]

$$C_{\max} = \begin{cases} 0 & \left(\dfrac{l}{v} \geq \dfrac{P}{NB}\right) \\ P - NB\left(\dfrac{l}{v}\right) & \left(\dfrac{l}{v} < \dfrac{P}{NB}\right) \end{cases} \tag{9.2}$$

## 3. 입력값

$B$ 출구폭 [m]

$l$ 실의 길이 [m]

$N$ 유동 계수 [인/(m·s)]

$P$ 피난자 수 [인]

$v$ 보행 속도 [m/s]

## 4. 예제

실내에 골고루 분포하고 있는 재실자의 피난 행동 시간과 출구에서의 최대 체류 인원 $C_{max}$ [인]를 구하시오. 피난자 수 $P$=100인, 출구폭 $B$=2.0 m, 방의 길이 20 m, 보행 속도 $v$=1.0 m/s, 유동 계수 $N$=1.5 인/(m·s)이다.

• 피난 행동 시간

$$t_e = \max\left(\frac{l}{v}, \frac{P}{NB}\right) = \max\left(\frac{20.0}{1.0}, \frac{100}{1.5 \times 2.0}\right) = 33.3\,\text{s}$$

• 출구에서의 최대 체류 인원수

$l / v = 20.0 / 1.0 = 20, P / NB = 100 / (1.5 \times 2.0) = 33.3$로부터 $l / v < P / NB$

$$C_{\max} = P - NB\left(\frac{l}{v}\right) = 100 - 1.5 \times 2.0 \times \frac{20.0}{1.0} = 40\text{인}$$

## 5. 해설

실이 가늘고 길쭉하며 출구까지의 거리가 먼 경우, 해당 실로부터의 피난 시간은 가장 먼 위치에 있는 사람의 출구까지의 보행 시간과 전체 피난자가 장애물인 출구를 통과하는 데 걸리는 시간 중 큰 시간으로 계산할 수 있다. 전자의 시간으로 정해지는 경우에는 출구 전에 체류가 생기지 않는다. 반면에 후자의 시간으로 정해지는 경우 출구로의 피난자의 집결과 출구 통과의 인원수의 차이가 출구 전의 체류 인원수가 된다.

### 6. 참고문헌

1) 建設省住宅局建築指導課監修 : 新建築防災計画指針, 1995年 7月

## 9.1.2 실의 중심부 쪽에 있는 출구의 피난시간과 체류 인원

### 1. 계산식 대상

그림 9.2의 거실 내 피난자가 일제히 피난을 시작했을 때, 전원이 거실에서의 피난을 완료할 때까지의 피난 행동 시간[s]과 최대 체류 인원수[인]를 산정한다.

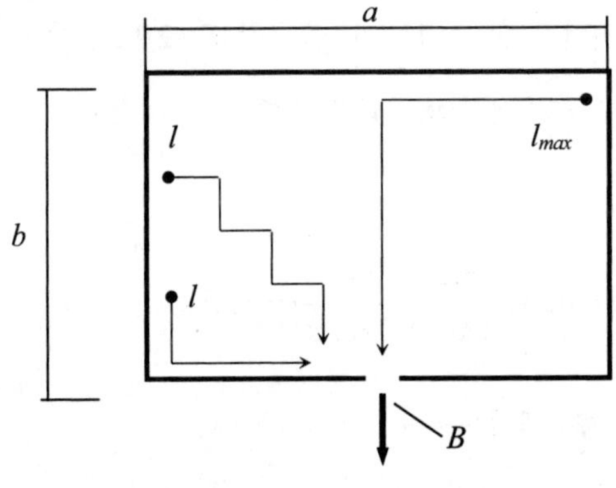


그림 9.2 출구로의 보행 경로와 최대 보행 거리

### 2. 계산식[2)]

• 피난 행동 시간: $t_e$[s]

$$t_e = \max(\frac{l_{\max}}{v}, \frac{P}{NB}) \quad (9.3)$$

• 피난 출구에서의 최대 체류 인원수: $C_{max}$ [인]

$$C_{\max} = P - NB\frac{l_{\max}}{v} \tag{9.4}$$

## 3. 입력값

| | |
|---|---|
| $B$ | 출구폭 [m] |
| $l_{max}$ | 출구로의 최대 보행 거리 [m] |
| $N$ | 유동 계수 [인/(m·s)] |
| $P$ | 피난자 수 [인] |
| $v$ | 보행 속도 [m/s] |

## 4. 예제

판매공간의 직사각형 평면의 단변의 중앙에 출구가 있는 경우를 상정한다. 평면 내에는 재실자가 균등하게 분포하고 있다. 피난 행동 시간[s]과 출구에서의 체류 인원수[인]를 구하시오. 피난자 밀도 $p$=0.5 인/m$^2$, 실의 긴 변 $a$=20 m, 실의 짧은 변 $b$=10 m, 출구폭 $B$=0.9 m, 유동 계수 $N$=1.5 인/(m·s)이다.

• 피난자 수

$$P = pab = 0.5\times 20\times 10 = 100\text{ 인}$$

• 최대 보행 거리

$$l_{\max} = b + \frac{a}{2} = 10 + \frac{20}{2} = 20\,\text{m}$$

• 피난 행동 시간

$$t_e = \max(\frac{l_{\max}}{v}, \frac{P}{NB}) = \max(\frac{20.0}{1.0}, \frac{100}{1.5\times 0.9}) = 74.1\,\text{s}$$

• 출구에서의 체류 인원수

$$C_{\max} = P - NB\frac{l_{\max}}{v} = 100 - 1.5\times 0.9\times\frac{20.0}{1.0} = 73\text{인}$$

## 5. 해설

직사각형 평면의 실에서는 출구가 실의 중심일 경우, 출구의 근처에서 집결한 피난자가 체류한다. 이것을 고려하여 출구에서 가장 먼 지점으로부터의 보행시간이나 출구의 체류시간 중 큰 쪽으로 간주하는 간이한 방법이다.

## 6. 참고문헌

2) 建設省住宅局建築指導課監修 : 新建築防災計画指針, 1995年 7月

# 9.2 연속된 출구에서의 통과 시간과 체류 인원수

## 9.2.1 연속된 복수의 출구를 통과할 때의 피난 시간과 체류 인원

### 1. 계산식 대상

그림 9.3과 같이 피난 경로상에 여러 실의 출구가 직렬로 존재하고, 출구가 연속된 장애물처럼 취급되는 경우를 생각한다. 길이 $l$의 실에서 출구1, 출구2, …, 출구$n$의 합계인 $n$개의 출구가 직렬로 존재하는 경우에, 각각의 출구폭을 $B_1$, $B_2$, …, $B_k$로 한다. 합계 $P$인의 피난자가 출구1을 통해 실로 들어오고, 보행 속도 $v$로 출구$n$까지 실을 통과하는 경우, 선두의 피난자가 출구1을 나오고 나서 모든 피난자가 출구1을 통과 완료할 때까지의 시간[s]을 산정한다. 또한 출구 $k$에서 생기는 최대 체류 인원을 산출한다. 또한 여기에서는 편의를 위해 출구에의 집결 시간보다 출구에서의 체류 시간이 더 길다고 가정한다.

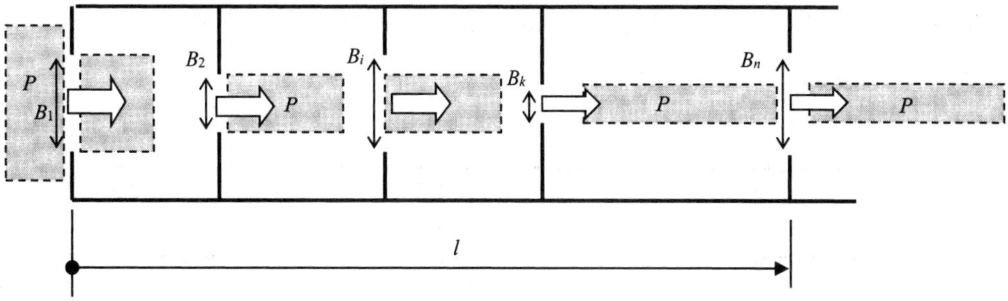


그림 9.3 연속된 복수의 출구를 통과하는 피난 경로

### 2. 계산식[3)]

- 피난 행동 시간: $t_e$[s]

$$t_e = \frac{l}{v} + \max\left(\frac{P}{NB_i} : i = 1,2,..,n\right) \tag{9.5}$$

• 출구 $k$에서 생기는 최대 체류 인원수: $C_{max}(k)$[인]

$$C_{\max,k} = \begin{cases} (1-\dfrac{B_k}{B_{\min,k-1}})P & \left(B_k < B_{\min,k-1}\right) \\ 0 & \left(B_{\min,k-1} \le B_k\right) \end{cases} \tag{9.6}$$

## 3. 입력값

| | |
|---|---|
| $B_k$ | 출구 $k$의 폭 [m] |
| $B_{min,k-1}$ | 출구 $k$-1까지 피난 경로상의 최소 출구폭 [m], $B_{min,k-1}=\min(B_i;\ i=1, 2, \cdots, k-1)$ |
| $l$ | 보행 거리 [m] |
| $n$ | 출구수 [개] |
| $N$ | 유동 계수 [인/(m·s)] |
| $P$ | 피난자 수 [인] |
| $v$ | 보행 속도 [m/s] |

## 4. 예제

그림 9.4에 나타낸 실에 유입된 피난자의 피난 행동 시간[s]과 출구2, 출구3에서의 최대 체류 인원수 $C_{max2}$[인] 및 $C_{max3}$[인]을 계산한다. 피난자 수 $P$=100인, 출구폭 $B_1$=2.0 m, $B_2$=0.9 m, $B_3$=1.8 m이며, 실의 길이 $l_1$=16 m, $l_2$=14 m이다. 또한 보행 속도 $v$=1.0 m/s, 유동 계수 $N$=1.5 인/(m·s)으로 한다.

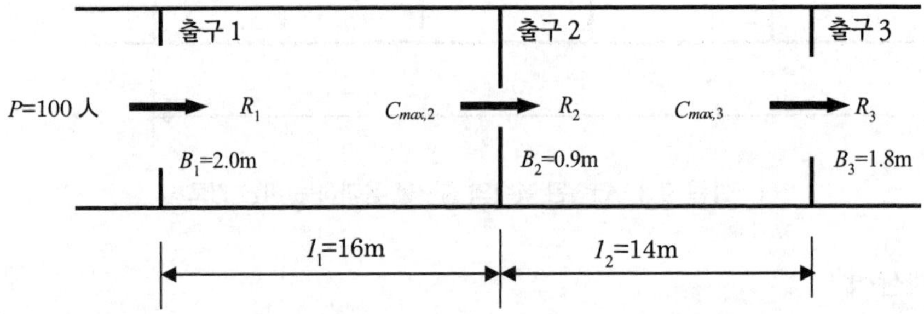


그림 9.4 연속된 복수의 출구를 통과하는 피난 경로의 예제

• 피난 행동 시간(최초 피난자가 출구1을 나오고 나서 마지막 피난자가 출구3을 나올

때까지의 시간)

$$t_e = \frac{l}{v} + \max(\frac{P}{NB_1}, \frac{P}{NB_2}, \frac{P}{NB_3})$$
$$= \frac{16.0+14.0}{1.0} + \max(\frac{100}{1.5\times2.0}, \frac{100}{1.5\times0.9}, \frac{100}{1.5\times1.8}) = 104.1\text{s}$$

- 출구2에서의 체류 인원수

$B_{\min,1} = B_1 = 2.0 > B_2 = 0.9$이므로, 출구2 앞에서 체류가 생긴다.

$$C_{\max,2} = (1-\frac{B_2}{B_{\min,1}})P = (1-\frac{0.9}{2.0})\times100 = 55\text{인}$$

- 출구3에서의 체류 인원수

$B_{\min,2} = \min(B_1,\ B_2) = 0.9 < B_3 = 1.8$이므로 출구3 앞에서는 체류가 발생하지 않는다.

$C_{max,3} = 0$인

## 5. 해설

연속되는 출구를 통과할 경우, 그중 가장 폭이 좁은 출구 앞에서 체류가 발생한다. 피난 행동 시간은 보행 시간과 가장 좁은 폭의 출구 앞에서의 체류 시간이다.

## 6. 참고문헌


3) 建設省住宅局建築指導課監修 : 新·建築防災計画指針, 1995年 7月


# 9.2.2 복도 등의 체류 면적이 부족한 거실에서 출구 통과 시간

## 1. 계산식 대상

그림 9.5와 같이 거실 출구 끝에 체류 면적이 충분히 확보되지 않은 복도가 연결된 방에서 거실 재실자가 거실 출구를 통과하는 시간[s]을 산정한다. 단, 복도 출구 앞 공간에서는 체류가 발생하지 않는 것을 전제로 한다.

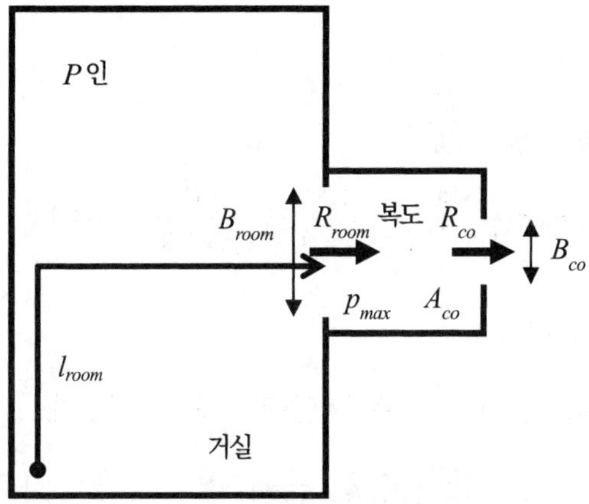


그림 9.5 피난 경로의 체류 면적이 부족한 거실

## 2. 계산식[4)]

- 체류 면적 판정: (다음 식을 충족할 경우 체류 면적이 부족함)

$$p_{\max} A_{co} < (1 - \frac{B_{co}}{B_{room}})P \tag{9.7}$$

- 거실에서의 출구 통과 시간: $t_{queue}$ [s]

$$t_{queue} = \frac{p_{\max} A_{co}}{R_{room(\max)}} + \frac{P - p_{\max} A_{co}}{NB_{co}} \tag{9.8}$$

- 거실 출구로부터의 최대 유출 속도: $R_{room(max)}$ [인/s]

$$R_{room(\max)} = \min\left\{ P\left( \frac{v}{l_{room}} \right), NB_{room} \right\} \tag{9.9}$$

- 거실 출구로부터의 유출 속도: $R_{room}$ [인/s]

$$R_{room} = \begin{cases} R_{room(\max)} & (t \le t_c) \\ NB_{co} & (t > t_c) \end{cases} \tag{9.10}$$

- 복도가 최대 체류 인원에 도달하는 시간: $t_c$ [s]

$$t_c = \frac{p_{\max} A_{co}}{R_{room(\max)}} \tag{9.11}$$

## 3. 입력값

| | |
|---|---|
| $A_{co}$ | 복도의 유효 체류 면적 [$m^2$] |
| $B_{co}$ | 복도에서의 출구 폭 [m] |
| $B_{room}$ | 거실에서의 출구 폭 [m] |
| $l_{room}$ | 거실에서부터 출구에 이르기까지의 보행 거리 [m] |
| $N$ | 유동 계수 [인/(m·s)] |
| $P$ | 거실로부터의 피난자 수 [인] |
| $t_c$ | 복도가 최대 체류 인원수에 도달하는 시간 [s] |
| $v$ | 거실 내에서의 보행 속도 [m/s] |
| $p_{max}$ | 복도에서의 최대 체류 밀도(단위 면적당 수용 가능 인원)[인/$m^2$] |

## 4. 예제

피난자 수 $p$=60인, 출구폭 $B_{room}$=2.0 m, 출구에 이르기까지의 보행 거리 $l_{room}$=20 m인 거실이 있다. 거실 내의 보행 속도 $v$=1.0 m/s이다. 또한 복도에서의 출구폭 $B_{co}$=1.0 m이고, 복도의 유효 체류 면적 $A_{co}$=15 $m^2$, 복도의 최대 체류 밀도 $p_{max}$=3.0[인/$m^2$]이다. 유동계수 $N$=1.5[인/(m·s)]로 한다. 이때, 거실에서의 출구 통과 시간 $t_{queue}$[s]를 구하시오.

- 거실 출구의 최대 유출 속도: $R_{room(max)}$[인/s]

$$R_{room(\max)} = \min(P\frac{v}{L_{room}}, NB_{room}) = \min(60\times\frac{1.0}{20.0}, 1.5\times 2.0) = 3.0\text{인/s} \tag{9.12}$$

- 거실의 출구 통과 시간: $t_{queue}$[s]

$$\begin{aligned} t_{queue} &= \frac{p_{\max}A_{co}}{R_{room(\max)}} + \frac{P - p_{\max}A_{co}}{NB_{co}} \\ &= \frac{3.0\times 15}{3.0} + \frac{60 - 3.0\times 15}{1.5\times 1.0} = 15.0 + 10.0 = 25.0\,\text{s} \end{aligned} \tag{9.13}$$

## 5. 해설

그림 9.5에 나타내는 거실에 피난자가 균일하게 분포하고 있으며, 피난을 시작하여 이동경로인 복도를 지나 복도 출구를 통과하여 계단 또는 실외로 유출되는 것으로 가정한다. 이때, 거실의 출구폭 $B_{room}$[m]이 복도의 출구폭 $B_{co}$[m]보다 넓고, 거실의 피난자 수 $P$[인]

가 복도의 수용 가능 인원 $p_{max}A_{co}$[인]보다 크다고 전제하고 있다. 식 (9.10)에서 나타낸 바와 같이, 거실 출구의 유출 속도 $R_{room}$[인]은 거실 출구의 통과 인원이 복도의 수용 가능 인원인 $p_{max}A_{co}$ 이하이면 복도 체류에 영향을 받지 않으며, 거실 출구의 최대 유출 속도로 제한된다($R_{room}=R_{room(max)}$). 그 이후에는 복도 출구의 유출 속도로 제한된다($R_{room}=N$-$B_{co}$). 이를 그림 9.6에 나타내었다. 거실 출구의 통과 시간 $t_{queue}$은 거실 출구의 유출 인원수 합계가 거실의 재실자 수 $P$와 같아지는 시간이며, 식 (9.8)로 주어진다.

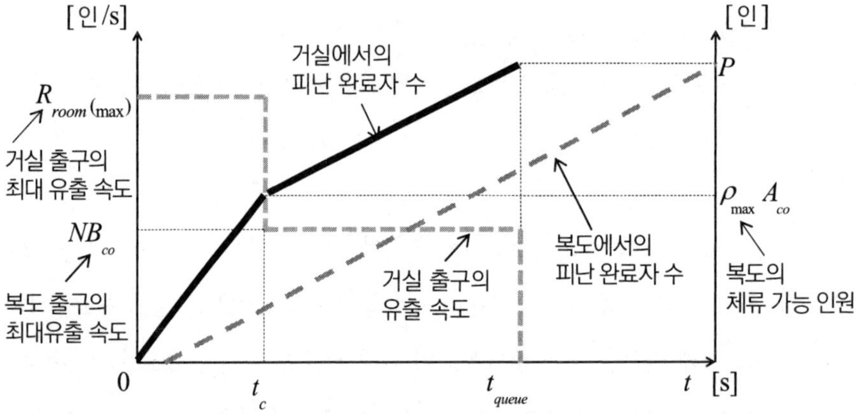


그림 9.6 거실 출구의 유출 속도와 피난 완료자 수의 관계

## 6. 참고문헌

4) 山口純一, 池畠由華, 竹市尚広, 佐野友紀, 萩原一郎 : 避難安全検証における滞留解消時間 に関するその5滞留解消時間予測式の提案, 日本火災学会研究発表会概要集, pp.148-149, 2011年 5月

# 9.2.3 화재층 부속실에서의 필요 체류 면적

## 1. 계산식 대상

그림 9.7과 같이 피난 계단에 부속실(또는 전실)이 설치되어 있는 경우에 부속실에서 피난자가 체류하기 위한 면적 $A_{co}$[m$^2$]를 산정한다. 이때, 화재층의 피난자가 피난을 시작하고 난 후, 일정 시간 경과 후 비화재층의 재실자가 피난을 시작하는 시나리오를 가정한다.

화재층으로부터의 피난자가 모두 계단 내로 피난하기 전에 다른 층의 피난이 시작되면, 화재층에 남겨진 피난자는 부속실에서 대기하게 된다. 그때 화재층으로부터의 피난자가 부속실에 체류하기 위한 필요 면적 $A_{co}$ [m$^2$]를 산정한다.

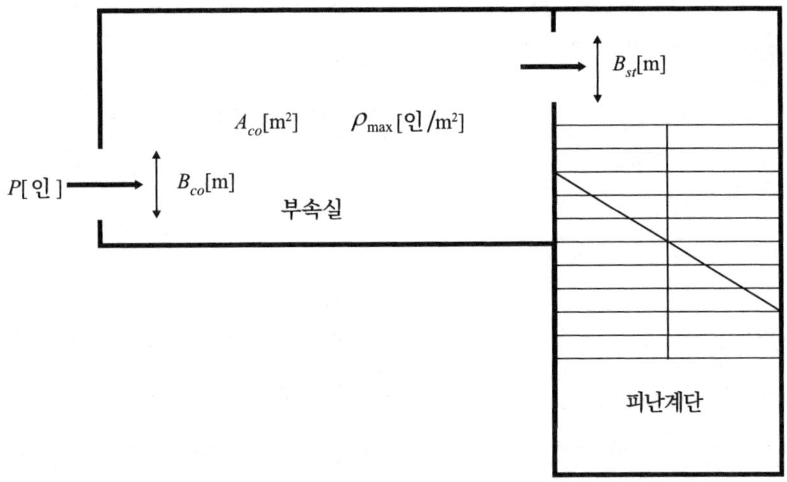


그림 9.7 부속실의 필요 체류 면적

## 2. 계산식[5)]

- 부속실에 필요한 체류 면적: $A_{co}$ [m$^2$]

$$A_{co} = \frac{P - N \cdot \min(B_{co}, B_{st}) \cdot \Delta t_{start}}{\rho_{max}} \tag{9.14}$$

## 3. 입력값

| | |
|---|---|
| $B_{co}$ | 부속실로 들어가는 입구 폭 [m] |
| $B_{st}$ | 계단으로 가는 입구 폭 [m] |
| $N$ | 유동 계수 [인/(m·s)] |
| $p_{max}$ | 부속실의 최대 체류 밀도 [인/m$^2$] |
| $P$ | 화재층의 피난자 수 [인] |
| $\Delta t_{start}$ | 비화재층의 피난 개시 시간(전체 피난 시간)과 화재층의 피난 개시 시간(층 피난 개시 시간)의 차이 [s] |

## 4. 예제

피난자 수 $P$=200인, 부속실로 들어가는 입구 폭 $B_{co}$=1.0 m, 부속실에서 계단으로 들어가는 입구 폭 $B_{st}$=1.0 m, 유동 계수 $N$=1.5 인/(m·s)일 때, 부속실의 필요 체류 면적 $A_{co}$ [m²]을 구하시오. 단, 층 피난이 시작되고 나서 전체 피난이 시작될 때까지의 시간은 120 s이며, 부속실의 최대 체류 밀도 $p_{max}$=5.0인/m²으로 한다.

$$A_{co} = \frac{P - N\min\left(B_{co}, B_{st}\right)\Delta t_{start}}{p_{\max}} = \frac{200 - 1.5 \times \min\left(1.0, 1.0\right) \times 120}{5.0} = 4.0\ \mathrm{m}^2$$

## 5. 해설

판매공간의 계단 입구 폭을 기준(점포 면적 100 m²당 27 cm)에 따라 계획했을 경우, 계단 입구의 체류 해소 시간은 대략적으로 120 s이다. 화재층 재실자가 비화재층 재실자의 영향을 받지 않고 피난할 수 있도록 계단 입구폭이 규정되어 있다고 생각하여 $\Delta t_{start}$를 120 s로 하면, 현행 건축기준법과 동등한 계단폭이나 부속실 바닥 면적 수준이 된다. $\Delta t_{start}$는 층 피난을 시작하고 나서 전체 피난이 시작될 때까지의 시간차(=전체 피난 개시 시간 − 층 피난 개시 시간)이다.

## 6. 참고문헌

5) 山口純一: 建築火災時の避難安全に係わる評価技術の開発, 大林組技術研究所報 No.79, 2015年 1月

# 9.2.4 실외로 통하는 출구의 통과 시간

## 1. 계산식 대상

그림 9.8에 나타낸 바와 같이, 피난 계단에서 복도를 경유해 실외로 대피할 경우의 실외 출구 통과시간 $t_{queue}$ [s]을 산정한다.

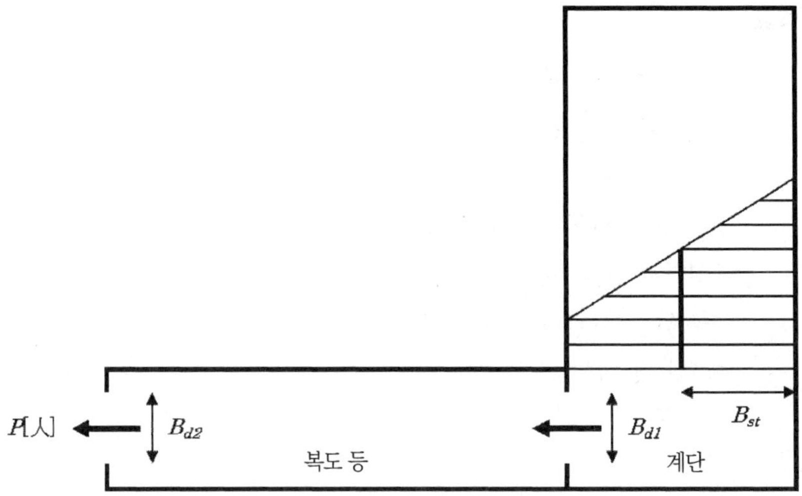


그림 9.8 계단에서 실외로 통하는 출구로 피난

## 2. 계산식[6)]

여기서는 가장 앞에서 가는 사람이 실외 출구를 통과한 후 마지막으로 가는 사람이 통과할 때까지의 통과 시간을 계산한다.

- 실외 출구 통과 시간: $t_{queue}$[s]

$$t_{queue} = \frac{P}{\min(R_{st(down)}, R_d)} \tag{9.15}$$

- 계단 내(하행) 단위 시간당 통과 인원 최댓값: $R_{st(down)}$[인/s]

$$R_{st(down)} = N_{st(down)} B_{st} \tag{9.16}$$

- 계단 내(하행) 유동 계수: $N_{st(down)}$[인/(m·s)]

$$N_{st(down)} = \frac{v_{st(down)}}{v_{path}} N_{path} \tag{9.17}$$

- 통로(수평)의 단위 시간당 통과 인원 최댓값: $R_d$[인/s]

$$R_d = N_{path} \times \min(B_{d1}, B_{d2}) \tag{9.18}$$

## 3. 입력값

| | |
|---|---|
| $B_{d1}$ | 계단 출구폭 [m] |
| $B_{d2}$ | 실외 출구폭 [m] |
| $B_{st}$ | 계단 폭 [m] |
| $N_{path}$ | 통로(수평)의 유동 계수 [인/(m·s)] |
| $P$ | 실외 출구를 이용하는 피난자 수 [인] |
| $v_{path}$ | 통로(수평)의 보행 속도 [m/s] |
| $v_{st(down)}$ | 계단 내(하행) 보행 속도 [m/s] |

## 4. 예제

실외 출구를 이용하는 피난자 수 $P$=2700인, 계단 출구폭 $B_{d1}$=1.0 m, 실외 출구폭 $B_{d2}$=2.0 m, 계단폭 $B_{st}$=1.5 m이다. 통로(수평)의 유동 계수와 보행 속도는 각각 $N_{path}$=1.5 인/(m·s), $v_{path}$=1.0 m/s이고, 계단 내(하행) 보행 속도 $v_{st(down)}$=0.6 m/s이다. 이때, 실외 출구의 통과 시간 $t_{queue}$[s]을 구하시오.

- 계단 내(하행) 유동 계수

$$N_{st(down)} = \frac{v_{st(down)}}{v_{path}} N_{path} = \frac{0.6}{1.0} \times 1.5 = 0.9 \text{ 인}/(\text{m}\cdot\text{s})$$

- 계단 내(하행) 유동량의 최댓값 $R_{st(down)}$[인/s]

$$R_{st(down)} = N_{st(down)} B_{st} = 0.9 \times 1.5 = 1.35 \text{ 명/s}$$

- 통로(수평) 유동량의 최댓값 $R_d$[인/s]

$$R_d = N_{nath} \times \min(B_{d1}, B_{d2}) = 1.5 \times \min(1,0,2.0) = 1.5 \text{ 명/s}$$

- 실외 출구의 통과 시간 $t_{queue}$[s]

$$t_{queue} = \frac{P}{\min\left(R_{st(down)}, R_d\right)} = \frac{2700}{\min(1.35,1.5)} = 2000 \text{ s} (=33.3\text{min.})$$

## 5. 해설

본 절의 계산식에서 계단 내(하행)와 통로부(수평)의 유동 계수 비($N_{st(down)}/N_{path}$)는 이들의 보행 밀도가 동일한 상황($\rho_{st(down)}=\rho_{path}$)이라고 가정하여 보행 속도의 비($v_{st(down)}/v_{path}$)와 같아지는 것으로 계산하였다.

## 6. 참고문헌

6) 山口純一: 建築火災時の避難安全に係わる評価技術の開発, 大林組技術研究所報 No.79, 2015年 1月

# 本書作成関係委員
## ―(敬称略・五十音順)―

防火委員会

委員長　萩原一郎
幹 事　尾崎文宣 山田 茂
委 員　(略)

火災安全設計小委員会

| | | | | |
|---|---|---|---|---|
| 主 査 | 松山 賢 | | | |
| 幹 事 | 城 明秀 | 山口　純一： | | |
| 委 員 | 大宮喜文 | 北堀　純： | 許　雷 | 田村祐介 |
| | 土屋伸一 | 中村 三智之： | 野竹宏彰 | 萩原一郎 |
| | 原田和典 | 福井　潔： | 北後明彦 | 峯岸良和 |

火災性状予測計算ハンドブックWG(2015年4月～2017年3月)

| | | | | |
|---|---|---|---|---|
| 主 査 | 山田 茂 | | | |
| 幹 事 | 峯岸良和 | | | |
| 委 員 | 大宮喜文 | 岸上昌史 | 北堀 純 | 新谷祐介 |
| | 鈴木圭一 | 仁井大策 | 野秋政希 | 原田和典 |
| | 平田裕信 | 水上点睛 | 山口純一 | |

火災性状予測計算ハンドブックWG(2017年4月～)

| | | | | |
|---|---|---|---|---|
| 主 査 | 原田和典 | | | |
| 幹 事 | 山田 茂 | | | |
| 委 員 | 大宮喜文 | 岸上昌史 | 北堀 純 | 新谷祐介 |
| | 鈴木圭一 | 仁井大策 | 野秋政希 | 平田裕信 |
| | 水上点睛 | 峯岸良和 | 山口純一 | |

各章執筆主担当

第1章 野秋政希, 北堀 純
第2章 新谷祐介
第3章 新谷祐介, 田中哮義
第4章 平田裕信, 岸上昌史, 田中哮義, 山田茂
第5章 水上点睛, 鈴木圭一, 田中哮義
第6章 北堀 純, 田中哮義
第7章 野秋政希, 岸上昌史
第8章 峯岸良和, 平田裕信, 田中哮義
第9章 峯岸良和, 山口純一, 田中哮義

執筆協力者

角谷三夫, 久次米真美子, 中道明子

# PBD를 위한 화재성상 예측계산 Handbook


저　　자　일본건축학회
역　　자　한국화재소방학회
발 행 인　김지영
발 행 처　자유아카데미
주　　소　경기도 파주시 회동길 37-42
　　　　　파주출판도시
전　　화　031-955-1321
팩　　스　031-955-1322
홈페이지　www.freeaca.com
전자우편　main@freeaca.com (대표)
　　　　　editor@freeaca.com (편집)
　　　　　crm@freeaca.com (영업)
등　　록　제406-2003-017호, 1980. 7. 12
제 1 판　2022년 8월 20일 발행







ISBN 979-11-5808-371-7 93540